\ 作りながら丁寧に学ぶ /

Python

プログラミング入門

大用庫智　山田孝子
Kuratomo Oyo　*Takako Yamada*

関西学院大学出版会

本書サポートページ　http://www.kgup.jp/book/b603529.html

サンプルプログラム、利用するデータ、エラーへの対処法などを掲載しています。
適宜ご参照ください。

目次

10 繰り返しの基礎 109

11 pandas とデータフレーム 121

12 データフレームの演算と読み書き 135

20 データ分析 2：データの可視化 237

21 付録 259

1 プログラミングと Python の導入

1.1 まえがき

　現在、小学生から大人まで、年齢を問わずプログラミングを学ぶ機会が増えてきています。本書を手に取った読者は『これからは小学生もプログラミングを勉強すると聞くし、いろいろ話題になっている人工知能やデータ分析、Instagram などにはPython（パイソン）が使われているらしい。けれども、コンピュータに詳しくない自分にも、プログラミングを勉強できるかな？』と不安を感じるかもしれません。初歩的であっても、本書でプログラミングを体験すれば、コンピュータやシステムの理解に役立つでしょう。めまぐるしく進歩する情報ネットワークと、その上で提供されるソフトウェアの技術革新に対応するには、プログラミングの知識が有効です。

　本書は Python によるプログラミングを学ぶためのテキストです。プログラミング言語は**人工言語**ですが、日本語や英語などの自然言語と同じでC 言語（シーげんご）やJava（ジャバ）、R言語（アールげんご）などの様々な言語があります（詳細は表 1.1）。

　プログラミング言語にはコンピュータにさせたい仕事ごとに、向き不向きがあります。Python は、特にプログラマーが一人でプログラムを作ることに適した言語と言われています。しかも、優れたライブラリが多数存在しているので、**Python は便利で高度な機能を簡単に利用できる言語**として知られています。本書でプログラミングの初歩を学べば、さらにデータ分析や機械学習などの様々な勉強にも役立つでしょう。

　本書の商品ページ「`http://www.kgup.jp/book/b603529.html`」にサポートページへのリンクがあります。本書のサポートページにはサンプルプログラム、利用するデータ、エラーへの対処方法などの本書を補う内容を掲載しています。本書の説明は Microsoft Windows（Windows と省略）をベースとしているため、Macintosh （Mac と省略）と異なる解説は、本書の中やサポートページに掲載しています。

1.1.1 本書が想定する読者

　本書は関西学院大学総合政策学部の演習科目で、実際に何度も使用したテキストがもとになっています。本書が対象とする読者は、『コンピュータのファイル操作や検索、レポート作成、プレゼンテーションスライド作成などの操作は一通りできるけど、プログラミングは未経験』という人です。

　本書は初学者を対象として、いくつかの工夫をしています。例えば、プログラミング初学者は、きちんと動作するプログラムを作りたいときに検索サイトで調べたり、質問をしたりします。そのようなときに、記号の読み方がわからないため検索できなかったり、記号をどうキーボードで入力していいかわからず、困ったりする事例をしばしば見かけました。また

スペルミスなどの小さなミスになかなか一人では気づかず、つまずくことがあり、実際そうした学生を目にしました。そこで本書は、**プログラミング初学者が質問する内容やつまずきやすいポイント**をできるだけ網羅するようにしました。また、こうしたミスをすみやかに発見する**デバッグ**（テクニック）の方法もできるだけ紹介することにしました。

1.1.2　本書の構成と学習目的

本書の構成は図 1.1 のようになっています。プログラミング初学者は第 4 章と第 8 章を難しいと感じる傾向があるようです。最初に読んだとき、それらが完全に理解できなくても諦めず進めましょう。第 1 章から第 13 章の知識があれば、第 19 章と第 20 章のデータ分析に

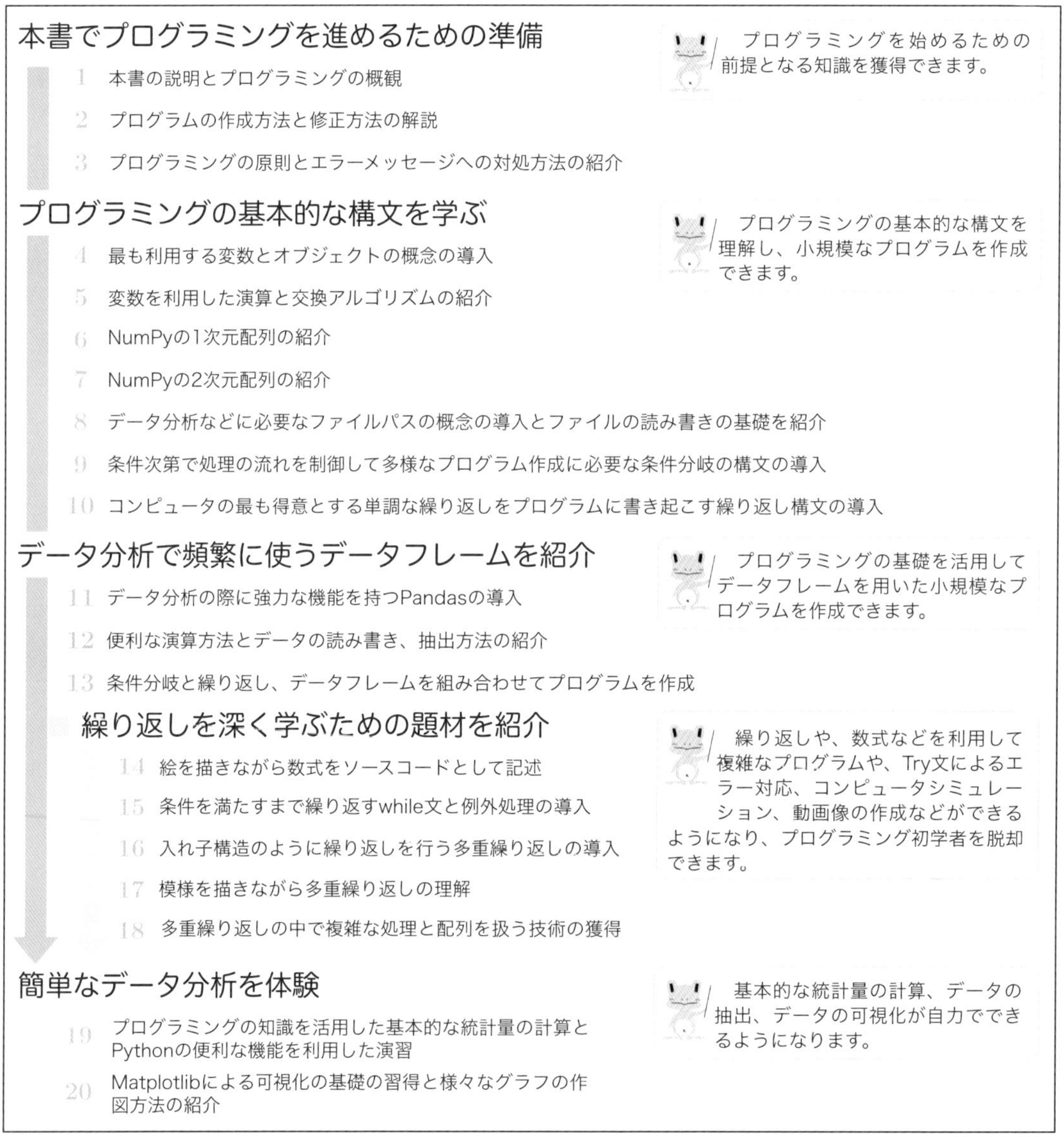

本書でプログラミングを進めるための準備

1　本書の説明とプログラミングの概観

2　プログラムの作成方法と修正方法の解説

3　プログラミングの原則とエラーメッセージへの対処方法の紹介

プログラミングを始めるための前提となる知識を獲得できます。

プログラミングの基本的な構文を学ぶ

4　最も利用する変数とオブジェクトの概念の導入

5　変数を利用した演算と交換アルゴリズムの紹介

6　NumPyの1次元配列の紹介

7　NumPyの2次元配列の紹介

8　データ分析などに必要なファイルパスの概念の導入とファイルの読み書きの基礎を紹介

9　条件次第で処理の流れを制御して多様なプログラム作成に必要な条件分岐の構文の導入

10　コンピュータの最も得意とする単調な繰り返しをプログラムに書き起こす繰り返し構文の導入

プログラミングの基本的な構文を理解し、小規模なプログラムを作成できます。

データ分析で頻繁に使うデータフレームを紹介

11　データ分析の際に強力な機能を持つPandasの導入

12　便利な演算方法とデータの読み書き、抽出方法の紹介

13　条件分岐と繰り返し、データフレームを組み合わせてプログラムを作成

プログラミングの基礎を活用してデータフレームを用いた小規模なプログラムを作成できます。

繰り返しを深く学ぶための題材を紹介

14　絵を描きながら数式をソースコードとして記述

15　条件を満たすまで繰り返すwhile文と例外処理の導入

16　入れ子構造のように繰り返しを行う多重繰り返しの導入

17　模様を描きながら多重繰り返しの理解

18　多重繰り返しの中で複雑な処理と配列を扱う技術の獲得

繰り返しや、数式などを利用して複雑なプログラムや、Try文によるエラー対応、コンピュータシミュレーション、動画像の作成などができるようになり、プログラミング初学者を脱却できます。

簡単なデータ分析を体験

19　プログラミングの知識を活用した基本的な統計量の計算とPythonの便利な機能を利用した演習

20　Matplotlibによる可視化の基礎の習得と様々なグラフの作図方法の紹介

基本的な統計量の計算、データの抽出、データの可視化が自力でできるようになります。

図 1.1　本書の構成：第 1 章から第 20 章の構成と学習目的

チャレンジできます。第 14 章から第 18 章は、読者自身がプログラミングで重要な繰り返し文を利用して、プログラムを自力で書けるように様々な例を紹介します。第 21 章以降は、本書からより進んだ学習をするための補足を紹介します。例えば、ライブラリのインストール方法やリスト内包表記を紹介します。本書では、できるだけ丁寧な索引を用意しました。学習途中でわからない単語があれば、索引で検索しましょう。

1.2 コンピュータとプログラム

私たちはコンピュータに仕事（処理）を指示するために**プログラム**を書きます。プログラムとは、コンピュータにさせたい仕事（処理）を専用の命令で順番に記述したものです。そして、このプログラムを作成する作業を、**プログラミング**といいます。

1.2.1 プログラミングとは

コンピュータは人と異なり、自ら考えることができないため、一つ一つの作業手順を記述する必要があります。この作業手順を記述するために、私たちが無意識のうちに一瞬で判断している様々な処理を、**一つずつ分解した命令**として順番に書き下す必要があります。初学者に一番わかりにくいのが、この**処理の分解**です。

簡単な例で考えてみましょう（文献 [1]）。ここに見た目は全く同じ金貨が 3 枚あり、図 1.2 のような 秤 があるとします。金貨の 1 枚は他の 2 枚より重いのですが、見た目からはわかりません。秤を使って重い 1 枚を見つけるには、どういう作業手順が必要でしょうか。

私たち人なら、金貨を手のひらに載せるだけで、一番重い金貨を見つけられるでしょう。また、3 枚程度の金貨なら、いちいち作業手順を深く考えず、秤を使えるでしょう。ところが、コンピュータの場合には**処理を分解**し、次のような作業手順を明確にする必要があります。

図 1.2　秤

手順 1： 金貨の枚数と重さの設定
手順 2： 金貨 3 枚から 2 枚を適当に選ぶ
手順 3： 選んだ金貨を秤に 1 枚ずつ載せる
手順 4： もし秤が釣り合ったら、皿に載っていない金貨が重い金貨だとわかる
手順 5： 秤が傾けば、下がった方の皿に載った金貨が重いとわかる

プログラミングとは「私たち人が理解している作業手順を、一つずつ処理（命令）として書く作業」です。一つ一つの命令は単純ですが、それらを組み合わせることで複雑な処理を実現することができます。実際にプログラムを書く際には、英文法の命令形のようにコンピュータ用の命令を書きます（具体例は図 1.3 のソースコード）。

1.2.2　プログラミング言語とは

これまで述べた一つずつの作業を、コンピュータに命令として与えるため使う言語が、プログラミング言語です。私たちは日本語でコミュニケーションするとき、日本語の文法に従って話します。それと同じようにプログラミング言語にも言語ごとの文法（ルール）があります。本書で扱うプログラミング言語である Python も、Python という言語の文法に従ってプログラムを作成します。プログラムを作成するための文法や書式などを**構文**と呼びます。

1.2.3　プログラムが動作する仕組み：機械語への翻訳

Python のようなプログラミング言語のルールに従えば、人が読める単語でプログラムを記述できます。しかし、コンピュータを構成する電子回路を動かす、すなわちコンピュータに仕事をさせるためには、0 と 1 の組み合わせから構成される**機械語**で制御しなければなりません。

そこで、コンピュータは、プログラムのソースコードとして記述された各命令を、コンピュータ内部の回路を制御できる機械語（2 進数）に翻訳します。こうすることで、人が与えた指示（プログラム）に従って、コンピュータは仕事（処理）をします（図 1.3）。**ソースコード**とは人が、そのまま読み書き可能で、かつ、コンピュータが翻訳できる言語で書かれた命令の組み合わせです。

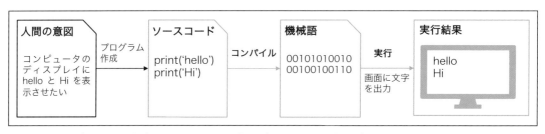

図 1.3　コンピュータに仕事をさせるまでの流れ（コンパイル型言語）

ソースコードから機械語に翻訳することを**コンパイル**と呼びます。コンピュータは機械語にコンパイルされた命令を**実行**し、ソースコードの命令のとおりに文字や図表を**出力**します。コンパイルするために必要なソフトウェア（プログラム）を**コンパイラ**と呼びます。

1.2.4　プログラミング言語とプログラムの実行方式

プログラミング言語で記述したプログラムの実行には 2 種類の方式があります。これまでに図 1.3 を例に述べてきたように、ソースコード全体を機械語に翻訳して、一括で実行する方式を**コンパイラ型**と呼びます。

もう一方の方式は**インタープリタ型（逐次実行型）**です（図 1.4）。インタープリタ型は逐

図 1.4　プログラムの作成と実行後（インタープリタ型言語）

次実行なので、コンパイラ型よりも比較的小さい（短い）プログラムの作成に向いています。また、インタープリタ型は命令を対話的に実行できるため、ミスの原因を発見しやすく、初学者向きです。本書で学ぶ Python はインタープリタ型の言語ですので、入力した命令を対話的に実行し、結果を確認できます。

1.2.5　プログラミングのワークフロー

これから、読者の皆さんは図 1.5 のように Python でプログラムを書きます。

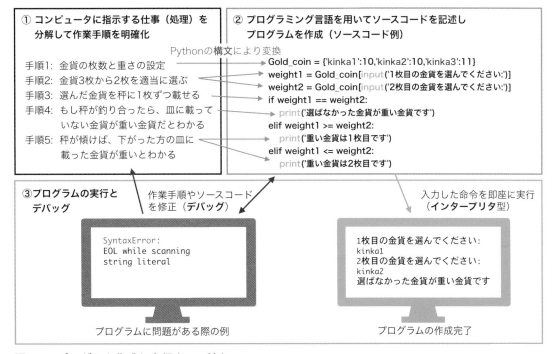

図 1.5　プログラム作成と実行までの流れ

　具体的には、まず秤で 3 枚の金貨を測る作業を、コンピュータでも作業できるように処理の分解を行います（図 1.5–①）。次に Python の構文に従いソースコードを作成します（図 1.5–②）。ソースコードの記述を終えて実行した際に、エラーなどの意図的に動かない箇所があれば、デバッグ（プログラムのミスを修正）します（図 1.5–③）。以上の流れの具体的な作

業手順は、次の章で説明します。

1.3 プログラミング言語の種類

　本書で説明する概念や用語は、多くのプログラミング言語で共通します。しかし、各言語の特徴やソースコードの書き方は表 1.1 のように大きく異なります。

表 1.1　代表的なプログラミング言語

名称	補足説明
C 言語	Java や Python などの多くの**プログラミング言語の基礎となる代表的なコンパイラ型の言語**。多くの教育機関で古くから教育用に利用されてきたため、学習用の資料が多い言語です。C 言語はプログラムの処理速度が高速です。ただし C 言語は処理の手続きを一つ一つ記述する手続き型言語のため、Java や Python などよりも学習やプログラムを作成する負担が非常に大きくなります。
C++	C++ はオブジェクト指向を取り入れて C 言語を拡張したコンパイラ型の言語です。C++ はシープラスプラスまたはシープラプラ、シープラと読みます。C++ は C 言語のように、オペレーティングシステム（例えば、マウス操作やキーボード入力などの基本的な操作を可能とするソフトウェア）やコンパイラなどの開発、ロボットなどのハードウェアの制御に使われています。そのため C++ は、C 言語と同様に、メモリやハードウェアにアクセスするプログラムの作成に向いています。
Java	**オブジェクト指向の代表的なコンパイラ型の言語**。Java は多様なアプリケーション開発が可能なため、企業での利用頻度が高く、大規模なシステム開発に向いています。また、多種多様なコンピュータごとにソースコードを書き換える必要がない、という特徴があります。Java は豊富な参考資料があるため、オブジェクト指向を学びやすい言語です。
C#	C#はシーシャープと読むコンパイラ型の言語です。C#はパソコン用のアプリケーション開発や、Web ページの作成、スマートフォン用のゲーム開発、VR(virtual reality) などを開発する環境（Unity など）で幅広く利用されるプログラミング言語です。C 言語や C++ と名前が似ていますが、これらの言語との互換性はありません。
Scala	Scala はスカラーと読むコンパイラ型の言語です。Scala は冗長と言われる Java のコードを短縮しつつ、Java の機能をそのまま利用できる言語です。Scala は関数型（関数を主体にプログラミングする言語）とオブジェクト指向の両方の特徴を持つため、Java や関数型言語の利用経験や知識があると、比較的使いやすいと言われます。
Java Script	JavaScript はジャバスクリプトと読むインタープリタ型の言語です。JavaScript は Web ページを作成する際に、Web ページの大枠を作る HTML や Web ページのデザインを記述する CSS と一緒に利用することができる言語です。この言語を使うと、閲覧中の Web ページで動的なコンテンツを作成でき、インタラクティブな可視化ツールとしてる D3.js などはよく知られています。Python の Django パッケージなどのように他の言語から呼び出して利用することもできます。
PHP	PHP はピーエイチピーと読むインタープリタ型の言語です。PHP は主に Web 開発に利用することがある言語です。JavaScript とは異なり、Web ページの裏側（サーバー側）を管理（HTML の操作やデータベースと連携）するために PHP を利用します。
LISP	LISP はリスプと読みます。LISP は歴史が長く、古くから人工知能研究などで利用されてきた関数型言語です。

名称	補足説明
R 言語	**R 言語は統計処理に必要なパッケージが非常に充実した、インタープリタ型の言語**です。処理速度が遅いなどの理由から大規模なプログラムの作成には不向きですが、ソースコードの記述が簡単な言語です。
VBA	VBA は Visual Basic for Applications の略で、そのままブイビーエーと読みます。VBA は表計算ソフトとともに利用することができ、表計算ソフトのマス目（セル）を操作する命令とともに、コンピュータの操作手順を自動化した命令（マクロ）を作成するために利用します。
COBOL	COBOL はコボルと読むコンパイル型の言語です。COBOL は金融業界などで最も古くからシステム開発で利用され続けている言語です。

1.4 課題

基礎課題 1.1

以下の問いに簡単に答えなさい。

問 1： プログラムとは何か説明しなさい。
問 2： プログラミングとはどんな作業か説明しなさい。
問 3： 機械語とソースコードの違いを説明しなさい。

基礎課題 1.2

以下の問いに答えなさい。

問 1： Python 以外の著名なプログラミング言語を三つあげなさい。
問 2： 問 1 であげた言語がインタープリタ型かコンパイラ型かを調べなさい。
問 3： 問 1 であげたプログラミング言語について、それぞれの言語の特徴を調べなさい。

基礎課題 1.3

以下の問いに答えなさい。

問 1： インタープリタ型を使用するプログラムの長所と短所をあげなさい。
問 2： コンパイラ型を使用して作成するプログラムの長所と短所をあげなさい。
問 3： なぜ機械語でプログラムを記述しないのでしょうか？ もし最初から機械語でプログラムを作成したら、どんな良い点があるかをあげなさい。

発展課題 1.4

　見た目が同じ 9 枚の金貨があり、1 枚だけ重い金貨がまざっているものとします。秤を使う回数をできるだけ少なくして、重い金貨を見つけるには、どういう手順で金貨を秤に載せればいいでしょうか。確実に重い金貨を見つけるために、秤を使わなくてはならない最低の回数と最大の回数を答えなさい。

　ヒント：プログラミングにおいて、秤を使う回数が、コンピュータに「比較」という演算をさせる回数に相当します。なお、秤を使う回数をコンピュータの**計算量**と呼びます。秤を使う回

数が少ないほど、計算時間が少ない、いわゆる早いプログラムといえます。また実際に、プログラム実行から終了までの時間を**処理時間**と呼びます。

2 本書と Jupyter Notebook の使い方

本書ではプログラミングを始めるため、Python の言語本体や、様々なツールを提供する Anaconda を利用します。本章では Anaconda を紹介しながら、そのツールの一つである、Python のプログラム（ソースコード）を編集して、実行するために利用する Jupyter Notebook の使い方を紹介します。

2.1 本書を読み進めるための事前準備

プログラミングを始めるには、プログラムを作成して実行できる**環境**を整えなければなりません。Python でプログラミングを進める環境の構築には、読者のパソコンに、アプリケーションなどのソフトウェアを導入する**インストール**と呼ばれる作業が必要です。

環境の構築方法はいくつかありますが、本書では Python を利用する環境を簡単に構築できる**Anaconda**（文献 [2]）を利用します。プログラミングを始めるには、「構文を解釈したり、作成したプログラムの命令を実行できる **Python の言語本体**」や、「Python の便利な機能としてのライブラリ（第 3 章で解説）」、「プログラムを作成するツールとしての**開発環境**」が必要です。Anaconda は、それらをまとめて導入できます。

Anaconda Navigator をインストールすれば、同時に Anaconda もインストールされ、自動的に環境構築も行われます。Anaconda Navigator は、初学者にとって手軽に、かつ、グラフィカルに Anaconda の機能を扱えるようにし、Python 自体や開発環境などのバージョン管理も容易にできます（補足 2.1 参照）。Anaconda を使わずに個別に環境構築をすることもできますが、初学者向けの本書の範囲を超えるので、取り扱いません。

本章では、本書の開発環境である**Jupyter Notebook**（解説 2.1 参照）を説明します。Jupyter Notebook は Anaconda Navigator から起動し、Web ブラウザ上でプログラムを作成して実行します。

本書では Windows 10 の PC 環境を前提に話を進めます。Anaconda Navigator をインストール済みでない読者はサポートページ（第 1.1 節参照）を参考に、インストールができたら、次に進みましょう。インストール済みの読者は、次の項から読み始めましょう。

2.1.1 カエルの解説とヘビの補足

本書では、次の枠のようにカエルの解説とヘビの補足を加えます。

> **解説 2.1　カエルの解説について**：左のカエルがいる枠内では特に初学者が見落としたり、ミスを犯しやすい箇所、注意点を述べます。本書ではソースコードを入力しやすいように、多くの読者の入力ミスの経験から色分けをしています。また、プログラミングに関連する用語には、造語も多く含まれ、その読み方が複数ある場合もあります。こうした「読み方」もカエルの解説で取り上げます。例えば、Jupyter の慣用読みは「ジュピター」ですが、本書では Jupyter の正しい読み方の「ジュパイター」を使います。

補足 2.1　ヘビの補足について：左のヘビがいる枠内では Python の補足情報や、より深い勉強のための参考文献情報などを補足します。Python のライブラリのインストール方法や、本書のサンプルプログラムの動作環境は付録に掲載しています。また、本書のプログラムや Python の更新による変更の情報は、サポートページに掲載します。

2.1.2　本書の使い方

まず本書の読み方を簡単に説明します。

手順 1：　説明を順番に読み「手順」と指示がある箇所ではパソコンを操作します。
手順 2：　角丸の四角で囲まれた枠は「Python のソースコード」、いわゆるプログラムです。後述する Jupyter Notebook を起動し、ソースコードを編集してプログラムを実行します。

> **プログラム 2.1：プログラムのことはじめ**
> ```
> 1  command1 （Pythonの命令1）
> 2  command2 （Pythonの命令2）
> ```

手順 3：　プログラムの横または下には実行結果を示します。パソコンの画面上で読者が作成したプログラムの実行結果と照らし合わせてプログラムの動作を確認します。
手順 4：　プログラムの前後には解説があります。その解説を読み、作成したプログラムを理解します。
手順 5：　章の最後にある課題を解いて、各章の内容の理解を深めます。

本書の各章は 45 分から 1 時間程度を目安に手を動かしながら読み進めることができます。

 解説 2.2　ソースコードの一番左側（背景がグレーの左端部分、実線の楕円）の番号列はプログラムの**行番号**です。この**行番号は解説用**です。読者がソースコードの入力や編集で**行番号を入力する必要はありません**。点線の箇所のみを入力します。

背景が濃い灰色の箇所（行番号）は入力しません。

> **プログラム 2.1：プログラムのことはじめ**
> ```
> 1  command1 （Python の命令 1）
> 2  command2 （Python の命令 2）
> ```

2.2　Jupyter Notebook の使い方

　Anaconda Navigator から Jupyter Notebook を起動する準備を進めましょう。Jupyter Notebook は人間とコンピュータが対話的に、Python を動かすことができる便利なツールです。この**対話型環境（インタープリタ）**の Jupyter Notebook では、プログラミング初学者も試行錯誤しやすく、プログラミング習得のハードルが低くなります。

2.2.1　作業フォルダの準備

　Jupyter Notebook を起動する前に、本書で作成する Python のプログラムを保存するために、**C ドライブ**（補足 2.2 参照）の直下に「**pysrc**」というフォルダを作成します。次の手

順のとおりに作業しましょう。

> 手順1: スタートボタンの隣にある**エクスプローラーのアイコンをクリックし、エクスプローラー（図 2.1）を開きます**（または、スタートボタンのメニューの中からエクスプローラーを選びます）。
> 手順2: エクスプローラー上には「**C:**」や「**D:**」などの**ドライブ**と呼ばれるファイルの保存場所があります。**C ドライブ（C:）にダブルクリックして移動**します。
> 手順3: C ドライブのフォルダやファイルに重ならないように、エクスプローラー上の空欄部分で右クリックし、新規作成からフォルダを選び、半角英数（解説 2.3 参照）でフォルダ名「**pysrc**」を入力して、**pysrc フォルダを作成**します。

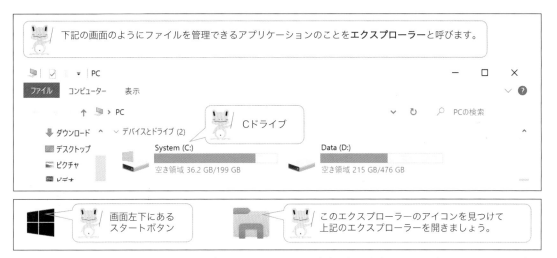

図 2.1 ファイルを選択できるエクスプローラーとドライブ（注意：読者の PC 環境により System（C:）などの名称は異なる場合があります）

> **補足 2.2　Mac 環境構築の説明**：本書の第 2.2.1 項と第 2.2.2 項の内容について、Mac 用の解説はサポートページに掲載しています。
> **名称は半角英数字**：本書では変換ミスを防ぐため、フォルダ名とファイル名は全て半角英数字で統一します。**日本語などのフォルダ名を使うと、Python が正しく動作しない場合があります。**

2.2.2　Jupyter Notebook の起動

　Jupyter Notebook を起動するために、次のように作業しましょう。手順1から手順6は、図 2.2 の①から⑥に対応します。

> 手順1:「スタートボタン」をクリックします。
> 手順2:「Anaconda Navigator」をクリックし、Anaconda Navigator を起動します。
> 手順3:「Environments」をクリックします。
> 手順4: base (root) の「右三角のマーク」をクリックします。
> 手順5:「Open Terminal」をクリックし、コマンドプロンプト（黒い画面）を開きます。

手順 6： 半角入力モード（解説 2.3 参照）になっていることを確認します。もし全角入力モードになっている場合は、キーボードの左上の半角全角キーを押して半角入力モードにします。次に現在開いているコマンドプロンプトに「**jupyter notebook c://pysrc**」を入力し、エンターキーを押します。

 解説 2.3　半角と全角に注意： キーボードからの入力には半角と全角の 2 種類があります。プログラミング初学者は手順 6 の半角を誤って全角で入力して、うまく Jupyter Notebook が起動しないことがあります。半角と全角文字の違いは、わかりにくいかもしれません。読者は、プログラミングに慣れるまでは、全角モードは使わず、半角モードだけで作業する方が、余分なトラブルを避けられます。

図 2.2　Anaconda Navigator の起動から Jupyter Notebook の起動準備までの操作（コマンドプロンプトの空欄には読者のパソコンのユーザー名が入ります）

　この手順 1 から手順 6 はプログラムを作成する環境である Jupyter Notebook を立ち上げるための操作です。Anaconda Navigator を起動してプログラミングを始めるときは、毎回行います。「jupyter notebook c://pysrc」は pysrc フォルダ上で、プログラミングを便利に進めるためのコマンドとみなしましょう。詳しくは第 8 章で解説します。

2.2.3　Jupyter Notebook でプログラムを作成する準備

　Jupyter Notebook を起動すると図 2.3 のホーム画面が出ます。プログラムを作成する準備として、次のように作業しましょう。

手順 1： 図 2.3 の⑦の「New」をクリックします。
手順 2： 図 2.3 の⑧の「Python 3」をクリックすると図 2.4 が画面に出ます。
手順 3： Jupyter Notebook のノートブックに名前をつけて管理するため、図 2.4 の⑨の「Untitled」をクリックして「u2」に変更します。
手順 4： 図 2.4 の⑩の「保存ボタン」を押して u2 を保存します。

　各章の初めに、この手順 1 から手順 4 の操作を行い、章番号から名前をつけた Jupyter

図 2.3　Jupyter Notebook のホーム画面

図 2.4　Jupyter Notebook のプログラム編集画面（ノートブック）と機能

Notebook でノートブックを作成し、章ごとに作成するプログラムの Jupyter Notebook の名前を使い分けます。図 2.4 のような Jupyter Notebook のプログラム編集画面を**ノートブック**と呼びます。手順 1 から手順 4 の操作で、ノートブックには **u2** (u2.ipynb) という**名前**（ファイル名）がつき、第 2.2.1 項で作成した pysrc フォルダに保存されます。このように、ファイルの管理を便利にするために「jupyter notebook c://pysrc」で Jupyter Notebook を起動します。次の第 3 章でも「u3」と名付けた Jupyter Notebook を作成してから作業を始めます。

　Jupyter Notebook 上で Python の命令を記述する場所を**セル**と呼びます（図 2.4 参照）。このセルに Python の命令を組み合わせながらプログラムを作成します。新しいプログラムを書くためのセルは、セル追加ボタンを押せば、増やせます。

　In[ ] の中には**該当するセルのプログラムを実行した順番**が記載されます。プログラム実行中は In[ ] ではなく、かわりに **In[*]** が表示されます。この In[*] の * が数値に変われば、プログラムの実行が終了したことを意味します。想定通りに動かないプログラムを止めるためには**停止ボタン**を押します。毎回想定通りにプログラミングが進むとは限らないので、**プログラム作成中は保存ボタンを適宜押してプログラムを保存**しましょう。

2.2.4　Jupyter Notebook で作成したプログラムの実行

　ここまでで、プログラムを書く準備が整いました。次に、Jupyter Notebook のセルにプログラム 2.2 を記述し、画面に文字列を表示する print を使い、画面上に Hello python という文

字列を出力します。

　本書では Jupyter Notebook 上に読者が記述するプログラムは、次のように枠内にソースコードを示します。

> **プログラム 2.2：初めてのプログラム**
> ```
> 1  print('Hello python')
> ```

このようなプログラム 2.2 を見た読者は、次のように作業しましょう。

手順 1： 図 2.5 のように Jupyter Notebook の**同一のセル内に Python の命令をそのまま記述**します。プログラム 2.2 のような枠と Jupyter Notebook のセルが 1 対 1 に対応します。**Python のプログラムを記述する際の英数字は必ず半角**です。半角と全角の切り替えはキーボードの左上の半角全角キーを押します。

手順 2： 実行したいプログラムが書かれたセルを選択（クリック）し、図 2.4 の「実行ボタン」を押します。または、実行ボタンの代わりにショートカットキーとして「control」と「エンター」キーを同時に押しても、プログラムを実行することができます。

　プログラムが完成したら、図 2.5 のような読者の実行結果と、プログラム 2.2 の実行結果が同じであることを確認します。

図 2.5　Jupyter Notebook 上のプログラム記述例と実行結果

　本書では、図 2.5 のようなプログラムの実行結果を、次のように掲載します。

> **プログラム 2.2 の実行結果**
> ```
> Hello python
> ```

　以上のように、コンピュータがプログラムに従い、仕事をすることを**実行**、その結果を**実行結果**と呼びます。図 2.5 のようにコンピュータが画面に何らかの文字や図表を表示することを**出力**と呼びます。

　解説 2.4　print とは：プログラムの中では print という Python の命令を頻繁に使います。この print は「丸括弧の中の'Hello python' というシングルクォーテーション（**引用符**）で囲まれた範囲の文字列をディスプレイに表示しなさい」という命令です。表示したい文字列は必ずシングルクォーテーション「'」で囲みます。

2.2.5   Jupyter Notebook の保存と編集画面の閉じ方

これまでの一連の操作で、Python のプログラムを作成して実行しました。次に現在開いているプログラムの保存と Jupyter Notebook の編集画面（図 2.4）を閉じます。次のように作業しましょう。

手順 1： 保存ボタンを押します。
手順 2： Jupyter Notebook の左上の File をクリックします。
手順 3： Close and Halt をクリックします。

以上の手順で、Jupyter Notebook のプログラム編集画面のみを閉じます。

2.2.6   プログラムの変更と追加方法

作成したプログラムを書き換えます。プログラム 2.3 では 'Hello python' の代わりに 'Hello Jupyter Notebook' と入力します。その結果、print は Hello Jupyter Notebook と画面に表示します。次の手順のとおりにプログラムを再度編集して、プログラム 2.3 を作成して実行しましょう。本書ではプログラムとその実行結果を *List* 2.i のようにまとめて掲載します。

手順 1： Jupyter Notebook のホーム画面（図 2.3）から u2.ipynb をクリックして Jupyter Notebook の編集画面を開きます。
手順 2： セル増加ボタンをクリックします。
手順 3： 新しいセルにプログラム 2.3 を入力します。

List **2.i**

プログラム 2.3：プログラムの変更	実行結果
1 print('Hello Jupyter Notebook')	Hello Jupyter Notebook

ここで'Hello python' の代わりに'Hello Jupyter Notebook' と書いたため、Hello Jupyter Notebook と画面に表示されます。

次に、新しいセルを追加してプログラムを作ります。すでに、これまでのプログラムの実行により、図 2.6 のように空白のセルが追加されています。

```
In [2]:   print('Hello Jupyter Notebook')

          Hello Jupyter Notebook
                                           追加したセル
In [ ]:
```

図 2.6　新しいセルにプログラムを入力

　図 2.6 のセルに Hello と Jupyter の間には**半角の空白**、Jupyter と Notebook の間には**全角の空白**を入力し、プログラム 2.4 を作成して実行しましょう。

◀ List 2.ii ▶

プログラム 2.4：半角と全角空白の違い	プログラム 2.4 の実行結果
1　`print('Hello Jupyter　Notebook')`	Hello Jupyter　　Notebook

　プログラムと実行結果を比較します。Python は**半角空白と全角空白を区別**するため、実行結果の Hello と Jupyter の間に**半角の空白**を挿入します。一方で、Jupyter と Notebook の間に**全角の空白**を挿入します。

> 　**解説 2.5　全角空白によるエラー**：全角空白を半角空白と間違えて入力しても、表示上は空白にしか見えません。そのためプログラミング初学者は、しばしば**引用符外の部分**で、**全角空白を誤入力し、エラーを起こすことがあります**。画面上には全角も半角も明示的に表示されないので、**たいへん見つけにくいエラー**です（特に Mac の注意点はサポートページを参考）。もし SyntaxError: invalid character in identifier または SyntaxError: invalid non-printable character U+3000 が出て、しかも、入力したソースコードにミスが見当たらない場合、実際は半角の部分が全角になっていないかをよくチェックしましょう。

2.2.7　複数行のプログラムの書き方と実行方法

　次の *List* 2.iii のように複数行のプログラムを作成します。プログラム 2.5 の 1 行目のように、行番号を変えずに掲載した命令は、Jupyter Notebook のセル内で改行せずに、そのまま入力して実行しましょう。

◀ List 2.iii ▶

プログラム 2.5：複数行のプログラムの追加
1　`print('ここには日本語を記述することもできます。', 'カンマの後に記述した文字列は` 　　`実行結果のようになります')`

プログラム 2.5 の実行結果
ここには日本語を記述することもできます。 カンマの後に記述した文字列は実行結果のようになります

　プログラム 2.5 のように、「'」は半角ですが、Python のソースコード上で「'」と「'」で囲んで記述する日本語は全角です。
　次に、行番号ごとに命令を記述したプログラム 2.6 を作成して実行しましょう。プログラム 2.6 のように、複数の行番号にそれぞれ命令が掲載されても、**一つのセル内に 1 行ごとに**命令を入力しましょう。print では丸括弧内の「'」で囲った文字列や、第 4 章で学ぶ変数の値が出力されます。出力したい対象をカンマ「,」で区切って羅列すれば複数の文字や数値を

出力できます。

```
List 2.iv
```

プログラム 2.6：複数行番号と複数行のプログラムの追加	プログラム 2.6 の実行結果
1　print('1行目の実行結果:', 1) # 数値の入力も可能 2　print('2行目の実行結果:', 20) # 1行目実行後に実行	1行目の実行結果：1 2行目の実行結果：20

プログラムの行番号が変わらない命令は、Jupyter Notebook の一つのセルの中で改行せずにそのまま記述します。プログラムの行番号が変わる命令は、Jupyter Notebook の一つのセルの中で、その行番号ごとに改行しながら記述します。

　　　解説 2.6　# のコメント文：プログラム 2.6 のように Python の命令、例えばここでは print('1 行目の実行結果:', 1) の後ろに # が記載されています。# の記号以降、改行するまで**コメント**として扱われます。この # の日本語の文章は、ソースコードの説明です。このコメント部分は入力しなくてもプログラムの動作には何の支障もありません。# はナンバーサインやスクエアなどの呼び方があります。コメントは他の人にソースコードを見せるときなど、ソースコードの可読性を高めるのに有効です。共同作業でプログラムを作成するとき、特にコメントは重要なので、メモ代わりに適宜入れるようにしましょう。

2.2.8　作業終了の方法

全ての作業を終える際には、次のように作業しましょう。

手順1： Jupyter Notebook のホーム画面から Quit ボタンを押し、ブラウザの×ボタンを押してブラウザを閉じます。
手順2： Anaconda Navigator の×ボタンを押して終了します。
手順3： コマンドプロンプトの×ボタンを押して終了します。

　上記の作業を終えたらエクスプローラーを起動して pysrc に u2.ipynb のファイルがあることを確認します。このファイルが Jupyter Notebook で作成したファイルです。ただし、**u2.ipynb はエクスプローラーからのダブルクリックでは開けません。**再度、u2.ipynb を編集するためには、第 2.2.2 項の全作業と第 2.2.6 項の手順 1 をやり直しましょう。

　　　補足 2.3　終了できない：Anaconda Navigator は負荷が高く、パソコンの動作が遅くなる場合があります。そのため、×ボタンを押しても終了できないときは付録 A に強制終了の方法があるので、それを参考に Python に関連のある Anaconda Navigator や Jupyter Notebook、コマンドプロンプト（またはターミナル）を停止させましょう。

2.3　プログラムを修正するときの考え方

　プログラム 2.2 を実行したときに、'Hello python' 以外のメッセージが表示されることがあります。想定通りに実行結果が得られない場合は**デバッグ**が必要になります。デバッグとは

プログラムの誤りを見つけ、その誤りを修正する作業です。

　エラーメッセージが表示される原因の多くは、作成したソースコードに、**スペルミスなどのミスが隠れていることが原因**です。そういうときは Jupyter Notebook で入力したソースコードをよく見直し、入力ミスがないかチェックします。もし入力ミスを見つけたら、プログラムを修正して、もう一度実行します。この修正を、hello と出力するプログラムの例で紹介します。

2.3.1 エラーメッセージが表示される場合

　例えば、print のスペルを間違え、prin と入力した場合は、図 2.7 のような NameError というエラーメッセージが表示されます。この表示の NameError というエラー名の後に、誤っている内容が具体的に示されます。図 2.7 には「name 'prin' is not defined」とあり、その意味は prin のスペルミスが指摘

図 2.7　エラーの発生する誤り

されています。このエラーメッセージを手がかりに、ソースコードの prin を print と修正します。

2.3.2 エラーメッセージが表示されない場合

　デバッグが難しいパターンも紹介しておきます。例えば、図 2.8 のように一見正しく動いているように見える場合でも、プログラムの実行結果として、想定した「hello」とは異なる出力になることがあります。

　この場合、本来は hello であるところを hallo と入力ミスをしています。このように

図 2.8　エラーの発生しない誤り

エラーがエラーと出力されなくても、もともと期待した実行結果と異なる場合も、デバッグでミスを修正しなくてはなりません。

2.4 記号の読み方

　Python を勉強中の読者の中には、インターネット上で質問をすることもあるかもしれません。こうした場合、意外に必要となるのが、キーの呼称です。そこで、ここでは Python でよく使う記号の読み方を紹介します。

表 2.1 プログラミング言語で利用する記号の読み方

記号	読み方	記号	読み方
\	バックスラッシュ	/	スラッシュ
¥	円マーク	_	アンダーバー
:	コロン	;	セミコロン
*	アスタリスク	'	引用符、シングルクォーテーション
"	ダブルクォーテーション	|	バーティカルバー
.	ドット、ピリオド	,	カンマ
~	チルダ	^	ハット
()	丸括弧	{ }	中括弧、波括弧
[]	角括弧	!	エクスクラメーションマーク
>	だいなり	<	しょうなり
>=	だいなりイコール	<=	しょうなりイコール

　コンピュータ上、特にファイルパスを学ぶ第 8 章では ¥（円マーク）と \（バックスラッシュ）は同じ意味を持つことがあります。Windows 10 の場合は ¥ を使います。Mac の場合は \ を使います。¥ と \ の代わりに /（スラッシュ）を利用することもできます。ただし、/ は第 5 章で割り算の記号としても利用するように、プログラミングにおいて、記号は複数の意味を持つことがあります。

2.5　課題

基礎課題 2.1

　Jupyter Notebook と Anaconda Navigator、コマンドプロンプトを終了しなさい。再度、Jupyter Notebook の起動（第 2.2.2 項の手順 1）から作業を始めなさい。プログラム 2.7 の空欄には、名前をローマ字で入力して置き換えなさい。プログラムの実行結果として、名前がローマ字で表示されることを確認しなさい。

```
プログラム 2.7：print を利用した名前の出力
1  print(        )
```

基礎課題 2.2

　基礎課題 2.1 に利用したセルの後に、新たなセルを追加しなさい。その後、print を使い自分の好きな文字列（任意の文字）を出力しなさい。

発展課題 2.3

　ここでは第 2.3.1 項で紹介したミスの修正（デバッグ）の練習をしなさい。プログラム 2.8 は「hello」と画面に出力するために作成しましたが、図 2.7 のように NameError が発生しました。

List **2.v**

プログラム 2.8：エラーが発生するプログラム

```
1  prin('hello')
```

実行結果（エラーの発生）

```
NameError Traceback (most recent call last)
<ipython-input-3-6bb17be21cdb> in <module>
----> 1 prin('hello')

NameError: name 'prin' is not defined
```

　このプログラムを修正するために、エラーメッセージを手がかりにしましょう。まず、実行結果のエラーメッセージの3行目には「----> 1 prin('hello')」があります。この「----> 1」から、プログラムの1行目のどこかにミスがあることがわかります。ただし、読者の開発環境によっては、エラーメッセージが「File "<stdin>", line 1, in <module>」となる場合があります。その際は、「line 1」から、プログラムの1行目のどこかにミスがあることがわかります。

　これでエラーの場所がわかったので、次に修正方法を考えてみましょう。実行結果の4行目の「NameError: name 'prin' is not defined」を『prin という名前の関数はない、と言われているな。prin がミスの原因かもしれない』と解釈しながら、以下の実行結果が得られるように、空欄を埋めてプログラム 2.9 を修正しましょう。

List **2.vi**

プログラム 2.9：エラーが発生しない出力命令

```
1  _____('hello')
```

実行結果

```
hello
```

3 プログラミングの基本的なお約束

　本章では効率的にプログラミングを学習するために、まずプログラミングの原則「プログラムに記述された命令は先頭から順に処理される」ことを学びます。ここでは、turtle グラフィックスというお絵かき用の命令を使いながら、前章で紹介したデバッグもあわせて練習しましょう。

3.1 プログラム実行の順番

　プログラミングの**原則**とは「**コンピュータは人が記述した命令の順番、即ち行番号が小さい順（ソースコードの上から下）に処理する**」ことです。この原則は先に処理させたい命令ほどソースコードの先に書くことを意味します。

3.1.1 turtle グラフィックスで図形描画

　ここでは、turtle グラフィックスという命令で亀（矢印）が歩いた軌跡を描画するプログラムを作成します。*List* 3.i の四角形を描画するプログラムを以下の手順で作成しましょう。

手順1：第 2.2.2 項と第 2.2.3 項の操作手順に従って、Jupyter Notebook を起動します。
手順2：Jupyter Notebook の**一つのセル**にプログラム 3.1 のソースコードを**全て入力**します。
手順3：プログラム 3.1 を実行すると、実行結果のように turtle グラフィックスの新しいウィンドウ（描画画面）が表示され、その描画画面に四角形が描画されます。
手順4：そのウィンドウの右上（①）の × をクリックして、turtle グラフィックスの描画画面を閉じます（Mac の場合は、左上の × をクリック）。

　turtle グラフィックスのプログラムの実行は「実行ボタンを押してから絵が描画される描画画面を閉じるまで」を**一連の作業**として必ず行います。ただし、インタープリタの性質上、**Terminator エラー**が発生するので付録 D（261 ページ）を**必ず**参考に作業をしましょう。

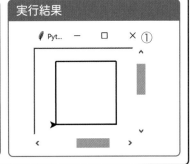

List 3.i

プログラム 3.1：四角形の描画

```
1  from turtle import * # 描画に必要なライブラリ
2  forward(100) # 矢印の方向 (右方向) に 100進む
3  left(90) # 左に 90度回転 (上方向に向く)
4  forward(100) # 矢印の方向 (上方向) に 100進む
5  left(90) # 左に 90度回転 (左方向に向く)
6  forward(100) # 矢印の方向 (左方向) に 100進む
7  left(90) # 左に 90度回転 (下方向に向く)
8  forward(100) # 矢印の方向 (下方向) に 100進む
9  done() # 記述忘れ注意。描画を終えるために操作を許可
```

実行結果

同じような図形が表示されましたか？　実行結果は現在開いている Jupyter Notebook とは別のウィンドウに表示されます。このとき Jupyter Notebook のウィンドウの後ろに turtle の実行結果のウィンドウが隠れて見えないことがあるので、気をつけましょう。もし表示されずに Terminator 以外のエラーメッセージが出力されたときは、ソースコードをよく見直してミスを見つけましょう（エラーメッセージの詳細は第 3.3 節を参考）。

> **解説 3.1　知らない命令でプログラムをいきなり書くの？**：ここではいきなり中身もわからないまま、プログラムを書きました。そういう方法に抵抗を感じた読者もいるかもしれません。プログラミングを学ぶことは絵を学ぶのに似ています。本書の学び方は、絵が上手になりたい人が、先に絵を描いてから、構図のことや画材の使い方の解説などを勉強するのと同じです。まずは慣れるまでやってみて、**プログラムを動かし**、**実行結果が意図したとおりか**、**チェック**します。もし、実行結果が本書と異なる場合は、どこかに入力ミスがあるかもしれません。よくソースコードを確認して**修正（デバッグ）**しましょう。

3.1.2　turtle グラフィックスとは

Python は様々な方法で図形やグラフを描くことができます。ここでは turtle グラフィックスというライブラリ（あらかじめ Python で作成した命令のコード集）をプログラム冒頭で呼び出して図形を描画しました。このライブラリの命令を使うと、仮想の turtle（亀）の移動を制御し、その亀の軌跡により図形を直感的に描画できます（現在は矢印の姿ですが、後で亀の姿になります）。

プログラム 3.1 は、四角形を描画するために、1 行目の import から 9 行目の done() までの命令を**上から順に実行**します。プログラム 3.1 では forward と left の二つの命令を順に利用しています。forward(100) は亀（矢印）が現在向いている方向に距離 100 進むことを意味します。Python では forward(100) のような命令を**関数**と呼び、100 のような関数に指定する値を**引数**と呼びます。left(90) は左に 90 度、亀の向きを変えます。以上の forward と left を 4 回繰り返すと、亀の移動により四角形のグラフィックを描画します。最後の done() は turtle グラフィックスのウィンドウを対話的に利用し、そのウィンドウを閉じるために必要です。

プログラミングの上達には試行錯誤が重要です。試しに命令を変更してみましょう。例えば、forward(100) を forward(200) に変更すれば、移動距離 100 から移動距離 200 に変わり、亀は距離 200 進みます。left(90) を left(60) に変更すれば、亀は 60 度向きを左に変えます。この二つの命令を組み合わせれば、いろいろな図形を描けます。

3.1.3　ライブラリと import

Python には turtle グラフィックスのような、あらかじめ使える様々な**ライブラリ**があります。ライブラリから様々な命令を利用するときは、「import ライブラリ名」や「import ライブラリ名 as 省略形」、「from ライブラリ名 import *」のような方法で import を使います。

ライブラリ（補足 3.1 参照）は文字通り図書館に保管している本のように、スクリプトファイルをまとめたものです。Anaconda Navigator をインストールしたときに、ライブラリ名.py

という**スクリプトファイル**が Python と一緒にインストールされます。「import ライブラリ名」としてライブラリに登録されたライブラリ名.py を呼び出せば、そこに記載されている便利な機能を自分でゼロから作成せずとも使えます。付録 B のように Anaconda Navigator を利用すれば、後からでもライブラリを追加できます。

> **補足 3.1　ライブラリ**：本書ではモジュールとパッケージを総称してライブラリと呼びます。モジュールは関数などをまとめた一つのライブラリ名.py です。そのモジュールを複数個集めたものがパッケージです。本書では **Python の便利な機能を使うためのおまじない**として import を利用します。import の解説は文献 [3, 4]、また、import の注意点は文献 [5] をお勧めします。

ライブラリはプログラムをコンパクトにするため、自分が使いたい機能だけをソースコードに import を記述して選択的に呼び出します。最初に学んだ「原則」があるため、**import はそのライブラリから呼び出す命令より必ず先に実行されなくてはなりません**（解説 3.2 参照）。そのため **import はソースコードの冒頭に置きます**。

> **解説 3.2　同一ノートブックなら import の実行は冒頭一度**：Jupyter Notebook 内で同じファイル名のノートブックファイル（○○.ipynb）であれば、基本的に import（例えば from turtle import ∗ ）は**一度の実行**だけで十分です。ノートブックのいずれかのセル内で、ライブラリから命令を一度呼び出せば、その呼び出した命令は、同じノートブックであれば任意の他のセル内からでも、import を記述しなくても利用できます。ノートブックの冒頭のセルで、使いたいライブラリをまとめて import しておくと依存しているライブラリが一覧でわかりやすくなります。再度同じノートブックを開いたときも、冒頭のセルの実行だけで、他のセルに import は不要になります。よって、プログラム 3.2 のように、本書の章ごとに不要な箇所の import は省略します。ただし、付録 D の第 21.4 節のように Jupyter Notebook の再起動を含めて試行錯誤などが必要な場合（例えばプログラム 3.3）、ノートブックの冒頭のセルに戻りながらのプログラム作成は非効率なので、作業中のセルの先頭に import を記述します。

3.2　インターネット検索で命令を学ぶ

　プログラムの作成や効率的な勉強をするには、インターネット検索が有効です。実は、本章で扱った turtle グラフィックスには、その公式サイト（文献 [6]）に辞書並みの厚さのマニュアルがあります。Python の全ての命令を本書に掲載することは不可能なため、それらを調べる際には英語の単語や文法を調べるように、インターネット検索の利用をお勧めします。

　プログラムを書き換えながら検索の練習をします。これまでの turtle グラフィックスのペン先は矢印でしたので、その矢印を丸印に変更する命令を加えたプログラム 3.2 を作成して実行しましょう。

List **3.ii**

プログラム 3.2：矢印を丸印に変更

```
1  shape('circle') # 矢印を丸印に変更
2  forward(100) # 矢印の方向に100進む
3  done() # 描画後、操作するために必要
```

実行結果

　インターネット検索を利用してプログラム 3.2 の丸印を亀印に変更します。インターネットで「turtle shape 亀印」と検索し、亀印に変更できる引数を探し出して'circle' の部分を変更します。答えは、次の第 3.2.1 項で示します。

3.2.1 **デバッグの練習：亀印の表示とエラーメッセージの読み方**

　プログラミングでは過去の様々なソースコードを参考にできます。それらを参考にしても「意図したプログラムの完成」までには、様々な理由でミスが多発するために、手間がかかります。このミス（**バグ**）の発見と修正のために、画面に表示されるエラーメッセージを手がかりにミスを見つけ、ソースコードを修正します。

> 　**解説 3.3　デバッグの基本はエラーメッセージを部分的に読む**：エラーメッセージは日本語ではなく、英語で表示されます。そのため、**ちょっとしたスペルミスが原因でも、エラーメッセージが表示されたとたん、プログラミングの勉強を諦める初学者が後を絶ちません。** もったいない話です。ここで知ってほしいのは**エラーメッセージを全て理解する必要はない**ということです。全てのエラーメッセージを理解しなくても、ミス発見のヒントが得られるなら、それで十分です。もちろん全部わかるに越したことはないのですが、そんなに悠長にメッセージの全てを読んでいては、プログラムの完成が遅くなります。そこで第 3.2.1 項では、エラーメッセージ解読のポイントを紹介します。

　ここでは *List* 3.iii のように、引数に誤植のあるプログラムを意図的に作成し、デバッグの作業を実際に試してみましょう。プログラム 3.3 を実行した場合、デバッグ作業を継続するためには付録 D の第 21.4 節の手順 3 の「Restart & Clear Output」を利用してクリアします。

◁ List 3.iii ▷

プログラム 3.3：誤植のある亀印

```
1  from turtle import * # 実行内容をクリアするため再度記述が必要
2  shape('turtl') # ここに入力ミスによる誤植あり
3  forward(100)
4  done()
```

実行結果（一部省略）

```
TurtleGraphicsError Traceback (most recent call last)
<ipython-input-1-53aa2a41563c> in <module>
      1 from turtle import *
----> 2 shape('turtl')
***** 中盤省略 ****
TurtleGraphicsError: There is no shape named turtl
```

　誤りのあるプログラムのエラーメッセージを解釈する例を紹介します。ここでポイントは二つあります。まずは最後の行の「TurtleGraphicsError: There is no shape named turtl」です。　エラーメッセージの最後は主に「**エラーの種類：エラーの説明**」という説明文です。TurtleGraphicsError はエラーの種類であり、There is no shape named turtl はエラーの説明です。このエラーメッセージは『shape の引数 turtl は TurtleGraphics の命令にはないから

スペルミスかも』と解釈できます。

　次に、エラーの発生箇所を見つけ出します。具体的にはエラーメッセージの 4 行目の「----> 2 shape('turtl')」の部分です。エラーメッセージの中にはエラーの発生箇所を表す「---->」があります。そのため、プログラムの 2 行目の shape('turtl') が誤りであることがわかります。亀印を出力するためには、shape('turtl') を shape('turtle') と書き換えたプログラム 3.4 を作成して実行しましょう。

List **3.iv**

| プログラム 3.4：正しい亀印 | 実行結果 |

```
1  from turtle import * # 実行内容をクリアしたため再度記述が必要
2  shape('turtle') # turtl から turtle に修正する
3  forward(100)
4  done()
```

解説 3.4　エラーの種類は千差万別：読者もプログラミングを続けていれば、意味がわからないエラーメッセージをたくさん目にするでしょう。そんなときこそ、インターネット検索の出番です。プログラムの入力ミスを疑いながら、インターネットでエラーメッセージの最後の文章を検索します。例えば、「TurtleGraphicsError: There is no shape named turtl」と検索すると、最後に e が抜けていることがすぐにわかります。

3.3　よく遭遇するエラーメッセージ

　本書で学ぶ際にエラーメッセージが表示されたら、ここに戻って確認しましょう。以下によく発生するエラーを紹介します。

3.3.1　全角文字が起こすエラー

　SyntaxError（構文エラー）は Python から『**ソースコードの書き方（構文）がおかしいよ**』と叱られているような状態です。例えば、print('Hello') を print('Hello') のように半角の引用符「'」の代わりに全角記号の引用符「'」を使う場合、「SyntaxError: EOL while scanning string literal」が発生します。ただし、print(' Hello') のように Hello の前に全角記号の引用符「'」を使う場合、「SyntaxError: invalid character '' (U+2019)」が発生します。これらのエラーは引用符で囲むはずの文字列に、引用符が対応していないことが原因で発生するため、**全角**'を**半角**'に修正します。

　また、全角の空白を使う場合にエラー「SyntaxError: invalid character in identifier」または「SyntaxError: invalid non-printable character U+3000」が起こります。全角の空白は見た目ではほとんどわかりません。全角空白を探すために、ソースコードを入力できる状態で、キーボードの矢印キーを連続して押しながら、**点滅する入力カーソル「|」が大きく動くところに全角の空白があります**。その全角空白を半角空白に変更して修正します。

3.3.2 構文から逸脱する場合のエラー

SyntaxError には様々な種類があります。例えば、「from turtle import *」と書くべきところを「from turtle import」のように入力すると、SyntaxError: invalid syntax が発生します。このエラーは Python の構文から逸脱する場合に発生するため、Python から『**プログラミングのルールを厳密に守ってね**』と叱られているような状態です。コンピュータは忖度（そんたく）ができず、ルールを厳密に守ります。そのため例えば、**コンピュータは大文字と小文字を区別する**ので、「from turtle import *」と書くべきところを英語のように「**F**rom turtle import *」と書くだけでもエラーが発生します。

3.3.3 未定義の命令が起こすエラー

NameError は Python から『**そんな命令や記号は知らないよ！**』と文句を言われているような状態です。例えば、プログラム 3.2 にある「shape」を「shap」と書き間違えるとエラー「NameError: name 'shpe' is not defined」が発生します。この誤植の修正例では「shpe」を「shape」と書き直します。その他にも forward を forword とする誤りもよく見かけます。

Jupyter Notebook を再起動して、例えば、shape('circle') だけを実行すると、「NameError: name 'shape' is not defined」が発生します。**shape('circle') は正確な命令ですが、先に実行すべき from turtle import * を記述していない、または実行していないことが原因**です。この修正には、shape('circle') の 1 行前に from turtle import * を記述します。

3.4 課題

基礎課題 3.1

プログラム 3.1 を改造して一辺の長さが 100 の正三角形を描画するプログラムを作成しなさい。

基礎課題 3.2

プログラム 3.1 を改造して一辺の長さが 150 の正六角形を描画するプログラムを作成しなさい。

発展課題 3.3

本書を利用した演習の中で高い頻度で起こるエラーを解消しながら、一辺の長さが 100 の星を描くプログラムを完成させなさい。ただし、発展課題 3.3 を進める前に、Jupyter Notebook の編集画面の「Kernel」から「Restart & Clear Output」を押して、これまでに実行した内容をクリアします。

List 3.v の修正前の実行結果のように、forward が正しく記載されているにもかかわらず、プログラム 3.5 は NameError を出力します。第 3.3.3 項を参考に import をプログラム 3.5 に加えて、修正後の実行結果のような星を描きましょう。

List 3.v

プログラム 3.5：星を描く発展課題

```
1  forward(100) # 矢印の方向に 100 進む
2  right(144) # 右に 144 度回転
3  forward(100) # 矢印の方向に 100 進む
4  right(144) # 右に 144 度回転
5  forward(100) # 矢印の方向に 100 進む
6  right(144) # 右に 144 度回転
7  forward(100) # 矢印の方向に 100 進む
8  right(144) # 右に 144 度回転
9  forward(100) # 矢印の方向に 100 進む
10 done() # 描画を終えるために操作を許可
```

修正前の実行結果

```
NameError Traceback (most recent call last)
<ipython-input-2-18854b10c11f> in <module>
----> 1 forward(100) # 矢印の方向に 100 進む
      2 right(144) # 右に 144 度回転
      3 forward(100) # 矢印の方向に 100 進む
      4 right(144) # 右に 144 度回転
      5 forward(100) # 矢印の方向に 100 進む
NameError: name 'forward' is not defined
```

修正後の実行結果

発展課題 3.4

プログラム 3.6 を完成させて問いに答えなさい。

List 3.vi

プログラム 3.6：曲線を工夫した図形

```
1  from turtle import *
2  pensize(10)
3  pencolor('red')
4  circle(50, 180)
5  pencolor('blue')
6  circle(-50, 180)
7  pencolor('black')
8  circle(-100)
9  done()
```

実行結果

　読者は pensize() や、circle()、pencolor() という命令をまだ勉強していません。これらの命令をインターネット上で検索して、発展課題のプログラムの 2 行目から 8 行目が具体的にどのような命令なのかをコメント文として説明を加えなさい。

次の章ではソースコード上で
名前をつける方法を学びましょう。

4 変数と代入

変数と代入を学びます。そのために、まず変数の機能を知り、変数への代入、変数名のつけ方へと進みます。その後、改めて Python のコア（核）といっていい概念であるオブジェクトを学びます。

4.1 変数の利用

本書の使い方を復習しながら、変数を用いたプログラムの作成方法を学びましょう。下記の手順のとおりに、変数を使うプログラム 4.1 を実行し、その実行結果を確認しましょう。

手順 1： 第 2 章を参考にして Jupyter Notebook を起動します。
手順 2： プログラム 4.1 をセルに入力します。
手順 3： そのセルを選択し、実行ボタンを押してプログラムを実行します。
手順 4： *List* 4.i の実行結果を確認します。
手順 5： 変数についての解説を読み、ソースコードを理解します。
手順 6： 最後にある課題で学びを定着させます。

List **4.i**

プログラム 4.1：はじめての変数	実行結果
1 `h_str = 'Love' # 変数に文字列を設定` 2 `print(h_str) # 変数に設定した文字列を出力` 3 `h_int = 2 # 数値を変数に設定` 4 `print(h_int) # 設定した数値を変数名で出力` 5 `h_float = 3.14 # 数値を変数に設定` 6 `print(h_float) # 設定した数値を変数名で出力`	Love 2 3.14

解説 4.1　プログラム実行時にエラーが表示された場合の対処：実行してエラーメッセージが表示され、想定通りにいかない場合はエラーメッセージをよく読み、本書のサンプルプログラムと読者自身が作成したプログラムを比較しましょう。第 2.3 節や第 3.3 節を参考にしても解決できない場合は、エラーメッセージなどをインターネットで検索するのも、良い方法です。本章では第 3.3.1 項で説明した全角空白または全角' による SyntaxError をよく見かけます。

4.1.1 変数の導入理由

変数を詳しく解説する前に、まず変数を導入するメリットを体験しましょう。前章の課題で作成した正三角形を描くプログラム 4.2 に変数を導入したプログラム 4.3 を作成して実行します。ここでは変数 kyori を亀の移動距離 100、変数 kakudo を亀の方向転換用の角度 120 として使います。

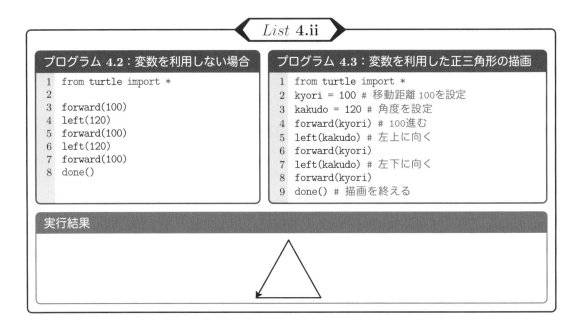

プログラム 4.3 は一辺が 100 の正三角形を描画しました。次に、変数を使って**プログラム
の書き換えの手間を省くことを実際に体験するため**、「kyori = 100」を「kyori = 300」と変
更したプログラム 4.4 を作成して実行しましょう。

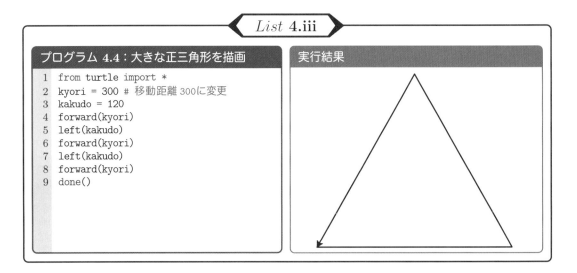

プログラム 4.4 では 2 行目の数値を一箇所変更すれば、その変更が複数行（4, 6, 8 行目）
に反映されるため、大きな正三角形を描画できます。変数を使わないプログラム 4.2 では変
更箇所が多いため、ソースコードの修正を最小限にとどめられるような**可搬性**のあるプログ
ラムの作成には変数が不可欠です。

4.2 変数の解説

4.2.1 値とは

プログラム 4.1 ではキーボードから「'Love'」と「2」、「3.14」などのような単一の定数をソースコードの一部として直接入力しました。このような定数を**値**と呼び、値という直接的な形態でソースコード上に表記します。

4.2.2 変数の代入とは

変数には**代入**という**変数名と値を紐付ける機能**があります。大雑把に言い換えれば、変数の機能の一つはプログラムを読みやすくするためのソースコード上での**名付け**です。すでに読者が入力した「h_str」や「h_int」、「h_float」のような**名前**が**変数名**です。例えば、変数名 h_str に紐付いた具体的な**値**は'Love' です。

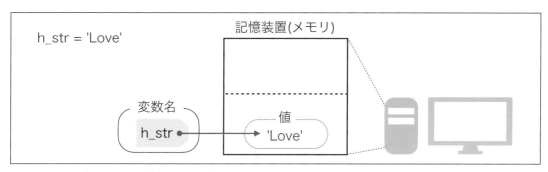

図 4.1　コンピュータの記憶装置に保存する値とその変数名の関係

　プログラム 4.1 では代入により、値（'Love'）に h_str という名前（変数名）をつけました。この代入を図解で理解するために「h_str = 'Love'」を例に図 4.1 で説明します。まず Python のインタープリタはコンピュータの記憶装置に値（'Love'）を保存します。その次に、h_str という変数名を用意します。この変数名は図 4.1 の矢印のように、値（'Love'）と関連づけます。IT 業界やコンピュータサイエンスの分野では、その関連づけを**紐付ける**や**割り当てる**と呼ぶ慣例があります。本書では変数の参照先のことを**変数の値**や、**変数の中身**と書きます。

　Python では一つの値に、複数の変数名をつけることができます。例えば、プログラム 4.1 に「mozi = 'Love'」を加えて実行すれば、同一の値（'Love'）に h_str と mozi の二つの名前がつきます。これにより、ソースコード上でh_str または mozi を記述すれば、print(h_str) と print(mozi) は'Love' を出力するように、どちらからでも同一の値が使えます。

　代入は次の構文のように記号「=（イコール）」を利用します。

> **構文：変数の代入**
> 変数名 = 値

31

この構文の値の部分には、計算式や変数などの記述ができます。なお、書籍によっては「変数に値を**代入**する」の代わりに「変数に値を**格納する**」と書くことがあります。

4.2.3 変数とオブジェクトの関係

プログラミング初学者にとって変数は理解しづらい概念かもしれません。変数をより理解するために、Python プログラムの**オブジェクト**を簡単に説明します。

これまでに説明した**値**は、実は**オブジェクトの一部**です。変数名は単に値の名前ではなく**オブジェクトの名前**でもあります。一般的にはオブジェクトとは、モノと翻訳される一般名詞です。ただ、プログラミングでのオブジェクトは抽象的な概念（補足 4.1 参照）ですので、しばらくはオブジェクトを、プログラムの中の値や型、保存場所をひとまとまりにした**操作される対象**とみなしましょう。

まず変数 seisu に 10 を代入（seisu = 10）して、それを出力（print(seisu)）するプログラム 4.5 を作成して実行しましょう。

プログラム 4.5 : 整数型の変数	実行結果
1 seisu = 10 2 print(seisu)	10

プログラム 4.5 をしっかり理解するために、seisu = 10 を例に、オブジェクトの概念を一人乗り用の車にたとえて説明します。Python のインタープリタは seisu = 10 の命令から、コンピュータの内部（記憶装置）に「**整数型 10 のオブジェクト**」を生成します。これは図 4.2 のように、オブジェクトを保存する記憶装置（メモリ）を駐車場、値 10 を車の乗客（一人乗り）に対応させた例です（解説 4.2 参照）。

整数型 10 のオブジェクトを生成後、そのオブジェクトは変数名 seisu と紐付けされると、**名前「seisu」**がつきます。これは図 4.2 の車にナンバープレート「seisu」をつけることに対応します。

図 4.2　代入を車にたとえる（文献 [7] のイラストを加工）

車のナンバープレートを参照すれば乗客を特定できるように、変数名を調べると、乗車しているオブジェクトが 10 であることがわかります。このようにして、変数名 seisu を利用すれば、車の乗客である 10 を利用できるようになる仕組みです。この**参照の機能**を使いながら、print(変数名) は変数名に紐付いた「値」を出力する**操作**を行います。この操作を行うために、Python のインタープリタは print の実行前に「変数名から、どのオブジェクトの値を出力すればいいのか」を解釈する**評価**という処理を

行います。そのため print(seisu) は、「オブジェクト seisu の値だけを出力しなさい」と解釈され、整数値 10 を出力します。

Python では**代入される全ての値を、ある特定の型（type）のオブジェクトとして扱います**。その型の種類（車種）によって、どのような演算が可能か、例えば整数同士であれば、加算が行えるか、といったことを自動的に判定します（第 5 章で解説）。

> **補足 4.1　変数とオブジェクトの用語の整理**：オブジェクトは値の実体です。そのオブジェクトに名前をつけたり、再利用するために変数を利用します。オブジェクトは関数や属性といった情報も持たせることができます。興味のある読者は文献 [3, 4] でより深く学べます。

> **解説 4.2　変数を箱で説明**：プログラミング経験のある読者なら「seisu という名前の箱に 10 を保存する」という説明で変数を学んだかもしれません。C 言語などの多くのプログラミング言語では「あらかじめメモリに箱 seisu が用意され、その中に 10 を保存する」という変数の説明がなされます。しかし、Python は 10 をオブジェクトとしてメモリに保存してから、そのオブジェクトを変数名で名前をつけます。このメモリへの割り当ての違いの理解は、後に、エラーメッセージが表示されず、意図せず値を書き換えてしまう誤り（第 7 章の補足 7.2 参照）を解消するときに役立ちます。

4.2.4　オブジェクトの型の種類の解説

Python が扱う基本的な型（組み込み型）は表 4.1 のとおりです。

表 4.1　代表的なオブジェクトの型：組み込み型の詳細は公式ドキュメント（文献 [8]）を参考

型	説明
数値型	数値型には整数型（int）と浮動小数点数型（float）、複素数型（complex）の 3 種類があります。整数型は 2 などの整数値、浮動小数点数型は 3.14 などの実数、複素数型は 1 ＋ i などの実部と虚部を持つ複素数です。ただし Python での複素数型は i を使わずに 1+ 1j と記述します。
文字列型（string）	文字列型はテキストシーケンス型とも呼びます。文字列型は必ず「'」で囲む必要があります。Python では「'」を「"」に置き換え可能です。
ブール型（bool）	True と False の二つの論理値（真理値や真偽値などとも呼びます）。利用例は第 9 章にあります。
リスト型（list）	[1, 2, 3] のように角括弧で囲んだ値のシーケンス型。任意の値を保存可能で、値には索引が割り当てられます。解説は付録 E にあります。
タプル型（taple）	（1, 2, 3）のように丸括弧で囲んだ値の型。リストのような機能を持つが、変更不可能なシーケンス型です。
マッピング型（dict）	{'Key': 値}のように値に鍵（Key）を対応させたペアをまとめる型。様々なオブジェクトを保存可能です。

オブジェクトは複数の型を持つことができます。例えば、文字列型、リスト型、タプル型、

複数の値を保存できるコンテナ型は、索引を用いて参照するシーケンス型も兼ねます。これ
らの型は第6章から説明します。

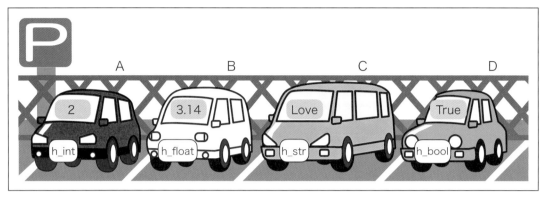

図 4.3　オブジェクトの型の種類を車種にたとえる（文献［7］のイラストを加工）

　プログラム 4.1 で扱ったオブジェクトの型の種類は、車種にたとえると図 4.3 のとおりで、
それぞれの型にあわせて異なる形を持ちます。図 4.3–A の「2」は**整数型**、図 4.3–B の「3.14」
は**浮動小数点数型**で、数値型のため形が似ています。図 4.3–C の「Love」は**文字列型**です。
図 4.3–D の「True」は**ブール（boolean）型**です（例は *List* 4.v 参照）。

プログラム 4.6：論理値オブジェクトと変数	実行結果
1　h_bool = True # この時点で自動的に型が決定 2　print(h_bool)	True

解説 4.3　True と予約語：『True は何か特別な意味を持つのか』という質問がよくあります。True
と False の利用例は第9章で説明します。プログラミング言語には、あらかじめ特別な意味を持たせて
いる予約語（例えば、if や for）があります。Python では**予約語**を**キーワード**と呼ぶことがあります。

　Python は図 4.3 のように乗用車（数値型）なのか、ミニバン（文字列型）なのかを自動的
に判別します。課題で確かめるように、Python の内部では文字列型、整数型、浮動小数点数
型、ブール型は、それぞれ str, int, float, bool と定められています。実はプログラミングを
進めると頻繁に型を調べるようになります。車であれば、種類ごとに運転操作やメンテナン
スが異なるように、オブジェクトの型の種類ごとに適用できる操作が異なるためです。

4.3　変数の名前のつけ方と代入方法

　オブジェクトの名前、すなわち変数名は Python の言語仕様上、以下のルールに従えば基
本的に任意に選ぶことができます。

ルール1：　大文字と小文字は区別（例：Var と var は別々の変数名）
ルール2：　Python で**すでに使われている名前（予約語）**は利用不可（例：if や for は変数名にできません）
ルール3：　1文字目は**半角英字**またはアンダーバー（ _ ）であること　（例：tmp や _tmp など）
ルール4：　1文字目に**半角数字**を利用できませんが、2文字目からは**半角英数字**またはアンダーバー（ _ ）であること（例：tmp_n1 など）

　上記の**ルールから逸脱する変数名は利用できません**。例えば、変数名 1hoge とした場合はルール3から逸脱しているため、エラーメッセージが出力されます。また、コンピュータ上のファイル名にもよく使う「 ． 」（ドット）は、オブジェクトを対象にした操作を記述するときに使うため、変数名には使えません。

　解説 4.4　理解しやすい変数名と可読性：変数名は「ただの名前」ではありません。自由につけてもいいのですが、プログラムを素早く作るには**プログラムの可読性**が大切です。わかりやすく言い換えると「プログラム内の値などにどんな役割を与えているのかが直感的にわかる名前がよい」ということです。こうした**理解しやすい変数名**を考えるのは案外難しいものですが、優れたプログラマーの作ったソースコードを読むと、センスのいい変数名のヒントがたくさんあります（文献 [5, 9]）。例えば、単に x や a のような変数名は必ずしもよい名前とはいえません。 *List* 4.vii のように後で読み直しても数値や文字列をどのように利用したのかがわかるような意味のある変数名を利用します。意味のある変数名はプログラムの可読性を向上させます。これはチームでのプログラム作成にも有効です。

4.3.1　変数の再定義

　すでに利用した変数名に新たに別の値を記述して代入すると、その変数名に新しいオブジェクトが紐付きます。これを**変数の再定義**と呼びます。変数の再定義のプログラム 4.7 を作成して実行しましょう。

List 4.vi

プログラム 4.7：変数の再定義

```
1  seisu = 10 # 変数の代入
2  other = seisu # 変数seisu の値と変数 other を紐付け
3  print('step1; seisu:', seisu, 'other:', other)
4  other = 100 # 変数の再定義
5  print('step2; seisu:', seisu, 'other:', other)
```

実行結果

```
step1; seisu: 10 other: 10
step2; seisu: 10 other: 100
```

　プログラム 4.7 の実行結果を車にたとえて、図 4.4 と図 4.5 に示します。これらの図を使いながら、プログラム 4.7 の流れを1行ずつ確認しましょう。

　1行目で整数型 10 のオブジェクトを生成し、そのオブジェクトに変数 seisu が紐付きます。2行目で変数 other は整数型 10 のオブジェクトと紐付きます。これは図 4.4 のように一台の車に二つのナンバープレートをつけることに対応します。言い換えると、整数型 10 のオブ

図 4.4　2 行目実行後：一台の車に二つのナンバープレート

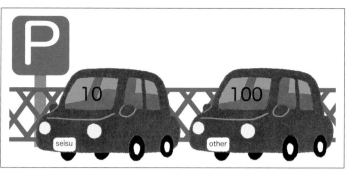

図 4.5　変数の再定義のたとえ（4 行目実行後）：同じ型の異なるナンバーを持つ車の生成

ジェクトへの参照方法が 2 通り用意されたことになります。このため、3 行目の print は同じオブジェクトの値を出力します。

　4 行目では**変数の再定義**を行います。具体的には、4 行目で整数型 100 のオブジェクトを生成し、そのオブジェクトと変数 other を紐付けます。この際、変数 other と整数型 10 のオブジェクトの関連づけだけなくなります。4 行目の実行後、すなわち再定義が行われた後は図 4.5 のように同じ型の二つの車に別々のラベル（ナンバープレート）がついた状態になります。

　この再定義によって 5 行目では print で別々のオブジェクトの値が出力されます。以上の手続きで、再定義をすれば変数のオブジェクトへの参照方法が変更できます。

4.3.2　キーボード入力と対話的システムの作成

　これまでに、プログラムの実行前にソースコードに値を入力しました。ここでは、プログラムの実行途中でユーザーからの入力を受け付け、その値を変数に代入してみます。そのために input を利用して**コンピュータが対話的に応答するシステムの基本部分を作成**します。*List* 4.vii を参考に、次のように作業しましょう。

手順 1：プログラム 4.8 の命令を**そのまま Jupyter Notebook のセルに入力**します。
手順 2：プログラムを実行します。エラーが出たら修正します。
手順 3：input の動作が始まると *List* 4.vii の実行途中 1 のような画面になります。次に *List* 4.vii の実行途中 2 のように**名前を入力してエンターキーを押します。**

List 4.vii

プログラム 4.8：実行中の値の代入

```
1  name = input('あなたの苗字を次の欄に入力してください: ') # 実行中に入力を促す命令
2  print('あなたの名前は', name, 'さんですね。Pythonの世界へようこそ')
3  age = 19 # Jupyter Notebook に記述した数値を変数 age に代入
4  print('これから', age, '歳の', name, 'さんは、変数を利用します。')
```

36

実行途中 1
あなたの苗字を次の欄に入力してください:

実行途中 2
あなたの苗字を次の欄に入力してください: 斉藤

実行結果
あなたの苗字を次の欄に入力してください: 斎藤 あなたの名前は 斎藤 さんですね。Python の世界へようこそ これから 19 歳の 斎藤 さんは、変数を利用します。

解説 4.5　プログラムやコンピュータが止まってしまった：プログラムが想定通りに実行できない場合は、第 21.4 節の手順 2 や手順 3 を参考にしましょう。それでもうまくいかない場合は付録 A を参考にしましょう。

　input は読者からの入力を終えるまで、次の命令は実行されず、プログラムは待機状態となります。input のように入力させることを**標準入力**と呼びます。標準入力により多種多様な名前にあわせて文章を表示できるようなプログラムに拡張できたのは「様々な名前（値）を変数に代入できる」という**汎用性**が変数にあるためです。変数名とオブジェクトを紐付けたことで、読者は対話的に応答するシステムの入力部分の基礎プログラムを作成しました。

補足 4.2　変数を用いた応用例：プログラミングを学ぶ動機の一つは効率化です。変数の使い方を知れば、変数に文字列や音声を代入し、英語の発表練習を効率化するためのプログラムを作ることができます。ただし、音を鳴らすライブラリや翻訳に利用するライブラリは、様々な準備が必要です。そのため、本書ではサポートページの方で英語の文章を音声に変換するプログラムと、日本語の文章を英語に翻訳して音声に変換するプログラムを公開中です。興味ある読者は変数の応用例として試してみましょう。

4.4　課題

基礎課題 4.1

　なぜ直接 print(1) や print('Love') とせず、わざわざ、1 や'Love' を変数に代入して使用するのでしょうか。変数を利用する理由を本章に即して考えなさい。

基礎課題 4.2

　図 4.1 を参考に命令文「h_int = 2」を説明する絵（または図）を描きなさい。その絵を利用しながら、代入、変数名、オブジェクトの言葉を利用して命令文「h_int = 2」を説明しなさい。

基礎課題 4.3

以下のプログラムを作成しなさい。

> 問 1: 変数 x に 13 を代入し、その整数値を出力するプログラム
> 問 2: 変数 y に自分の苗字をローマ字で代入し、その文字列を出力するプログラム
> 問 3: 変数 z に 1.42 を代入し、その浮動小数点数を出力するプログラム
> 問 4: 変数 w に False を代入し、その論理値を出力するプログラム

基礎課題 4.4

変数（オブジェクト）の型を調べる type 関数を利用して次の変数の型を答えなさい。変数は x = 15、y = 1.5、a = 'moji'、b = True の 4 種類とします。type 関数の使い方はインターネット検索を活用して調べなさい。

基礎課題 4.5

変数 tmp に苗字を英語で代入し、その文字列を出力しなさい。文字列を出力後、変数 tmp に名前を英語で再度代入しなさい。その後、変数 tmp の中身を表示しなさい。

発展課題 4.6

古い人工無能ELIZA（補足 4.3 参照）を模した対話的な応答システムを完成させなさい。 プログラム 4.9 は標準入力を 2 回要求します。標準入力の 1 回目には「空腹です」と入力しなさい。標準入力の 2 回目には「昨日」と入力しなさい。プログラムの実行を終えたら、プログラム 4.9 のような、最も簡易的で対話的な応答システムにはどんな問題があるのか答えなさい。

List 4.viii

プログラム 4.9：単純な対話的な応答システム

```
1  you = input('入力:') # 実行中の 1 回目の入力
2  print('あなた:', you) # you に紐付く値を用いて出力
3  print('ELIZA:いつから', you, 'か?', sep = '') # sep = '' は文字列間に何も入れない指定
4
5  when = input('入力:') # 実行中の 2 回目の入力
6  print('あなた:', when) # when に紐付く値を用いて出力
7  print('ELIZA:', when, 'からですか!', sep = '') # 変数when を引き続き利用
8
9  print('ELIZA:ご飯食べに行きましょう')
```

実行結果

```
入力: 空腹です
あなた: 空腹です
ELIZA: いつから空腹ですか?
入力: 昨日
あなた: 昨日
ELIZA: 昨日からですか!
ELIZA: ご飯食べに行きましょう
```

補足 4.3　ELIZA とは：1960 年頃に登場した ELIZA（文献 [10]）は、人間が日常的に利用する言葉をコンピュータで扱うための技術（単純な自然言語処理の技術）を用いて、精神疾患の治療を目的として開発された対話型のプログラムです。ELIZA はいわゆる最近の人工知能ではありません。ELIZA は、人間が入力した会話文のキーワードを手がかりに、あらかじめ人が用意したルールに従い応答する言葉を決めます。例えば、ELIZA は人間が入力した「私はとても空腹です。」から、空腹のキーワードを使いながら、語順を変えて「なぜとても空腹なのですか？」と返答します（ただし実際の ELIZA はもう少し複雑な処理もできるコンピュータプログラムです）。人工知能研究の大まかな流れは文献 [11]、ELIZA に関連する内容を含めた人工知能は、文献 [12] を参考にしましょう。

発展課題 4.7

　プログラム 4.10 は一辺が 50 の五角形を描くために作成しましたが、3 行目や、4 行目、7 行目、8 行目に入力ミスがあります。また、プログラム 4.10 では、何度も同じ数値を入力したり、一辺が 100 の五角形を描くために五箇所も変更しなければなりません。そこで、一辺の長さを定める変数と方向転換の角度を定める変数を導入して、プログラム 4.10 を修正しなさい。そして、変数を利用しないプログラムのデメリットを本章に即して考えなさい。

List 4.ix

プログラム 4.10：ミスのある五角形の描画

```
1  from turtle import *
2  forward(50)
3  left(70)
4  forward(5)
5  left(72)
6  forward(50)
7  left(700)
8  forward(5)
9  left(72)
10 forward(50)
11 done()
```

複数の変数を初期化するマルチターゲット代入

　複数の変数の値を同一の値で初期化する場合、プログラムの行数が長くなります。複数の変数をまとめて代入する際には、プログラム 4.11 をプログラム 4.12 に書き換えることができます。プログラム 4.12 のような代入方法を**マルチターゲット代入**と呼びます。

List 4.x

プログラム 4.11：通常の変数の初期化

```
1  x = 0
2  y = 0
3  z = 0
4  print(x, y, z)
```

実行結果
```
0 0 0
```

プログラム 4.12：マルチターゲット代入

```
1  x = y = z = 0
2  print(x, y, z)
```

実行結果
```
0 0 0
```

5 　変数の算術演算と入れ替え

前章に続き変数について学びます。変数の基本操作はプログラミングの基本です。本章では、変数を用いた演算や出力を行います。

5.1 　算術演算の利用

本章では変数を用いて加減乗除の計算をします。まず最初に、比較のため変数を利用しない、加減乗除のプログラム 5.1 を作成して実行しましょう。

List **5.i**

プログラム 5.1：基本的な算術演算	実行結果
| ```
1  print(1 + 1)   # 加算
2  print(2 * 3 - 1) # 乗算 (掛け算)と減算
3  print(2 * (6 / 3)) # 乗算と除算
``` | 2<br>5<br>4.0 |

 解説 5.1　実数値 4.0 ？：プログラム 5.1 の 1 行目の加算と 2 行目の乗算の計算結果は整数です。しかし、実行結果には小数点が入った値 4.0 があることに気づきましたか？ 2 * (6 / 3) では、まず除算（割り算）が行われるため、6 / 3 の計算結果が浮動小数点数型の 2.0 となります。その 2.0 と 2 の乗算が行われるため、最終的に実行結果は 4.0 になります。

変数を用いずに**算術演算**を行うには、次の構文が最も基本となります。

構文：算術演算

　数値 算術演算子 数値

　演算とは、加算や減算、比較といった計算処理を指します。読者にもなじみ深い加減乗除などは算術演算と総称します。Pythonの算術演算子は表 5.1 のように 6 種類あり

表 5.1 　算術演算子の種類

記号	内容	使用例	説明
+	加算	5 + 3	5 に 3 を足す
*	乗算	5 * 3	5 に 3 をかける
%	余り	1 % 3	1 に 3 で割った余り
−	減算	3 − 1	3 から 1 を引く
/	除算	1 / 3	1 を 3 で割る
**	べき乗	2 ** 4	2 の 4 乗

ます。加算はプラス（+）、減算はマイナス（−）を用います。乗算はアスタリスク（*）、除算はスラッシュ（/）、除算後の余りはパーセント（%）、べき乗計算は ** を用います。

5.1.1 　変数と算術演算

　プログラム 5.1 のような計算方法だと、結果は出せますが、再利用するにはもう一度全ての計算を入力しなくてはならず、効率が悪くなります。そこで変数の出番です。
```

変数 sisan に対して加算、減算、乗算、除算を行い、その計算結果を出力するプログラム 5.2 を作成して実行しましょう。

List 5.ii

プログラム 5.2：変数と数値の算術演算

```
1  sisan = 1 # 変数に 1 を代入
2  print('あなたの資産は', sisan, '万です。')
3  sisan = sisan + 1 # 変数の中身 1 に 1 を加算
4  print('あなたの資産は', sisan, '万に増加')
5  sisan = sisan - 1 # 変数の中身 2 から 1 を引く
6  print('あなたの資産は', sisan, '万に減少')
7  sisan = sisan * 10 # 変数の中身 1 に 10 をかける
8  print('あなたの資産は10倍の', sisan, '万に増加')
9  sisan = sisan / 2 # 変数の中身 10 を 2 で割る
10 print('あなたの資産は半分の', sisan, '万に減少')
```

実行結果

```
あなたの資産は 1 万です。
あなたの資産は 2 万に増加
あなたの資産は 1 万に減少
あなたの資産は 10 倍の 10 万
に増加
あなたの資産は半分の 5.0 万
に減少
```

変数を用いるプログラム 5.2 のような構文なら、数値を変更しても同じ演算を再利用できます。

構文：算術演算（結果の代入）

変数名 = 数値 算術演算子 数値

代入記号「=」を使えば、右辺「数値 算術演算子 数値」が先に計算されます。その計算結果は、左辺の変数に代入されます。練習として、変数 a と b のべき乗と除算後の余りを出力するプログラム 5.3 を作成して実行しましょう。

List 5.iii

プログラム 5.3：変数同士のべき乗と余り

```
1  a = b = 2 # 前章の章末のマルチターゲット代入参照
2  data = a ** b # 2 の 2 乗の計算
3  print('2の2乗は', data, 'です')
4  data = data % a # 4 を 2 で割った余りの計算
5  print('余りは', data, 'です')
```

実行結果

```
2 の 2 乗は 4 です
余りは 0 です
```

5.2　文字列型の変数と算術演算

Python では、文字列も演算することができます。例えば、文字列を代入した変数同士の加算や、文字列と数値の掛け算が可能です。 List 5.iv と List 5.v を参考に、文字列変数での演算の理解を深めましょう。

5.2.1 文字列型の変数同士の演算

プログラム 5.4 は文字列同士の加算演算です。変数に代入した文字列'花子' の末尾に空白と挨拶を追加してみましょう。

List 5.iv

プログラム 5.4：文字列と変数の演算

```
1  name = '花子'  # 変数name に文字列'花子'を代入
2  greet = 'おはよう' # 変数greet に文字列'おはよう'を代入
3  print(name + ' ' + greet) # 文字列の足し算
4  greet = 'こんにちは' # 変数greet に文字列'こんにちは'を代入
5  print(name + ' ' + greet) # 別パターンのセリフを作成可能
```

実行結果
```
花子 おはよう
花子 こんにちは
```

 解説 5.2 ' ' と '' の違い：プログラム 5.4 の「' '」に関する質問がよくあります。' ' は「文字列型の空白」の表記であり、'' は「空白でも文字でもない、何もない文字列」の表記です（ここでの「''」は二つのシングルクォーテーションです）。例えば、print(name + '' + greet) と書き換えると文字列' 花子' と' こんにちは' の間には何の空白も挿入されません。文字列においては、「' '」も**空白という文字**として扱われます。

次に、文字列と整数値を掛け算するプログラム 5.5 を作成して実行しましょう。

List 5.v

プログラム 5.5：文字列の掛け算

```
1  print('こんにちは' * 3)
```

実行結果
```
こんにちはこんにちはこんにちは
```

プログラム 5.5 は文字列に整数値を掛け算したため、その整数値分の文字列を生成します。実行後、プログラム 5.5 の整数値 3 を 10 に変更して実行しましょう。' こんにちは' が 10 回出力されるようになります。

5.2.2 型の異なる変数同士の演算

プログラム 5.6 では変数を利用して、消費税を 10% として計算をしてみましょう。

List 5.vi

プログラム 5.6：消費税の計算

```
1  ct = 1.10 # 消費税（浮動小数点数）の設定
2  price = 100 # 100 円（整数）として値段の設定
3  goukei = price * ct # 消費税込みの値段を計算
4  print(goukei) # goukei は浮動小数点数
```

実行結果
```
110.0
```

プログラム 5.6 の 3 行目では整数型 price と浮動小数点数型 ct の積を求めます。執筆時の消費税は 10% のため、変数 ct には 1.10 を代入しています。もし消費税が 15% になれば、ct = 1.10 を ct = 1.15 に変更します。整数と浮動小数点数は異なる型ですが、これらは数値型のため演算可能です。ただし、浮動小数点数を含む計算式の**計算結果は浮動小数点数型**になります。

読者の計算機環境によっては、実行結果が 110.00000000000001 となる場合があります。これは正しい答えではありません。コンピュータの数値計算には、計算誤差が含まれるため、このような結果になることがあります。

5.3　変数の使い方のミスや誤解例

変数の仕組みをもう少し理解するために、プログラミング初学者がよく間違える変数の使い方をここで紹介します。

5.3.1　変数の代入のミス

初学者は「変数 data に 1 + 1 の計算結果を代入するプログラムを書きなさい」という課題でしばしば次のような間違いを起こします。この課題の正答は **data = 1 + 1** です。しかし、**1 + 1 = data と誤って入力**し、実行して、「SyntaxError: can't assign to operator」というエラーを起こす初学者がいます。

初学者は**数学の等しい「=」とプログラミングの代入「=」が違うこと**に気がつかないために、こうした思い違いが起こるようです。数学の「=」は左辺と右辺が等しいという意味です。ところが、プログラミングでの「=」は「右辺の式を処理した結果を左辺の変数に代入する」という意味で使います。したがって、右辺の式を処理し、その結果を左に代入する、つまり、**右辺から左辺の順番で式を評価**します。上記の課題の正答は、「1 と 1 を加算した結果を変数 data に代入しなさい」という解釈なので、「data = 1 + 1」と書くのが、正しいプログラムとなります。

5.3.2　レジ打式の合計金額の求め方

ここでは、同一の変数名で演算と代入を行う構文「**変数名 = 変数名 算術演算子 数値**」を取り上げます。これは**初学者がよく混乱する変数の構文**です。特に、等号「=」の意味が「変数への代入」だと理解していないと混乱する箇所なので、説明をよく読みましょう。

その構文を理解するために、プログラム 5.7 ではスーパーマーケットのレジで商品の購入金額を計算する過程を作成しましょう。スーパーマーケットの会計では、一括で商品の合計金額は算出されず、レジ打ち開始時の 0 円に商品ごとの値段を加えながら合計金額を計算します。

ここでは 100 円の商品 A、150 円の商品 B、200 円の商品 C を購入するものとします。プ

ログラム 5.7 の 1 行目は「レジ打ち開始時の合計金額 0」を初期値として変数 y にセットします。このような命令を**初期化**と呼び、プログラミングでは、変数を使うときにこのような初期化を行います。

List 5.vii

プログラム 5.7：レジ打式の合計金額の算出

```
1  y = 0 # 初期化：何も購入していないときの合計金額
2  print('現在の合計金額は', y, '円です。')
3  y = y + 100 # 商品 A をレジ打ちする際の計算
4  print('現在の合計金額は', y, '円です。')
5  y = y + 150 # 商品 B をレジ打ちする際の計算
6  print('現在の合計金額は', y, '円です。')
7  y = y + 200 # 商品 C をレジ打ちする際の計算
8  print('レジ通過後の合計金額は', y, '円です。')
```

実行結果

```
現在の合計金額は 0 円です。
現在の合計金額は 100 円です。
現在の合計金額は 250 円です。
レジ通過後の合計金額は 450 円
です。
```

プログラム 5.7 の 3 行目、5 行目、7 行目では同一の変数名を右辺と左辺で利用しています。これらに、前項で学んだルール「変数の代入では右辺の式を先に評価」が適用されます。例えば、3 行目の y = y + 100 の場合、右辺 y + 100 が先に計算されます。ここでは、右辺の y は初期化した y の中身（初期値 0）なので、右辺の y の値と商品 A の価格 100 の加算の結果は値 100 です。次にルール通り、右辺の値 100 が左辺の y に新たに代入されます。3 行目の実行後、左辺の y の値は 100 となります。

同様に、5 行目では「右辺 y の 100」に「商品 B の価格 150」を加えた値 250 が左辺 y に代入されます。最後に、7 行目は「レジ通過後の商品 A と B, C の合計金額」＝「レジ通過後の商品 A と B の合計金額（250）」＋「商品 C の値段（200）」となります。このように同一の変数名を使いながら、一つ前の計算結果として得られた値を次の計算のために利用します。

> **解説 5.3　プログラミングの上達のコツ**：ここではプログラミングのルールである演算の定義を紹介しました。プログラミングを勉強していると、定義したとおり、融通が全くきかない動作をするコンピュータに最初は戸惑うかもしれません。逆に、プログラミングを学ぶと、人間の持つ柔軟性を「すごい！」と感じるものです。第 5.3.4 項のエラーは「厳密な正確さ」がどんな場面で要求されるかを紹介する例です。

5.3.3　Jupyter Notebook と変数の参照範囲

変数には、**値（オブジェクト）を参照できる範囲**があります。同一のノートブック上でオブジェクトを代入すれば、同じ Jupyter Notebook の同じノートブック内の任意のセルから、変数名を使いオブジェクトを参照できます。例えば、プログラム 5.7 の 7 行目のように、変数名 y と数値（合計金額 450）を紐付けると、任意のセル内で、変数名 y の参照先のオブジェクトである 450 を計算や出力に使えます。このことを変数の参照範囲と呼び、それを複数のセルと二つのノートブックを使い確認します。

作成済みのプログラム 5.7 を実行したノートブック名を「**u5**」とします。u5 上のプログラ

ム 5.7 の下に、新しいセルを追加し、そのセル内でプログラム 5.7 の変数名 y のオブジェクトを出力するプログラム 5.8 を作成して実行しましょう。

List 5.viii

プログラム 5.8：u5 の合計金額	実行結果
1　print('現在の合計金額は', y, '円です')	現在の合計金額は 450 円です

　別々のセルで、プログラム 5.7 とプログラム 5.8 を実行した結果、u5 上の各セルの変数名 y は、「同じオブジェクトを参照できること」がわかります。

　第 2.2.3 項を参考に、別の「**u5or**」という名前のノートブックを用意し、u5or 上のセル内の変数名 y では「u5 上のオブジェクトを参照できないこと」を確認します。u5or 上のセル内で、変数 y の合計金額を出力するプログラム 5.9 を実行後、プログラム 5.9 の下にセルを追加し、変数 y の合計金額を 1000 円とするプログラム 5.10 を作成して実行しましょう。

List 5.ix

プログラム 5.9：u5or の合計金額	実行結果
1　print('現在の合計金額は', y, '円です')	NameError Traceback (most recent call last) <ipython-input-1-d117fa85edfa> in <module> ----> 1 print('現在の合計金額は', y, '円です') NameError: name 'y' is not defined

プログラム 5.10：u5or の合計金額の変更	実行結果
1　y = 1000 2　print('現在の合計金額は', y, '円です')	現在の合計金額は 1000 円です

　ノートブック u5or 上のプログラム 5.9 からは、ノートブック u5 のオブジェクト（数値 450）には**参照できず** NameError が発生します。プログラム 5.10 のように、ノートブック u5or 上のセル内で変数 y に値 1000 を代入すると、変数 y の参照先のオブジェクト（1000）を出力できます。

　u5or 上のプログラム 5.10 で代入した影響が、u5 上にないことを確かめるため、u5 上のプログラム 5.8 の下にセルを追加し、そのセル内でプログラム 5.11 を作成して実行しましょう。

List 5.x

プログラム 5.11：再び u5 の合計金額	実行結果
1　print('現在の合計金額は', y, '円です')	現在の合計金額は 450 円です

　プログラム 5.10 の変数名 y の参照先は、u5 上のプログラム 5.7 とプログラム 5.8、プログラム 5.11 の変数名 y とは異なります。変数名で参照できる範囲は、同一ノートブック上のセ

ルであればメモリ上の同じオブジェクトを参照しますが、ノートブックが異なると、変数名は同じでも異なるオブジェクトとしてメモリ上では管理されます。

5.3.4 文字列型の変数と整数型の変数の算術演算

List 5.xi では数値型 10 と文字列型'10' は一見、同じものに思えるかもしれません。しかし、コンピュータはこの二つを厳密に異なる型として扱います。つまり**数値型と文字列型という異なる型のオブジェクト同士はそのままでは算術演算できない**ため、プログラム 5.12 を実行するとエラーが発生します。

▶ List 5.xi ◀

プログラム 5.12：異なる型の算術	実行結果
| ```
1  kazu = 10 # 数値型
2  mozi = '10' # 文字列型
3  kazu + mozi # ここでエラー発生
``` | ```
TypeError Traceback (most recent call last)
<ipython-input-11-aea171a29996> in <module>
      1 kazu = 10 # 整数型
      2 mozi = '10' # 文字列型
----> 3 kazu + mozi # ここでエラー発生
TypeError: unsupported operand type(s) for
+: 'int' and 'str'
``` |

この問題を解消するためには型の変換が必要です。文字列として結合する場合は str(kazu) + mozi と記述し、整数値 10 を文字列型に変換します。二つの変数を数値として加算する場合は kazu + int(mozi) と記述し、文字列'10' を整数型に変換します。

5.3.5 変数の中身の入れ替え（swap）

プログラミングの勉強を進めると**アルゴリズム**（補足 5.1）という用語を目にすることがあります。アルゴリズムとは特定の問題を解くための計算手順や処理手順のことです。最も単純なアルゴリズムの例として、二つの変数のそれぞれの値を入れ替える交換（swap）プログラム 5.13 を作成して実行しましょう。変数の値を入れ替えるとは、変数名 x のオブジェクト 10 と変数名 y に紐付いているオブジェクト 15 に対して、変数名の紐付けの交換です。

▶ List 5.xii ◀

プログラム 5.13：変数の値を交換する	実行結果
| ```
1  x = 10 # オブジェクト 10 の名前は x のみ
2  y = 15 # オブジェクト 15 の名前は y のみ
3  print('入れ替え前; x:', x, 'y:', y) # 10 15 を出力
4  tmp = x # オブジェクト 10 は x と tmp の二つの名前を持つ
5  x = y   # オブジェクト 15 は x と y の二つの名前を持つ
6  y = tmp # オブジェクト 10 は y と tmp の二つの名前を持つ
7  print('入れ替え後; x:', x, 'y:', y) # 15 10を出力
``` | ```
入れ替え前; x: 10 y: 15
入れ替え後; x: 15 y: 10
``` |

　プログラム 5.13 は図 5.1 の Step 1, 2, 3, 4 の順の手続きで名前を交換します。プログラム 5.13 の 2 行目の実行後は 10 に変数名 x、15 に変数名 y が紐付きます（図 5.1–Step 1）。4 行目では 10 に x と tmp の二つの変数名を紐付けます（図 5.1–Step 2）。これは、変数 y の中身と変数 x の中身を入れ替えたいので、次の命令で 10 への紐付けを失わないようにする工夫です。

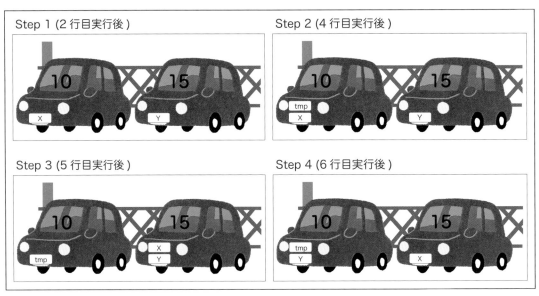

図 5.1　2 行目から 6 行目のアルゴリズムの処理（オブジェクトを車にたとえた場合）

　5 行目では 15 に x と y の二つの名前が紐付きますが、10 には一つの変数名 tmp だけが紐付いたままになります（図 5.1–Step 3）。最後に変数 tmp の値（もともとの変数 x の値）を変数 y に代入します（図 5.1–Step 4）。以上の手続きで変数の値が入れ替わります。

　補足 5.1　アルゴリズムを詳しく知りたい：本書ではアルゴリズムについて深くは扱いませんので、興味のある読者は文献 [13, 14] をお勧めします。フローチャートを参考にしながらアルゴリズムを学ぶ場合は文献 [15]、基本情報技術者試験の勉強とともにアルゴリズムを学ぶ場合は文献 [16]、きちんとアルゴリズムを勉強したい場合は文献 [17, 18] をお勧めします。

　解説 5.4　汎用性を持つプログラムについて：「変数 x と変数 y の中身を交換しなさい」という問題では x = 10, y = 15 だから x = 15, y = 10 と単純にプログラムを作成する人もいます。この整数値 10, 15 だけを使うプログラムなら、これでも構いません。しかし、この場合、x = 10, y = 15 の代わりに様々な値を x, y に代入しても交換できません。これを「汎用性が失われる」といいます。プログラミングでは作成したプログラムに汎用性や拡張性があることが、一般的に求められます。汎用性とは、この交換のアルゴリズムのように、特定の数値 10, 15 ではなく、任意の数値を設定しても、変数の中身を交換できることを意味します。プログラミングでは問題解決の手続きには、特定の数値に依存せずいろいろな場面で、より少ない変更で対応できること、すなわち汎用性を重視します。

5.4 課題

基礎課題 5.1

step1 から step3 の指示に従い、変数に数値を代入して、演算を行うプログラムを作成しなさい。このプログラムの実行結果として、順に 16, 10, 39, 4.3333, 1, 2197 を出力することを確認しなさい。

step1： 変数 x に数値「13」、変数 y に数値「3」を代入しなさい。
step2： x と y を利用して加算、減算、乗算、除算、剰余、累乗の計算結果を、それぞれ変数 x1 から x6 に代入（演算は変数 x 算術演算子 変数 y とする）。
step3： 変数 x1 から x6 を出力しなさい。

基礎課題 5.2

変数に文字列を代入し、加算演算で結合するプログラムを作成しなさい。

step1： 苗字を文字列として考え、その値を変数 x に代入しなさい。
step2： 名前を文字列として与え、その値を変数 y に代入しなさい。
step3： 苗字と名前を結合し、出力しなさい（例えは Yamada Tarou）。

基礎課題 5.3

命令「10 * 10 = data」を実行すると「SyntaxError: can't assign to operator」が起こります。本章の説明に即して、どのように修正すればよいか、答えなさい。

基礎課題 5.4

命令「30 + '40'」を実行すると「TypeError: unsupported operand type(s) for +: 'int' and 'str'」が起こります。そのエラーがなぜ起こるのかを本章の説明に即して答えなさい。また、実行結果が 70 となるように命令「30 + '40'」を修正しなさい。

基礎課題 5.5

変数 x と変数 y の値を交換するプログラムを次の step1 から step3 に従い作成しなさい。

step1： 変数 x に整数 10 を代入し、変数 y に整数 100 を代入しなさい。
step2： 変数 x, y の値を変数 tmp を使い交換しなさい。
step3： 変数 x, y の値を表示し、交換できたことを確認しなさい。

発展課題 5.6

変数に対する①から④の操作を本章の代入の絵を使って説明しなさい。

①： 変数 A に読者の名前を代入、変数 B に読者の苗字を代入
②： 作業用変数 W に、変数 A の値を代入
③： 変数 A に、変数 B の値を代入
④： 変数 B に、作業用変数 W の値を代入

発展課題 5.7

変数 x と変数 y の変数 z の値を交換するプログラムを、次の step1 から step5 に従い作成しなさい。

step1： 変数 x に整数 100 を代入し、変数 y に整数 200 を代入し、変数 z に整数 300 を代入しなさい。
step2： 変数 x の値を変数 tmp を一時的に保存しなさい。
step3： 変数 z の値を変数 x に代入しなさい。
step4： 変数 y の値を変数 z に代入しなさい。
step5： 変数 tmp の値を変数 y に代入しなさい。

発展課題 5.8

ブレーキを踏んでから、車が停止するまでの停止距離を求めるプログラム 5.14 を完成させなさい。プログラム 5.14 では、時速を変数 k、摩擦係数を変数 masatu として利用しながら、停止距離を変数 kyori に代入します。停止距離は 時速^2/(254 × 摩擦係数) で計算します。なぜ、車の停止距離を求めるために変数を使うのでしょうか。

List **5.xiii**

プログラム 5.14：停止距離の計算

```
1  k = 60 # 時速の設定
2  masatu = 0.7 # 摩擦係数の設定
3  kyori = k [      ] 2 / (254 * [      ]) # 停止距離の計算
4  print('摩擦係数', masatu, 'としたとき、')
5  print('時速', k, 'kmの車はブレーキを踏んでから', kyori, 'm走ります。')
```

実行結果

摩擦係数 0.7 としたとき、
時速 60 km の車はブレーキを踏んでから 20.247469066366705 m 走ります。

発展課題 5.9

秒を分に変換するプログラム 5.15 を完成させなさい。分は「秒数 / 60」と求めます。しかし、310 秒のように割り切れない場合は、5.167 となり適切な分表示にはなりません。そこで、1 分に満たない秒数は「秒数 % 60」、分は「(秒数 − 秒数 % 60) / 60」と剰余演算を用いて適切に表示できるように、プログラム 5.15 の空欄を埋めて完成させなさい。

List **5.xiv**

プログラム 5.15：秒から分の計算

```
1  time = 310 # 計算対象の秒数
2  second = [      ] # time から秒を計算
3  minute = (time - [      ]) / 60 # second を使い、分を計算
4  print(time, '秒は', minute, '分', second, '秒です。')
```

実行結果

310 秒は 5.0 分 10 秒です。

発展課題 5.10

　プログラム 5.16 は円の描画の命令 circle(circle_size) と亀の方向転換の命令 left(left_dis) の
セットを 1 回の命令として 14 回繰り返します。プログラム 5.16 を実行後、4 行目と 5 行目の
50 を 100 に変更して、再度実行しなさい。再実行後、変数を利用する利点を述べなさい。

List **5.xv**

プログラム 5.16：複数の円を描画する発展課題用プログラム

```
 1  from turtle import *
 2  shape('turtle')
 3  speed(0) # 亀の移動が早すぎる場合はspeed(10)と変更
 4  circle_size = 50 # 円の半径
 5  left_dis = 50 # 亀の方向転換の角度
 6  pencolor('green') # 色の指定
 7  circle(circle_size) # 1
 8  left(left_dis)
 9  circle(circle_size) # 2
10  left(left_dis)
11  circle(circle_size) # 3
12  left(left_dis)
13  circle(circle_size) # 4
14  left(left_dis)
15  circle(circle_size) # 5
16  left(left_dis)
17  circle(circle_size) # 6
18  left(left_dis)
19  circle(circle_size) # 7
20  left(left_dis)
21  circle(circle_size) # 8
22  left(left_dis)
23  circle(circle_size) # 9
24  left(left_dis)
25  circle(circle_size) # 10
26  left(left_dis)
27  circle(circle_size) # 11
28  left(left_dis)
29  circle(circle_size) # 12
30  left(left_dis)
31  circle(circle_size) # 13
32  left(left_dis)
33  circle(circle_size) # 14
34  left(left_dis)
35  done()
```

半径 50、角度 50 の場合の実行結果

半径 100、角度 100 の場合の実行結果

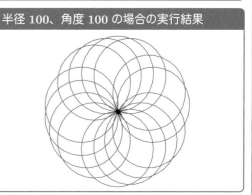

発展課題 5.11

　プログラム 5.16 はほぼ同じ命令を繰り返し利用しています。プログラムの行数を少なく（簡略化）するには、どのような命令があれば、プログラムを簡単に書けるのかを答えなさい。

複数の変数を初期化するアンパック代入

　複数の変数に別々の値を一度に代入する場合には、プログラム 5.17 をアンパック代入のプログラム 5.18 に書き換えます。この方法により x, y, z = '012' と記述すれば print(x,y,z) の出力は ('0', '1', '2') となります。

List **5.xvi**

プログラム 5.17：変数を別々に初期化

```
1  x = 0
2  y = 1
3  z = 2
4  print(x, y, z)
```

プログラム 5.18：変数をまとめて初期化

```
1  x, y, z = 0, 1, 2
2  print(x, y, z)
```

6 NumPy と 1 次元配列の基礎

前章で学んだ変数は一つの値を保持するものでした。本章で学ぶ 1 次元配列とは、一つの変数に代入するオブジェクトが一つだったのに対し、**複数個のオブジェクトを代入できるよう拡張したもの**です。Python では様々な配列が利用可能ですが、本書では Numerical Python（NumPy）の配列を使って、1 次元配列の名付け方法、代入方法、計算方法を学びます。

6.1 1 次元配列の作成と利用

ここでは、NumPy（ナンパイ）ライブラリ（補足 6.1 参照）のarray（アレイ）関数で作成できる 1 次元配列を利用します。1 次元配列は一つの変数名に複数個のオブジェクトを対応づけることができます。

1 次元配列として、まず表計算ソフトの一列（例えば、A 列）を例にあげましょう。表計算ソフトの A 列であれば、A1, A2, ..., A100, ..., のように A 列として複数のセルが使えます。この A が Python では 1 次元配列の変数名に相当し、各セルの数値や文字などがオブジェクトに相当します。

まずは 1 次元配列の作成と出力、代入を行うプログラム 6.1 を作成して実行しましょう。本章のプログラムには前章と異なる命令があります。配列を使ったプログラムを作成するために「import numpy as np」が必要になります。また「import numpy as np」の「np」（エヌピー）は NumPy が持っている、いろいろな機能（関数）を「np.関数名」として呼び出します。

◆ List 6.i ◆

プログラム 6.1：1 次元配列の作成と出力、代入	実行結果

<pre>1 import numpy as np
2 d = np.array([12, 23, 34])
3 print(d) # 1次元配列の中身を出力
4 print(d[2]) # 1次元配列の一部を出力（34）
5 d[2] = 55 # 代入場所を指定して、34を55に変更
6 print(d) # 1次元配列の出力</pre>
	<pre>[12 23 34]
	34
	[12 23 55]</pre>

> **補足 6.1　NumPy の配列の利用目的**：本書はデータ分析やコンピュータシミュレーションの道具としての利用を考えて、NumPy の配列を使います。NumPy は科学技術の計算をより容易にする機能を提供してくれます。それだけではなく、素早くかつ簡単で生産性の高いデータ分析環境を提供する pandas（第 11 章以降参照）や、人工知能（機械学習）の多くのライブラリ（scikit-learn など）は NumPy を基盤としています（文献 [19, 20, 21, 22]）。そのため、NumPy は **Python ならではの強みを初学者でも引き出せる強力なライブラリ**です。ただし、NumPy の提供する ndarray という種類の配列を、呼び出さなくても使える配列があります。他の配列も勉強したい場合には、付録や文献 [23] などで学ぶとよいでしょう。
>
> **配列はオブジェクトの集合を変数に紐付け**：ndarray の配列は、連続したメモリ領域を確保しながら、複数のオブジェクトを変数に紐付けます。このオブジェクトの構造は本書の範囲を超えるため、箱のイメージで配列を説明します。興味のある初学者は文献 [3, 19, 24] で学べます。

6.1.1 1 次元配列の構造と要素番号

プログラム 6.1 では、d = np.array([12, 23, 34]) を実行したとき、数値 12, 23, 34 からなる 1 次元配列を変数名 d に代入しました。この代入を、第 4 章で説明したオブジェクトありきの変数ではなく、古典的な変数の箱のイメージで説明します（補足 6.1 参照）。

図 6.1 のように、三つの数値（オブジェクト）を指定すると、array 関数は、変数名 d は共通するが番号が異なる三つの箱を用意します。これらの箱には 0 番目、1 番目、2 番目と順序付きの番号がつき、箱に入った「**値（オブジェクト）にアクセスするための変数名 d[0], d[1], d[2]**」が紐付けされます。上記の三つをまとめたものが **1 次元配列**です。その 1 次元配列の番号を抜いた d が変数名です。

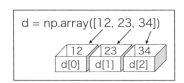

図 6.1 1 次元配列の作成

変数名、または、変数名に箱の番号を指定すると、それらに対応した値（要素）にアクセスできます。例えば、プログラム 6.1 の 3 行目では変数名 d の全ての値 12, 23, 34 を出力しました。この 12, 23, 34 のような 1 次元配列の個々の値を**配列の要素**と呼びます。また、4 行目の print(d[2]) は変数名 d の 2 番目の要素、すなわち 34 を出力します。ここで変数名 d[x] の x は 1 次元配列 d の x 番目の要素を指定する番号です。この番号を**要素番号**と呼びます。要素番号を利用すれば、5 行目の d[2] = 55 は、2 番目の要素 34 を 55 に置き換えます。ただし**要素番号は必ず 0 から始まります。**

 　解説 6.1　1 次元配列の要素番号 0：普段の生活では 0, 1, 2, ..., と数を数えることがほとんどありません。しかし、多くのプログラミング言語では番号や番地を「0 番」から数えます。

6.1.2 1 次元配列の名付け方と標準的な作成方法

配列には前章で学んだ変数の名付け方、代入、出力、算術演算が使えるので、大量のデータを要素として配列に入れて繰り返し処理する使い方に向いています。

1 次元配列の名付け方は変数の名付け方と同じです。1 次元配列を様々な用途に利用する際は、以下の構文のように np.array 関数の利用で 1 次元配列を作成し、その 1 次元配列を「=」を用いて変数に代入するのが、標準的な使い方です（それ以外の例は第 6.1.3 項を参照）。

> **構文：1 次元配列の標準的な作成方法**
>
> 変数名 = np.array([1 次元配列の要素の集まり])

上記の構文は d = np.array([12, 23, 34]) のように、1 次元配列の値を [ ] の間にカンマ（,）を使い列挙します。このとき、1 次元配列の作成とは、np.array 関数の引数として [ ] で囲んだ数値の列（リスト）を指定し、そのリスト内の値の数に合わせた数の保存場所を確保する

ことです。

　つまり、np.array([1, 2, ..., n]) は「NumPy の array 関数を用いて、**指定した n 個の値を格納する 1 次元配列を作成しなさい**」という命令になります。ただし np.array([1, 2, ..., n]) だけでは**作成した 1 次元配列は、破棄**されてしまいます。そこで「**np.array() の実行結果を後で使えるように、変数名 d と紐付けて保存する**」ために、変数名 d = np.array([1, 2, ..., n]) と記述します。

　解説 6.2　1 次元配列の中身のオブジェクトの型は同一種類：変数同様に、配列は値（オブジェクト）の種類に対応する型が自動的に割り当てられます。プログラマーが整数型を指定するときには np.array([ ], dtype = np.int64) のように紐付けるオブジェクトの型を指定します。NumPy の関数で作成する配列には、同一種類の型のオブジェクトが紐付きます。そのため、一つの配列には数値型や文字列型のオブジェクトを混在させることはできません。
　いつ 1 次元配列の作成命令は利用するのか？　第 3 章で学んだように、命令は上から順に実行されます。そのため、使用する配列は、その配列を使った演算などの操作が始まるより先に作成します。多くの場合、プログラムの初期段階で使いたい配列を作成しておきます。プログラム 6.2 の命令は、今後学ぶ第 10 章の繰り返し文を制御するためのシーケンスとして利用したり、第 11 章のデータフレームの部品としても利用します。多くは、後半の章で利用します。

6.1.3　1 次元配列の様々な作成方法

array 以外にも *List* 6.ii のような 1 次元配列を作成する方法があります（解説 6.2 参照）。

List 6.ii

プログラム 6.2：1 次元配列の作成命令	実行結果
1　a = np.arange(4) # 0, 1, 2, 3を持つ 1次元配列 2　print('aの要素は', a) 3　b = np.arange(0, 10, 2) # 0以上 10未満の範囲で 4　print('bの要素は', b) # 2ずつ増加 5　c = np.ones(8) # 要素 1 を 8 個持つ 1次元配列 6　print('cの要素は', c) 7　d = np.zeros(8) # 要素 0 を 8 個持つ 1次元配列 8　print('dの要素は', d) 9　e = np.linspace(0, 10, 5) # 等間隔の配列生成 10　print('eの要素は', e) # 5 個作成	aの要素は [0 1 2 3] bの要素は [0 2 4 6 8] cの要素は [1. 1. 1. 1. 1. 1. 1. 1.] dの要素は [0. 0. 0. 0. 0. 0. 0. 0.] eの要素は [0. 2.5 5. 7.5 10.]

プログラム 6.2 で利用した 1 次元配列の作成命令は次のとおりです。

np.arange(x)：	0 以上 x 未満の整数値を持つ 1 次元配列を作成
np.arange(x, y, z)：	x 以上 y 未満の範囲で x から z ずつ増える要素を持つ 1 次元配列を作成
np.ones(x)：	x 個の 1 を持つ 1 次元配列を作成
np.zeros(x)：	x 個の 0 を持つ 1 次元配列を作成。要素は浮動小数点数となる
np.linspace(x, y, z)：	x 以上 y 以下の範囲で等間隔になる要素を z 個持つ 1 次元配列を作成。要素は浮動小数点数となる

6.2 1 次元配列の要素へのアクセス

配列の要素を呼び出して操作（アクセス）するには、**インデキシングとスライシング**の二つの方法があります（文献 [25]）。インデキシングは特定の一つの値にアクセスする方法です。スライシングは一度に複数の値にアクセスする方法です。これらの二つのアクセス方法で 1 次元配列の要素の取り出し（出力）、要素の置き換え（代入）、演算を行います。

1 次元配列の出力の方法を学ぶために、数値 12, 23, 34 からなる 1 次元配列の要素を部分的に出力する例を *List* 6.iii から *List* 6.vi に示します。これらの出力イメージの欄には、**print で出力する要素の要素番号に対応する箱を灰色で示します**。読者の実行結果と本書の実行結果を照らし合わせながら、プログラムを作成して実行しましょう。

6.2.1 特定の一つの要素を呼び出すインデキシング

単一の要素にアクセスする 2 種類のインデキシングを試すために、プログラム 6.3 を作成して実行しましょう。

一見、指定する要素番号が異なるように見えますが、プログラム 6.3 の 2 行目と 3 行目の出力結果は同じです。これを説明するため、配列の要素を呼び出すインデキシングの構文を見てみましょう。

構文：単一の要素を指定するインデキシング

変数名 [要素番号]

この構文では変数名 [要素番号] の [ ] に**要素番号を一つ記入**します。例えば、プログラム 6.3 の 2 行目で d[2] は先頭から 2 番目の要素を出力します。3 行目の d[-1] のように負の値を使う場合は末尾から 1 番目の要素を出力します（図 6.2 参照）。配列の末尾からの要素番号は −1, −2, . . . , と数えます。

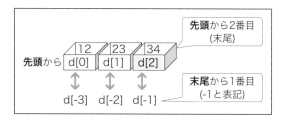

図 6.2　配列の要素番号の注意点

6.2.2 一度に複数の要素を呼び出すスライシング

複数の要素にアクセスする2種類のスライシングを試すために、プログラム 6.4 を作成して実行しましょう。

プログラム 6.4 の1行目と2行目の出力結果は同じですが、番号指定の方法が異なります。1行目のように複数の要素番号を指定して複数の要素にアクセスするスライシングは、次のようになります。

構文：複数要素の抽出（要素番号の列挙）

変数名 [[要素番号 0, 要素番号 1, ..., 要素番号 n]]

この構文では [[ ]] にカンマ（,）を利用して要素番号を記述します。ここで要素番号 n は1次元配列の大きさから1を引いた数値です。例えば、d[[1, 2]] の [1, 2] は1次元配列の要素番号1の要素 23 と要素番号2の要素 34 を指定します。

プログラム 6.4 の2行目の命令のように、要素番号を範囲で指定するスライシングは次のようになります。

構文：複数要素の抽出（範囲の指定）

変数名 [要素番号 x: 要素番号 y]

要素番号 x: 要素番号 y のようにコロン（:）を利用すると、始点 x から終点 y の要素を指定できます。ただし、終点となる要素番号は範囲外で、実際にはその一つ前の番号までしか取り出されません（例えば、$x = 1$, $y = 3$ ならば 1, 2 番目を指定）。**d[1:3] の 1:3 は1次元配列の要素番号1から2の要素**を指定します。範囲として指定するのは、配列番号の一つ手前までであることに気をつけましょう。

以上のように、スライシングには要素番号を直接列挙する方法と要素番号の範囲を指定する方法の二つを試しました。ここでは範囲を指定する方法をもう少し練習するために、プログラム 6.5 を作成して実行しましょう。

プログラム 6.5 の 1 行目の d[[0, 1]] は要素番号 0 と 1 を直接指定する方法です。また、2 行目の d[0:2] は要素番号 0 から 1 を範囲で指定する方法です。

最後に、一定の間隔で要素番号を指定するプログラム 6.6 を作成して実行しましょう。

> 解説 6.3　配列の要素番号を超える際のエラー：1 次元配列を操作をする際には「IndexError: index out of bounds」というエラーメッセージが表示されることがあります。例えば、プログラム 6.6 で print(d[3]) を実行しましょう。このエラーは配列に設定した要素番号以外を指定したときに起こります。つまり、コンピュータは『指定された番号がありません』と警告しています。こういうときは、存在しない配列の要素番号を指定していないか、チェックします。

プログラム 6.6 も出力結果は同じですが、2 行目の d[0:3:2] は次の構文を利用しました。

構文：複数要素の抽出

変数名 [要素番号 x: 要素番号 y: 間隔 z]

コロン（：）を二つ利用すると、x から y 未満の範囲で x から z ずつ増える番号の要素を指定できます。例えば、d[0:3:2] は 0 から 3 未満の範囲で 0 から 2 ずつ増える要素番号を指定します。これにより d[0:3:2] は要素番号 0 と 2 を指定します。

別の例として図 6.3 のような 1 次元配列 d を考えてみましょう。d[0:10:3] は要素番号 0 から要素番号 9 まで 3 ずつ要素番号をずらして指定するため、10, 13, 16, 19 と出力します。

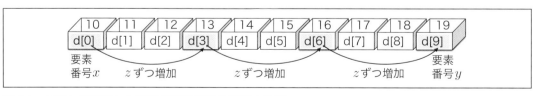

図 6.3　コロンを利用した配列の要素番号を指定する例

6.2.3　1 次元配列の要素の置き換え

1 次元配列の要素を変更する例を *List* 6.vii から *List* 6.ix に示します。これらの出力イメージの欄には、要素が置き換わる配列を灰色で示します。1 次元配列の値を変更する単純なプログラム 6.7 を作成して実行しましょう。

List **6.vii**

プログラム 6.7：1 次元配列の単一の要素置き換え	実行結果	出力イメージ

```
1  d = np.array([12, 25, 36])
2  d[2] = 58
3  print(d)
```

実行結果: `[12 25 58]`

このプログラムは単一の要素番号を指定し、単一の要素を置き換えます。この操作は、次の構文を利用しています。

構文：単一要素の代入

変数名 [要素番号] = 値

上記の構文では、指定した要素番号の中身を右辺（代入記号「=」の右側）の値（オブジェクト）に置き換えます。プログラム 6.7 の続きとして、複数の要素番号を指定して複数の要素を置き換えるプログラム 6.8 を作成して実行しましょう。

List **6.viii**

プログラム 6.8：1 次元配列の複数の要素置き換え	実行結果	出力イメージ

```
1  d[0:2] = 7
2  print(d)
```

実行結果: `[7 7 58]`

このプログラムでは、次の構文を利用しています。

構文：複数要素の代入：範囲の指定

変数名 [要素番号 x: 要素番号 y] = 値

上記の構文では、始点 x から 終点 y の範囲（ただし終点は範囲外）の要素番号のオブジェクトを右辺にある値で置き換えます。例えば、d[0:2] = 7 とすると、d の 0 番目と 1 番目の要素を一度に 7 に変更できます。

最後に、プログラム 6.8 に続き、一定の間隔で要素番号から複数の要素を置き換えるプログラム 6.9 を作成して実行しましょう。

List **6.ix**

プログラム 6.9：一定間隔の要素置き換え	実行結果	出力イメージ

```
1  d[0:3:2] = 9
2  print(d)
```

実行結果：
```
[9 7 9]
```

このプログラムでは次の構文を利用しています。

構文：複数要素の代入：

変数名 [要素番号 x: 要素番号 y: 間隔 z] = 値

上記の構文では、x から y 未満の範囲で x から z ずつ増加する要素番号で指定した要素を、右辺にある値で置き換えます。例えば、d[0:3:2] = 9 は要素番号 0 と 2 の値を 9 に変更します。

6.2.4 1 次元配列の演算

1 次元配列の演算の練習を *List* 6.x と *List* 6.xi から行いましょう。前章で利用した算術演算子を用いて「1 次元配列同士の演算」と「1 次元配列と数値の演算」のプログラム 6.10 を作成して実行しましょう。

List **6.x**

プログラム 6.10：1 次元配列の演算

```
1  a = np.array([10, 20, 30])
2  b = np.array([45, 55, 65])
3  a = a + a # 1次元配列同士の演算 [10 + 10, 20 + 20, 30 + 30]
4  print(a)
5  b = b + a # 1次元配列同士の演算 [45 + 20, 55 + 40, 65 + 60]
6  print(b)
7  a = a + 1 # 1次元配列と数値の演算 [20 + 1, 40 + 1, 60 + 1]
8  print(a)
```

実行結果
```
[20 40 60]
[65 95 125]
[21 41 61]
```

1 次元配列同士を演算するプログラム 6.10 では以下の構文のように、各 1 次元配列の対応する要素番号同士を演算します。

構文：1 次元配列と算術演算子

1 次元配列 ＝ 1 次元配列 算術演算子 1 次元配列

例えば、3 行目の a + a は [10 + 10, 20 + 20, 30 + 30] = [20, 40, 60] と計算します。1 次元配列同士の演算は要素数が同じでなくてはなりません。1 次元配列と数値の演算は「1 次元

配列 算術演算子 数値」とすれば、1 次元配列の全要素に数値を演算します。例えば、7 行目のa + 1 は [20 + 1, 40 + 1, 60 + 1] と計算します。

1 次元配列の演算では、インデキシングとスライシングを、次のように利用できます。

List **6.xi**

プログラム 6.11：1 次元配列の演算とアクセス	実行結果

```
1  v = np.array([11, 22, 33])
2  v[0] = v[0] + 1 # [11 + 1, 22, 33]
3  print(v) # [12 22 33] を出力
4  v[0:2] = v[0:2] + 1 # [12 + 1, 22 + 1,33]
5  print(v) # [13 23 33] を出力
6  v[0:3:2] = v[0:3:2] + 1 # [13 + 1, 23, 33 + 1]
7  print(v) # [14 23 34] を出力
```

```
[12 22 33]
[13 23 33]
[14 23 34]
```

上記のプログラムの 2 行目は変数 v の 0 番目に 1 を加算します。4 行目では変数 v の 0 番目と 1 番目に 1 を加算します。6 行目では変数 v の 0 番目と 2 番目に 1 を加算します。このような演算は他の演算子でも同様です。

6.3 課題

基礎課題 6.1

整数値 1, 3, 5, 7, 13 の要素を持つ 1 次元配列に対して、以下の操作を行いなさい。

問 1： 要素 1 と 5 を出力
問 2： 要素 1, 3, 5 を出力

問 3： 要素 3, 5, 13 を出力
問 4： 要素 13 を出力

基礎課題 6.2

実数 0.0 を 10 個含む 1 次元配列を作成し、step1 から step4 の操作を行うプログラムを作成しなさい。

step1： 0, 2, 4, 6, 8 番目の要素に 10 を足しなさい。
step2： 0, 3, 6, 9 番目の要素から 5 を引きなさい。
step3： 0, 4, 8 番目の要素に 5 を掛けなさい。
step4： 0, 5 番目の要素を 10 で割りなさい。

これらの操作を行うと最終的に配列の各要素が「2.5, 0.0, 10.0, −5.0, 50.0, 0.0, 5.0, 0.0, 50.0, −5.0」となることを確認しなさい。

基礎課題 6.3

1 次元配列から 5 と出力するために作成したプログラム 6.12 は実行結果のようなエラーを出力します。そのエラーの種類と、なぜエラーが起きたのかを本章に即して答えなさい。

List 6.xii

プログラム 6.12：エラーを起こす 1 次元配列の例

```
1  d = np.arange(6)
2  print(d[6])
```

実行結果（エラーメッセージの出力）

```
IndexError Traceback (most recent call last)
<ipython-input-12-c1acf4ca8bd9> in <module>
      1 d = np.arange(6)
----> 2 print(d[6])

IndexError: index 6 is out of bounds for axis 0 with size 6
```

基礎課題 6.4

整数値 1, 2, 3 の要素を持つ 1 次元配列の合計と平均を求めなさい。

発展課題 6.5

要素番号 0 から 4 に整数値 10 から 14 の要素を持つ 1 次元配列 d を作成しなさい。交換アルゴリズムを用いて、12, 13, 11, 14, 10 と出力するようにプログラムを作成しなさい。

7 NumPy と 2 次元配列の基礎

第 6 章では 1 次元配列を学びました。本章では 2 次元配列の作成や代入、呼び出し（出力）、演算を図解でしっかり理解しながら、手を動かします。本章ではデータ分析にもよく使う便利な統計関数も紹介します。

7.1 2 次元配列とは

第 6 章では複数の箱を一列に並べて 1 次元配列を図解しました。**2 次元配列は変数と同様な機能を有する箱を横（行）と縦（列）に並べたもの**です。

2 次元配列の一番わかりやすい例は表計算ソフト（図 7.1–A）です。この表計算のイメージで、プログラミングで使う 2 次元配列を図 7.1–B に示します。

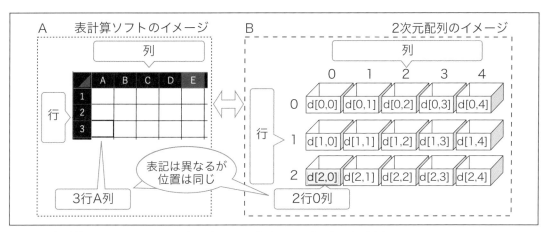

図 7.1　表計算ソフトのシートとプログラミング言語の 2 次元配列の対比

代表的な表計算ソフトである Microsoft Excel での 2 次元配列は、横と縦の二つの方向に箱が並んでいるため「**2 次元**」になります。図 7.1–B からわかるように、2 次元配列は複数の 1 次元配列の集まりでもあります。そのため、2 次元配列の様々な機能は、1 次元配列を基本的に拡張したものになっています。

表計算ソフトのシートでは**行（横方向）**を 1 行、2 行、...、とカウントし、**列（縦方向）**を A 列、B 列、...、とカウントします。このカウントを利用して、セル（マス目）の位置を 3 行 A 列のような**セル番地**（または番号）として指定できます（図 7.1–A）。3 行 A 列のようにセル番地を指定することは「**読者が表計算ソフトのシートの 3 行 A 列のセルをクリックし、数値などの入力や計算ができる状態にする**」という動作と同じことです。

Python では **2 次元配列の要素番号のカウントを 0 行 0 列から始めます**。2 次元配列の行（横方向）を 0, 1, 2, ...、でカウントし、列（縦方向）も 0, 1, 2, 3, ...、とカウントします。

Python の 2 次元配列は行のカウントを**行番号**、列のカウントを**列番号**と呼びます。これらの番号を使い Python の 2 次元配列では、表計算ソフトの 3 行 A 列のセル（図 7.1–A）を、2 行目 0 列目にある箱（図 7.1–B）のように扱います。

7.1.1　2 次元配列の作成と利用

それでは実際に 3 行 5 列の 2 次元配列を作成し、出力、値の変更をします。 *List* 7.i を参考にしながらプログラム 7.1 を作成して実行しましょう。

List **7.i**

プログラム **7.1：2 次元配列の作成と出力、代入**

```
1  import numpy as np
2  # 1行ずつ記入し2次元配列を作成
3  d = np.array([[10, 11, 12, 13, 14],
4                [15, 16, 17, 18, 19],
5                [20, 21, 22, 23, 24]])
6  print(d) # 配列の中身を全て出力
7  print(d[1, 2]) # 1 行目 2 列目の数値 17 を出力
8  d[1, 2] = 100 # 値を変更
9  print(d) # 配列の中身を全て出力
```

実行結果

```
[[10 11 12 13 14]
 [15 16 17 18 19]
 [20 21 22 23 24]]
17
[[ 10  11  12  13  14]
 [ 15  16 100  18  19]
 [ 20  21  22  23  24]]
```

プログラム 7.1 の 3 行目で array 関数は数値 10, 11, 12, 13, 14 と数値 15, 16 17, 18, 19、数値 20, 21, 22, 23, 24 を含む 2 次元配列を作成し、その 2 次元配列を変数 d に代入します。6 行目で print(d) は変数 d の全ての中身、7 行目で print(d[1, 2]) は変数 d の 1 行目 2 列目の箱に保存されている値を出力します。8 行目では同じ 1 行目 2 列目の箱に保存されている 17 を 100 に置き換えます。9 行目で 2 次元配列の全ての要素を出力します。

7.1.2　2 次元配列の標準的な作成と代入

1 次元配列と同様に、以下の構文のように array 関数で 2 次元配列を作成し、その 2 次元配列を「=」を用いて変数に代入するのが標準的です。

構文：2 次元配列の標準的な作成方法

変数名 = np.array([[0 行目の 0 列目, 1 列目, . . . , m 列目],
　　　　　　　　　　[1 行目の 0 列目, 1 列目, . . . , m 列目],
　　　　　　　　　　. . . ,
　　　　　　　　　　[n 行目の 0 列目, 1 列目, . . . , m 列目]])

N 行 M 列の 2 次元配列を作成するために、この構文では array 関数の丸括弧に 2 次元配列の行となるリストを [ ] の間に「,」を使い列挙します。x 行目に値を設定するための [x 行目の 0 列目, 1 列目, . . . , m 列目] には、x 行目の要素をカンマで区切り全て列挙します。列番号

が 0 から始まるために、ここでの m は 2 次元配列に設定したい列数 M − 1 の数値です。同様に n は 2 次元配列に設定したい行数 N − 1 の数値です。

7.1.3　2 次元配列の標準的な作成方法

標準的な作成方法の構文を図 7.2 を用いて説明します。図 7.2 は、変数 d に 3 行 5 列の 2 次元配列を代入するプログラム 7.1 の 3 行目から 5 行目に対応します。

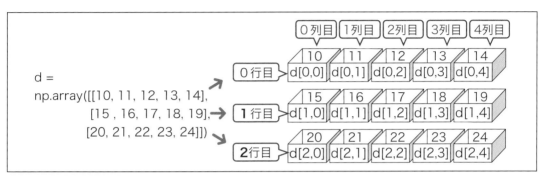

図 7.2　2 次元配列の作成と要素番号

> **解説 7.1　2 次元配列のたとえ**：2 次元配列をマンションの例で考えてみましょう。2 次元配列では変数名がマンション名、行番号は建物の階数、列番号は部屋番号に対応すると考えるとわかりやすいでしょう。例えば d[0, 1] の d がマンション名、建物の 0 階（日本の階数の数え方では 1 階）で、左から 0 号室、1 号室、...、4 号室と並ぶ部屋番号がついている中の 1 号室に対応します。1 次元配列は複数の部屋がある平屋のマンションに相当します。2 次元配列は複数の部屋がある N 階建てのマンションに相当します。

2 次元配列の要素にアクセスするために、要素番号として**行番号**と**列番号**の 2 種類を利用します。一つの要素番号を利用する 1 次元配列に対して、2 次元配列では二つの要素番号を利用します。2 次元配列の要素番号は**変数名 [行番号, 列番号]** として利用します。

例えば、図 7.2 のように、array 関数は五つの要素を持つ三つのリスト [[10, 11, 12, 13, 14], [15, 16, 17, 18, 19], [20, 21, 22, 23, 24]] が指定されるため、15 個の箱を用意します。これらの箱には [0, 0], [0, 1], ..., [2, 4] 番目と順序が与えられ、その順序を表す数字を用いた「値にアクセスするための名前 d[0, 0], ..., d[2, 4]」がつきます。

それぞれの箱に引数で指定した数値が保存され、例えば d[0, 0]、すなわち 0 行目 0 列目には 10 が保存されます。上記のように、2 次元配列は名前と行番号、列番号を持つ箱が用意されるため、2 次元配列のそれぞれの中身に対して何らかの処理を行う際に、行番号と列番号の組を変数名 [行番号, 列番号] と指定します。この 2 次元配列の変数名は d となります。

以上をまとめると、2 次元配列は行と列の二つの要素番号で順序付けられた要素をまとめて扱うシーケンス型のオブジェクトといえます。1 次元配列同様に行番号と列番号は 0 から始まり、その要素番号と変数名を用いて配列の要素にアクセスします。

7.2　2 次元配列の操作

　2 次元配列の要素にアクセスするときも 1 次元配列と同様にインデキシングとスライシングを利用します。 *List* 7.ii から *List* 7.v の出力イメージに print で出力する要素番号の行番号と列番号の箱を灰色で示します。

7.2.1　インデキシングによる要素の呼び出し

　単一の要素にアクセスするインデキシングを 2 次元配列で試すために、3 行 5 列の 2 次元配列を作成し、その配列の 0 行目 2 列目の数値 12 を出力するプログラム 7.2 を作成して実行しましょう。

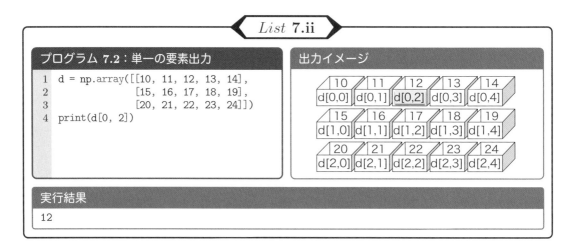

List **7.ii**

プログラム **7.2**：単一の要素出力
```
1  d = np.array([[10, 11, 12, 13, 14],
2                 [15, 16, 17, 18, 19],
3                 [20, 21, 22, 23, 24]])
4  print(d[0, 2])
```

出力イメージ

10	11	12	13	14
d[0,0]	d[0,1]	d[0,2]	d[0,3]	d[0,4]

15	16	17	18	19
d[1,0]	d[1,1]	d[1,2]	d[1,3]	d[1,4]

20	21	22	23	24
d[2,0]	d[2,1]	d[2,2]	d[2,3]	d[2,4]

実行結果
```
12
```

　プログラム 7.2 の 4 行目で print(d[0, 2]) は 2 次元配列 d の 0 行目の要素の集まりから 2 列目の要素のみを出力します。このインデキシングの構文を、次に示します。

構文：2 次元配列の単一の要素を指定するインデキシング

　変数名 [行番号, 列番号]

　2 次元配列の単一の要素にアクセスするために、変数名 [行番号, 列番号] の [ ] に**行番号と列番号を一つずつ記入**します。

7.2.2　スライシングによる単一行の要素の呼び出し

　指定した行の全要素を出力するスライシングを試すために、プログラム 7.2 の 2 次元配列の 1 行目を出力するプログラム 7.3 を作成して実行しましょう。

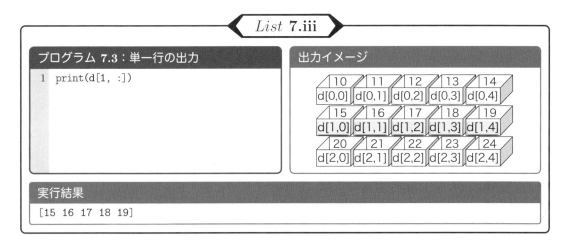

ここでは2次元配列の1行目に格納した列の全ての要素、すなわち0〜4列目の要素を出力します。このスライシングの構文を、次に示します。

> **構文：2次元配列の単一の行の全ての要素**
>
> 変数名 [行番号, :]

2次元配列の単一行を指定し、その行内の全ての要素にアクセスするために、上記の構文のようにコロン（:）を利用します。

7.2.3 スライシングによる単一列の要素の呼び出し

指定した列の全要素を出力するスライシングを試すために、プログラム7.2の2次元配列の3列目を出力するプログラム7.4を作成して実行しましょう。

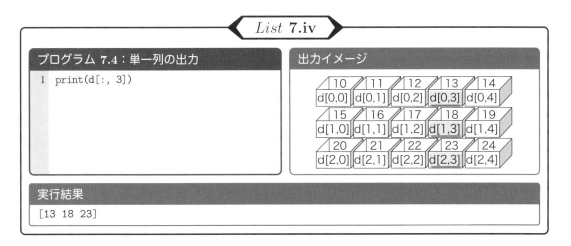

ここでは2次元配列の3列目に格納した全ての行の要素、すなわち0〜2行目の要素を出力します。このスライシングの構文を、次に示します。

変数名 [:, 列番号]

2 次元配列の単一列を指定し、その列内の全ての要素にアクセスするために、上記の構文のようにコロン (:) を利用します。

7.2.4　複数行と複数列のスライシング

複数の行と複数の列の範囲を指定して要素を出力するプログラム 7.5 を作成して実行しましょう。

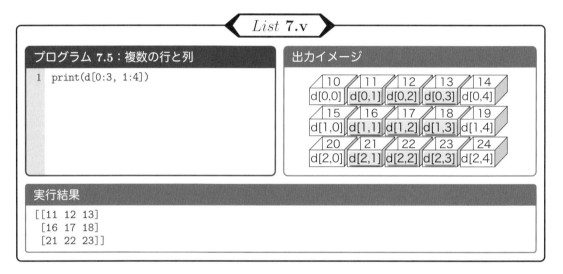

List **7.v**

プログラム 7.5：複数の行と列

```
1  print(d[0:3, 1:4])
```

出力イメージ

実行結果

```
[[11 12 13]
 [16 17 18]
 [21 22 23]]
```

ここでは 2 次元配列の 0 行目から 2 行目に格納した 1 列目から 3 列目までの、九つの要素を出力します。このスライシングの構文を、次に示します。

変数名 [行番号 x_s: 行番号 x_e, 列番号 y_s: 列番号 y_e]

行番号 x_s: 行番号 x_e は行番号の始点 x_s から終点 x_e を指定します（例えば、$x_s = 0, x_e = 3$ ならば 0, 1, 2 番目の行を指定）。列番号 y_s: 列番号 y_e は列番号の始点 y_s から終点 y_e を指定します（例えば、$y_s = 1, y_e = 4$ ならば 1, 2, 3 番目の列を指定）。ただし、1 次元配列同様に終点となる要素番号は範囲外で、その一つ手前の番号までしか取り出しません。

補足 7.1　要素番号の指定にリストを用いる際の注意：プログラム 7.4 の d[:, 3] や、プログラム 7.5 の d[0:3, 1:4] から、スライシングを利用すれば、print(d[[0, 1, 2], [1, 2, 3]]) はプログラム 7.5 の実行結果（3 行 3 列行列の [[11 12 13] [16 17 18] [21 22 23]]）と同じ出力が得られそうです。しかし、この命令だと array([11, 17, 23]) を出力します。これは、配列の要素番号の指定にリストを用いると『2

次元配列の 0 行目 1 列目の要素、1 行目 2 列目の要素、2 行目 3 列目の要素を持つ 1 次元配列を作成してから、その 1 次元配列を出力しなさい』という命令に変換されるためです。このような理由から、2 次元配列の複数の要素番号を指定する場合には「:」を利用します。

7.2.5 2次元配列の要素の置き換え

これまでに習った要素へのアクセス方法を用いて、2 次元配列の要素を置き換える例を *List* 7.vi から *List* 7.viii に示します。行番号と列番号を一つずつ利用し、2 次元配列の一つの要素を置き換えるプログラム 7.6 を作成して実行しましょう。

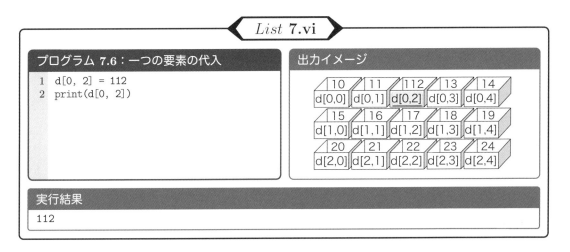

プログラム 7.6 では 0 行目 2 列目の数値 12 を数値 112 に置き換えています。このような操作を行うためには「変数名 [行番号, 列番号] = 置き換えたい数値」と記述します。

次に、指定した列の 2 次元配列の要素を、一括で置き換えるプログラム 7.7 を作成して実行しましょう。

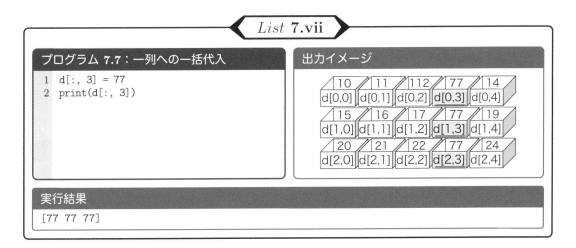

ここでは 3 列目の数値 13, 18, 23 を数値 77 に置き換えています。この置き換えには構文「変数名 [:, 列番号] = 置き換えたい数値」を利用しています。

　複数の行番号と複数の列番号で指定した、2 次元配列の要素を一括で置き換えるプログラム 7.8 を作成して実行しましょう。

List **7.viii**

プログラム 7.8：一括で代入

```
1  d[0:3, 1:4] = 0
2  print(d[0:3, 1:4])
```

出力イメージ

10	0	0	0	14
d[0,0]	d[0,1]	d[0,2]	d[0,3]	d[0,4]
15	0	0	0	19
d[1,0]	d[1,1]	d[1,2]	d[1,3]	d[1,4]
20	0	0	0	24
d[2,0]	d[2,1]	d[2,2]	d[2,3]	d[2,4]

実行結果

```
[[0 0 0]
 [0 0 0]
 [0 0 0]]
```

　プログラム 7.8 では 2 次元配列の 0 行目から 2 行目に格納した 1 列目から 3 列目までの九つの要素を一度に 0 に置き換えています。この置き換えには構文「変数名 [行番号 x_s: 行番号 x_e, 列番号 y_s: 列番号 y_e] = 置き換えたい数値」を利用しています。

> **解説 7.2　プログラム 7.8 への疑問**：ここまで読み終えた読者から『なぜ d[0, 0], d[1, 0], d[2, 0] には 0 が代入されないのか？』という質問を受けたことがあります。その理由は、d[0:3, 1:4] と指定されたとき、Python のインタープリタはまず 0:3 に着目して「2 次元配列 d の 0 行目と 1 行目、2 行目が対象」と解釈するからです。次に 1:4 の部分に着目して「今までは 0 行目から 2 行目にある全ての列を対象としていたが 1 列目から 3 列目だけでよい」となります。このように行番号の範囲を前提にして列番号でさらに範囲を限定します。

7.2.6　2 次元配列の演算

　2 次元配列の演算の練習をします。「2 次元配列同士の演算」と「2 次元配列と数値の演算」を行うプログラム 7.9 を作成して実行しましょう。

List **7.ix**

プログラム 7.9：2 次元配列の演算

```
1  # 以下のように改行せずに記述することも可能
2  d = np.array([[10, 11, 12, 13], [15, 16, 17, 18], [20, 21, 22, 23]])
3  d = d - d # 行番号と列番号が同じ要素の減算
4  print(d) # 全ての要素が 0 の配列の全ての要素を出力
5  d = d + 1 # 全ての要素に 1 を加算
6  print(d) # 全ての要素が 1 の配列の全ての要素を出力
```

実行結果

```
[[0 0 0 0]
 [0 0 0 0]
 [0 0 0 0]]
[[1 1 1 1]
 [1 1 1 1]
 [1 1 1 1]]
```

プログラム 7.9 の 3 行目は [[10 − 10, 11 − 11, 12 − 12, 13 − 13], [15 − 15, 16 − 16, 17 − 17, 18 − 18], [20 − 20, 21 − 21, 22 − 22, 23 − 23]] = [[0 0 0 0], [0 0 0 0], [0 0 0 0]] と計算します。2次元配列の演算は「2次元配列 = 2次元配列 算術演算子 2次元配列」と記述すれば、同じ行番号と同じ列番号の要素同士を演算します。ただし、**2次元配列同士の演算は行数も列数も同じでなければなりません**（解説 7.3 参照）。

5 行目は [[0 + 1, 0 + 1, 0 + 1, 0 + 1], [0 + 1, 0 + 1, 0 + 1, 0 + 1], [0 + 1, 0 + 1, 0 + 1, 0 + 1]] と計算します。2次元配列と数値の演算は「2次元配列 算術演算子 数値」と記述すると、2次元配列の全ての要素同士の数値で演算します。

これまでに学んだ配列の要素へのアクセス方法を活用して、部分的に算術演算を行うプログラム 7.10 を作成して実行しましょう。

List **7.x**

プログラム 7.10：範囲を限定した 2 次元配列の演算	実行結果

<pre>1 d = np.array([[10,11,12,13], [15,16,17,18], [20,21,22,23]])
2 d[1, :] = d[1, :] + d[1, :]
3 print(d)</pre>
	<pre>[[10 11 12 13]
	 [30 32 34 36]
	 [20 21 22 23]]</pre>

プログラム 7.10 の 2 行目では 2 次元配列の 1 行目同士を足し合わせています。足し合わせた後に、d の 1 行目に計算結果を代入しています。

> **解説 7.3　異なる大きさの配列の演算**：例えば、2 行 3 列の配列と 2 行 2 列の配列を演算すると「ValueError: operands could not be broadcast together with shapes (2, 3) (2, 2)」が出力されます。このエラーの文末の「shapes (2, 3) (2, 2)」は、異なる大きさの配列（2 行 3 列と 2 行 2 列）の演算が行われたことを意味します。このエラーを解消するためには、要素の追加や削除により配列のサイズを変更するか、インデキシングやスライシングにより演算する配列のサイズを同じにする必要があります。

7.3　2 次元配列を操作する関数

ここまで読み進めると、2 次元配列の基本的な考え方は 1 次元配列と一貫している、といったことが、なんとなくわかってくる読者も多いでしょう。次に、1 次元配列を 2 次元配列に変換する方法と、配列を操作する関数を紹介します。

7.3.1　1 次元配列から 2 次元配列を作成

大きな 2 次元配列を作成する際には、まず 1 次元配列を作成し、これを 2 次元配列に変換するreshape関数（解説 7.4 参照）を利用することができます。この関数を使えば、入力の手間を省きながら、2 次元配列を作成できます。6 行 15 列の 2 次元配列を作成するプログラム 7.11 を作成して実行しましょう。

List 7.xi

プログラム 7.11：配列の変換

```
1  d1 = np.arange(1, 91) # 1 から 90 の要素の1次元配列
2  print(d1)
3  print('1次元配列を6行15列の2次元配列に変換')
4  d2 = d1.reshape(6, 15) # reshape(行数, 列数)と指定
5  print(d2) # 2次元配列の出力
```

実行結果

```
[1 2 3 4 5 6 7 8 9 10 11 12 13 14 15 16 17 18 19 20 21 22 23 24 25 26 27 28 29 30
 31 32 33 34 35 36 37 38 39 40 41 42 43 44 45 46 47 48 49 50 51 52 53 54 55 56 57
 58 59 60 61 62 63 64 65 66 67 68 69 70 71 72 73 74 75 76 77 78 79 80 81 82 83 84
 85 86 87 88 89 90]
1次元配列を 6行 15列の 2次元配列に変換
[[ 1  2  3  4  5  6  7  8  9 10 11 12 13 14 15]
 [16 17 18 19 20 21 22 23 24 25 26 27 28 29 30]
 [31 32 33 34 35 36 37 38 39 40 41 42 43 44 45]
 [46 47 48 49 50 51 52 53 54 55 56 57 58 59 60]
 [61 62 63 64 65 66 67 68 69 70 71 72 73 74 75]
 [76 77 78 79 80 81 82 83 84 85 86 87 88 89 90]]
```

プログラム 7.11 で利用した reshape 関数の引数に行数と列数を指定すると、1 次元配列から要素数は変えずに、2 次元配列を変換して作れます。

> **解説 7.4　reshape 関数って何？：**Python のプログラムは基本的に英語をベースに作成します。reshape は「〇〇に改めて形作る」という意味の単語です。ですから、1 次元配列の形を別の形態に変換できそうな関数と推測できます。このように英単語の意味付けから、その機能を予想すると、命令を覚えやすくなり、プログラムの理解が早くなります。

7.3.2　合計や平均を求める関数

最後に 2 次元配列を操作する関数を紹介します。以下の関数はほぼ同じ方法「np. 関数名 (X, 軸)」で利用できます。ここで引数 X には合計や平均などを求めたい配列を指定します。また引数の軸（axis）は関数の適用する方向（縦か横）を指定します。例えば、np.mean を利用して配列の列ごとの平均を求める場合は、axis = 0 を引数に記述します。同様に、配列の行ごとの平均を求める場合は axis = 1 を引数に記述します。配列の全てのデータを利用して集計する場合は、軸を省略します。以下の関数は「np. 関数名 (1 次元配列)」とすれば、1 次元配列でも利用できます。

np.sum：	合計を計算	np.max：	最大値を計算
np.mean：	平均を計算	np.min：	最小値を計算
np.median：	中央値を計算	np.argmax：	最大値の要素番号を計算
np.std：	標準偏差を計算	np.argmin：	最小値の要素番号を計算
np.var：	分散を計算		

List 7.xi の 1 次元配列 d1 と 2 次元配列 d2 に対して、上記の関数の利用例を *List* 7.xii から *List* 7.xiv に示します。1 次元配列の最大値と最小値を求めるプログラム 7.12 を作成して実行しましょう。

List 7.xii

プログラム 7.12：numpy による 1 次元配列の最大値と最小値の計算

```
1  print(np.max(d1)) # 最大値を求める
2  print(np.min(d1)) # 最小値を求める
```

実行結果
```
90
1
```

2 次元配列の列ごとの最大値、行ごとの最大値、配列の全要素の中から最大値を求めるプログラム 7.13 を作成して実行しましょう。

List 7.xiii

プログラム 7.13：numpy による 2 次元配列の最大値の計算

```
1  print(np.max(d2, axis = 0)) # 列ごとの最大値の計算
2  print(np.max(d2, axis = 1)) # 行ごとの最大値の計算
3  print(np.max(d2)) # 全ての要素の最大値
```

実行結果
```
[76 77 78 79 80 81 82 83 84 85 86 87 88 89 90]
[15 30 45 60 75 90]
90
```

2 次元配列の列ごとの合計、行ごとの合計、配列の全ての要素の合計を求めるプログラム 7.14 を作成して実行しましょう。

List 7.xiv

プログラム 7.14：numpy による 2 次元配列の合計の計算

```
1  print(np.sum(d2, axis = 0)) # 列ごとの合計
2  print(np.sum(d2, axis = 1)) # 行ごとの合計
3  print(np.sum(d2)) # 全ての要素の合計
```

実行結果
```
[231 237 243 249 255 261 267 273 279 285 291 297 303 309 315]
[120  345  570  795 1020 1245]
4095
```

補足 7.2　NumPy の配列：NumPy の配列は、その内容だけで数冊の分厚い本になるほどのボリュームを持つライブラリです。そのため、本書の範囲を超えて配列を学びたい読者は文献 [26]、NumPy と SciPy を利用して高水準な計算や数値計算を行いたい読者は文献 [20] を参考にしましょう。
　配列を変数に代入して扱うときの注意点：Python の配列や第 11 章で学ぶデータフレームには、変数に代入された配列（またはデータフレーム）を、別の変数に「＝」だけを使い代入すると**想定外の要素の書き**

換えが起こることがあります。例えば、両方の変数は同一の配列オブジェクトを参照しているため、どちらか一方の変数名を使い配列の要素を置き換えると、両方の変数の配列の要素が置き換わります。変数に代入された配列を、別の変数に代入して使うには、**copy 関数**を利用します（例えば、変数 d に配列が代入され、その配列を変数 x に代入する場合、x = d.copy() と記述します）。詳細は本書の範囲を超えるため文献［3］を参考にしましょう。

7.4　課題

基礎課題 7.1

　表 7.1 と同じ 5 行 6 列の配列を配列名 kadai として作成しなさい。その配列 kadai からインデキシングやスライシングを利用して以下の値のみ出力するプログラムを作成しなさい。

出力例 1：15
出力例 2：8, 9, 10, 14, 15, 16, 20, 21, 22
出力例 3：1, 2, 3, 4, 5, 6
出力例 4：3, 9, 15, 21, 27

表 7.1　5 行 6 列の配列

1	2	3	4	5	6
7	8	9	10	11	12
13	14	15	16	17	18
19	20	21	22	23	24
25	26	27	28	29	30

基礎課題 7.2

　表 7.1 の配列を表 7.2 のようにインデキシングやスライシングを用いて置き換えるプログラムを作成しなさい。

表 7.2　基礎課題の実行後

0	2	3	4	5	0
0	8	9	10	11	0
0	0	0	0	0	0
0	20	21	22	23	0
0	26	27	28	29	0

基礎課題 7.3

Step1 と Step2 の指示に従い、配列を作成するプログラムを作りなさい。

Step1：np.arange(x, y) を使い整数値 1 から 25 までの数値の要素を持つ 1 次元配列 kadai を作成して、その中身を出力しなさい。
　　　　ヒント：np.arange(x, y) は x から（y − 1）までの数値を持つ 1 次元配列を作成します。
Step2：reshape(行, 列) を使い 1 次元配列 kadai を 5 行 5 列の 2 次元配列に変換し、できた配列を出力しなさい。
　　　　ヒント：reshape は、1 次元配列.reshape(行, 列) として利用し、1 次元配列を指定した大きさの配列に変換します。先ほどの np.arange(x, y) を用いて、np.arange(x, y).reshape(行, 列) を適切に指定します。

基礎課題 7.4

次に Step1 と Step2 の指示に従い、配列を作成して出力しなさい。

Step1： np.zeros(x) を使い、全ての要素が数値 0 の 81 個の要素を持つ 1 次元配列 kadai を作成して、その中身を出力しなさい。ただし、np.zeros(x) は x 個の数値 0 を持つ 1 次元配列を作成します。

Step2： reshape(行, 列) を使い、1 次元配列 kadai を 9 行 9 列の 2 次元配列に変換し、その中身を出力しなさい。

発展課題 7.5

np.array([[1, 2, 3], [4, 5, 6]]) から作成する配列を変数 data1 に代入しなさい。data1 の全要素、各列、各行の合計、平均、中央値、標準偏差、分散、最大値、最小値、最大値の配列番号、最小値の配列番号を、第 7.3.2 項の関数を利用して出力しなさい。

ヒント：正解を机上で手計算で求め、全要素、各列、各行の 3 種類と、合計から最小値の配列番号までの 9 種類、計 27 個の計算結果と照合しなさい。

注意：argmax と argmin は軸を指定せず 2 次元配列を指定すると、2 次元配列を 1 次元配列に変換し、その変換後の配列に対して、最大値と最小値の要素番号を返します。

発展課題 7.6

配列を使って、ボードゲームの盤面を作ってみましょう。ここでは図 7.3 のようにゲームが進行する三目並べ、いわゆるマルバツゲームの盤面を作るため、プログラム 7.15 の空欄を埋めて、図 7.3 のように進行するボード盤面を作りなさい。

三目並べのルール解説：三目並べは二人用のゲームです。このゲームは正方形の盤面にあるマス目の九つの空白のいずれかに先手が○、後手が×を交互に記入します。先に縦、または、横、斜めに三つ揃えたプレイヤーの勝ちというゲームです。このゲームの進行の例を図 7.3 に示します。プログラム 7.15 は第 17.2.1 項で改造します。

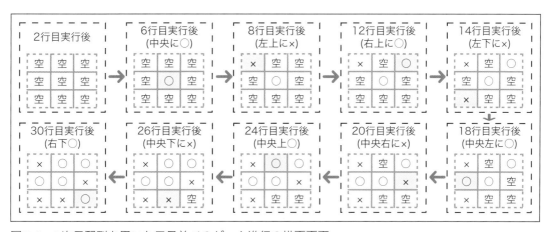

図 7.3 2 次元配列を用いた三目並べのゲーム進行の描画画面

List **7.xv**

プログラム 7.15：マルバツゲームの盤面

```
1  # ゲーム開始のマルバツゲームの盤面を、2次元配列を用いて表現
2  d = np.array([['空', '空', '空'], ['空', '空', '空'], ['空', '空', '空']])
3  print(d) # '○' や '×' を入力 ( 置く ) 前の盤面を出力
4
5  # 1 ターン目
6  d[          ] = '○' # 盤面の中央に先手プレイヤーの'○'を入力に対応
7  print(d) # 1回目の先手プレイヤーの行動結果を出力
8  d[          ] = '×' # 盤面の左上に後手プレイヤーの'×'を入力に対応
9  print(d) # 1回目の後手プレイヤーの行動結果を出力
10
11 # 2 ターン目
12 d[          ] = '○' # 右上
13 print(d) # 先手プレイヤーの行動結果を出力
14 d[          ] = '×' # 左下
15 print(d) # 後手プレイヤーの行動結果を出力
16
17 # 3 ターン目
18 d[          ] = '○' # 中央左
19 print(d) # 先手プレイヤーの行動結果を出力
20 d[          ] = '×' # 中央右
21 print(d) # 後手プレイヤーの行動結果を出力
22
23 # 4 ターン目
24 d[          ] = '○' # 中央上
25 print(d) # 先手プレイヤーの行動結果を出力
26 d[          ] = '×' # 中央下
27 print(d) # 後手プレイヤーの行動結果を出力
28
29 # 5 ターン目
30 d[          ] = '○' # 右下
31 print(d) # 先手プレイヤーの行動結果を出力
```

8 ファイルの読み書き

> 本章ではファイルの読み書きを学びます。ファイルの読み書きはデータ分析や画像の処理などの様々なプログラムで共通して使う基礎です。ファイルの種類と操作やファイルパスを学び、NumPy を利用したファイルの読み書きを行います。

8.1　ファイルとフォルダの操作と管理

パソコンを使って**ファイル**を開くとき、読者はマウスでファイルのアイコンをクリックします。またファイルを探すときは、**フォルダ**からフォルダへマウスで移動しながら目的のファイルを探し出します。ファイルを開いたり、保存したりすることを**ファイル操作**と呼びます。

こうした操作を通して、ファイルはまるで大きな箱の中に小さな箱を入れて、さらにその箱（フォルダ）にファイルが入っている入れ子のイメージを持っている読者も多いでしょう。実際、**コンピュータはファイルを階層的に管理**しています。ただし、プログラミングではファイルにアクセスするために、マウス操作は使えません。そこで本章では、ファイルとファイルの入ったフォルダを指定するため、フォルダの階層構造を理解して、ファイルの場所を指定する方法を学びます。

8.1.1　ファイルパスとは

本章では、**キーボードから入力する命令でファイル操作**をします（補足 8.1 参照）。目当てのファイルを操作するには、**ファイルの保存場所を指定する道（パス）**が必要です。この**ファイルパス**は「c:/pysrc」のように記号と文字からなります（/ と ¥ は同じ意味の記号のため、c:¥pysrc と表示される場合もあります）。

> **補足 8.1　CUI で操作する**：一般的なパソコンユーザーはファイルを開きたいとき、コンピュータ上のグラフィカルな表示（アイコン）を利用する**グラフィカルユーザーインターフェース（GUI）**を使います。例えば、Windows ならエクスプローラーを使います。しかし、プログラミングでは文字を操作のベースとする**キャラクターユーザーインターフェース（CUI）**を利用するので、アイコンをマウスでクリックすることができません。そのため、ファイルの場所を特定するファイルパスの情報が必要になります。

プログラミングではファイルパスを指定してファイルを操作します。例えば、図 8.1 の pysrc フォルダであれば、そのファイルパスは「c:/pysrc」となります。その下の階層にある u8.ipynb のファイルパスは「c:/pysrc/u8.ipynb」です。これは「c ドライブの中の pysrc フォルダ内にある u8.ipynb」というように解釈します。ファイルパスは、ディレクトリ間の階層を / で区切りながら、階層を降りていくように記述します。

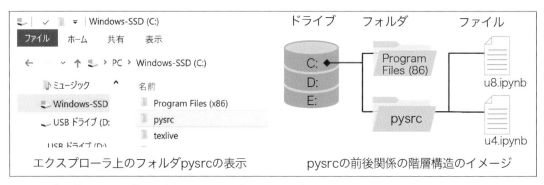

図 8.1　階層的ファイル管理の例：C ドライブとフォルダ

　まずファイルパスに利用する記号を整理しましょう。フォルダの一番上の階層を示す「C:」や「D:」を、**ルートディレクトリ**と呼びます。ルートディレクトリの名前は多くの場合、ハードディスクドライブ（HDD）やソリッドステートドライブ（SSD）などの機器に割り当てられたアルファベットです。ファイルパスの「/」はフォルダ名とフォルダ名、またはフォルダ名とファイル名を区切る記号です。また、読者の環境に合わせて「/」は「\」や「¥」に**置き換え**て作業を進めましょう。ここに疑問を持つ読者は補足2.2や第2.4節を再確認しましょう。

8.1.2　ファイルパスの取得

　まずはマウス操作でファイルパスを取得しましょう。第 2 章と同じく Jupyter Notebook を起動し u8 と名付けることにします。次のように作業をしましょう。

手順 0：Anaconda Navigator からコマンドプロンプトを開き、Jupyter Notebook を起動します。
手順 1：Jupyter Notebook の起動後、新しく開いた **Jupyter Notebook の名前 Untitled を u8 に変更して保存**します。
手順 2：（Jupyter Notebook のホーム画面からではなく）エクスプローラー（第 2 章参照）を使い u8.ipynb を保存した pysrc フォルダを探し出します。
手順 3：u8.ipynb に対して shift キーを押しながら右クリックします。
手順 4：「パスのコピー」をクリックします（Mac の場合はファイルに対して右クリックしてから option キーを押すと現れる「パス名をコピー」を利用します）。
手順 5：メモ帳（または文字が入力できるアプリケーション）を起動し、右クリックの後、貼り付けを選択します。

　以上の操作でファイル u8.ipynb のファイルパス「**c:/pysrc/u8.ipynb**」を確認できます。

解説 8.1　本書の想定しない OS のファイルパス：Mac の場合は c:/pysrc/u8.ipynb を /Users/**ユーザー名**/pysrc/u8.ipynb のように読み替えます。このファイルパスは次のような場所を指します。Users は Macintosh HD の下にあるユーザーフォルダを指します。**ユーザー名**はユーザーフォルダ内にある Mac のユーザー名がついたフォルダを指します。このユーザー名は読者ごとに異なります。例えば、ユーザー名が saito ならば、「/Users/saito/pysrc/u8.ipynb」になります。これは『Macintosh HD の下にあるユーザーフォルダ内には saito フォルダがあり、その saito フォルダの下にある pysrc フォルダ内にはノートブック u8.ipynb があること』を意味します。

8.2 Python とファイルパス

8.2.1 ファイルパスの取得とカレントディレクトリ

それでは実際に Python のプログラムでファイル操作としてフォルダの作成や、ファイルのリストの取得、ファイルの読み書きを行いましょう。手始めに、ファイルパスの取得をやってみることにします。現在開いている u8.ipynb の保存場所を取得するためのプログラム 8.1 を作成して実行しましょう。Python でファイル操作を行うためには「import os」が必要になります。また「import os」の「os」 は os ライブラリが持っている機能（関数）を「os.関数名」として呼び出します。

List 8.i

プログラム 8.1：カレントディレクトリの取得	実行結果
1 `import os` 2 `print(os.getcwd())`	c:/pysrc

実行結果の「c:/pysrc」は「u8.ipynb」を実行しているフォルダ（ディレクトリ）です。このように現在使用しているソフトウェアやプログラムが動作している場所を**カレントディレクトリ**または**ワーキングディレクトリ**と呼びます（解説 8.2 参照）。Jupyter Notebook は現在開いている「u8.ipynb」の保存場所「c:/pysrc」を自動的にカレントディレクトリとして設定します（図 8.2）。カレントディレクトリを設定すると、プログラマーとコンピュータが作業場所を共有することができるので、ファイルパスの指定などが簡単になります。

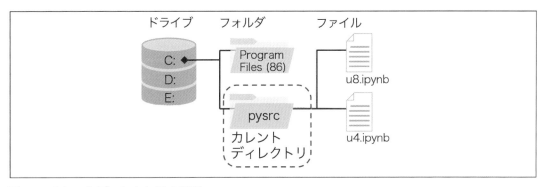

図 8.2　カレントディレクトリの場所

> **解説 8.2　カレントディレクトリの直感的な解説**：カレントディレクトリとは、現在、様々な作業を行っているフォルダを勉強机として、宣言するようなものです。一度カレントディレクトリとして勉強机を決めてしまえば、その上にあるノート（ファイル）を指定するのが楽になるのと同じです。
> u8.ipynb に記述しているプログラムは勉強机の上に置かれた紙のノート（ファイル）です。この勉強机がある場所、例えば「c://pysrc」がカレントディレクトリに相当します。勉強机の上にある本や筆記用具は、すぐ手が届くように置くでしょう。それと同じで、カレントディレクトリにあるファイルなら「同じ勉強机の上のモノ」として簡単にアクセスできます。

Jupyter Notebook を起動する際に入力した「jupyter notebook c://pysrc」と比較すると、出力結果には**「/」が一つ足りない**ことに気がついたと思います。これは Windows ではファイルパスの入力に「/」が二つ必要なためです（Mac の場合は「/」を一つ）。

8.2.2 絶対パスと相対パス

カレントディレクトリの設定を利用しながら、フォルダを作成するプログラム 8.2 を作成して実行しましょう。

プログラム 8.2：カレントディレクトリ内に data フォルダの作成

```
1  os.mkdir('data')
```

> **解説 8.3　何も実行されない？**：これまでとは違い Jupyter Notebook の画面上ではプログラム 8.2 を実行しても画面上には何も出力されません。もし、mkdir を何度も実行してしまうと「FileExistsError: [Errno 17] File exists: 'data'」というエラーメッセージが表示されます。これはエラーというより『当該フォルダはすでに存在しますよ』という警告です。これが表示されるのは、もうすでに data フォルダが正しく作成済であることを意味します。このように操作に誤りがなくても、『もうそのファイルは存在していますよ』とメッセージが出力されることがあります。

プログラム 8.2 で mkdir 関数はカレントディレクトリ「c://pysrc」に data フォルダを作成しました。エクスプローラーを操作しながら data フォルダを作成したことを図 8.3 で確認しましょう。

本来、mkdir 関数は os.mkdir('c://pysrc//data') のように「ルート（c:）からフォルダ（ま

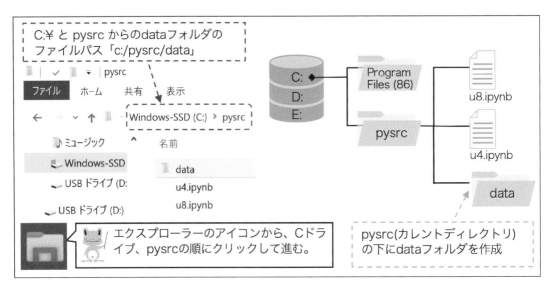

図 8.3　カレントディレクトリを利用して data フォルダを作成するイメージ

たはファイル）までのファイルパス」を記述する必要があります。このファイルパスを**絶対パス**（図 8.4 の破線部分）と呼びます。しかし、カレントディレクトリが設定されているため、プログラム 8.2 にはカレントディレクトリ部分を省略したファイルパスの記述で十分でした。このようなカレントディレクトリからの**相対的な位置**を記述するパスを**相対パス**（図 8.4 の点線部分）と呼びます。もし図 8.4 の data フォルダに test.ipynb ファイルがあれば、その相対パスは「data/test.ipynb」と記述します。

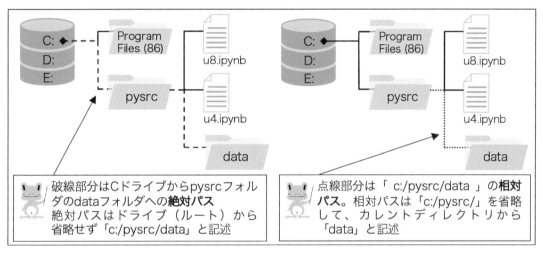

図 8.4　破線の絶対パスと点線の相対パスの違い：相対パスはカレントディレクトリ（pysrc）を想定

8.2.3　ファイルとフォルダのリスト取得

カレントディレクトリにあるファイルの一覧を取得するプログラム 8.3 を作成して実行しましょう。

List **8.iii**

プログラム 8.3：カレントディレクトリ内のファイルの一覧

```
1  os.listdir()
```

実行結果（読者の環境ごとに異なる場合があります）

```
['data', 'u1.ipynb', 'u2.ipynb', 'u3.ipynb', 'u4.ipynb', 'u5.ipynb', 'u6.ipynb',
  'u7.ipynb', 'u8.ipynb']
```

listdir 関数は引数を省略するとカレントディレクトリにあるフォルダとファイルの一覧を表示します。読者の環境によっては、他のファイルやフォルダも一覧に表示されることがあります。listdir() の丸括弧内にファイルパスを指定すれば、そのファイルパスにあるファイルやフォルダの一覧を取得できます（例えば、listdir('c://pysrc')）。

補足 8.2　**listdir 関数**：listdir 関数などのファイル名やフォルダ名を取得する関数は、多数のデータのファイルを処理する際に利用します。例えば、毎日の実験結果がパソコンに自動保存されるような場合、その日付ごとのファイル名を全て入力するのはかなり面倒な作業です。しかし、listdir 関数と今後の章で学ぶ for 文を利用すれば、データの読み書きを一括で処理するプログラムが作れます（具体例は発展課題 13.7 参照）。

8.2.4　フォルダの有無の判定

　ファイル名またはフォルダ名を指定し、その存在の有無を確認するプログラム 8.4 を作成して実行します。

◀ *List* 8.iv ▶

プログラム 8.4：フォルダの存在の確認

```
1  os.path.exists('data')
```

実行結果

```
True
```

　os.path.exists 関数は引数に指定したファイル名またはフォルダ名のいずれかが存在すれば True を表示します。いずれも存在しない場合は False を表示します。

解説 8.4　**カレントディレクトリを指定する os.chdir 関数**：ファイルパスを記述する際は入力ミスが多くなるため、カレントディレクトリの設定をお勧めします。もし、何らかの理由でカレントディレクトリの設定が変わった場合は、os.chdir(' カレントディレクトリ用のファイルパス') でカレントディレクトリを修正して実行します。

8.3　ファイルの読み込みと書き込みの方法

8.3.1　ファイルの種類

　ファイルの読み書きを試す前に、先にファイルの種類を学びます。ファイル名は「ファイルの名前.拡張子」という組み合わせで、拡張子でファイルの種別がわかるようになっています。ファイルの名前と拡張子を分けるためにドット（.）を使います。代表的なファイルの種別として次の拡張子があります。

.txt：　プレーンなテキストファイル
.csv：　カンマ区切りのテキストファイル
.xlsx：Excel ファイル
.doc：　Word ファイル
.html：HTML で作成された Web ページのファイル

.py：　　Python のスクリプトファイル
.ipynb：Jupyter Notebook のファイル
.npz：　NumPy 専用の形式
.png：　png という形式の画像ファイル
.pdf：　どのパソコンでも同じように文章や画像を表示できるファイル

8.3.2 CSV 形式のファイル

本章では上記の中から特に「.csv」を取り上げて解説します。CSV ファイルはデータ分析で使用される頻度が高い形式です。CSV はそのまま「シーエスブイ」と読みます。CSV はカンマ（ , ）で値を区切ります（図 8.5 の架空の試験結果を参照）。このファイルをメモ帳と表計算ソフトで開くと図 8.5 のようになります。

メモ帳上での表現

```
ID, Name, 国語, 数学, 英語
2017001, 斎藤, 88, 18, 59
2017002, 鈴木, 48, 81, 2
2017003, 高橋, 91, 39, 30
…, …, …, …, …
20170019, 佐藤, 72, 90, 96
20170020, 清水, 61, 29, 76
```

表計算ソフト上での表現

	A	B	C	D	E
1	ID	Name	国語	数学	英語
2	2017001	斎藤	88	18	59
3	2017002	鈴木	48	81	2
4	2017003	高橋	91	39	30
5	…	…	…	…	…
6	20170019	佐藤	72	90	96
7	20170020	清水	61	29	76

図 8.5　CSV ファイルのメモ帳上と表計算ソフト上での表現

図 8.5 の架空の試験結果ではメモ帳上と表計算ソフト上で表示が異なります。特に **CSV ファイルをメモ帳で直接表示する場合は区切り記号「,」が表示されますが、表計算ソフト上では区切り記号「,」表示されません**。これは表計算ソフトが「,」をデータ区切り記号として、データを見やすく表形式に調節するためです。

8.3.3 データファイルのダウンロードと読み込み

ファイルの読み書きの知識を活用して、図 8.5 の架空の試験結果データの点数だけを抽出した t1.csv を読み込みます。**ファイルを読み込む**とは、パソコン内にある CSV 形式や xlsx 形式などのファイルを、コンピュータプログラム上で扱えるようにすることです。本章の例であれば、CSV を読み込むとは「Python のプログラムで CSV 形式のデータを扱えるようにすること」を意味します。

まず準備として、本書で使う CSV 形式のデータファイルなどを一括してダウンロードして、先ほど作成した **data フォルダ**に保存しましょう。本書では今後、この data フォルダを、これから作成するプログラムで読み込むファイルや、処理後に書き出すファイルの置き場所として使います。図 8.6 から図 8.8 を参考に、次の手順 1 から手順 5 に従って作業します。その次にプログラム 8.5 を作成して実行しましょう。本書のサポートページ（第 1.1 節参照）にアクセス後の手順 1 から手順 5 は、図 8.6 から図 8.8 の①から⑤に対応します。

> 手順 1：「dataset のチェックマーク」をクリックします。
> 手順 2：「ダウンロード」をクリックしてデータをダウンロードします。
> 手順 3：「dataset.zip」をクリックしてエクスプローラーを開きます。

手順 4： 「dataset フォルダ」をダブルクリックします。
手順 5： 破線の dataset フォルダ内の全ファイルを、二点鎖線のような階層になるように、点線部分
　　　　の data フォルダに保存します。

図 8.6　本書に必要なファイルのダウンロード手順

図 8.7　読み書き用 data フォルダにファイル保存時の階層

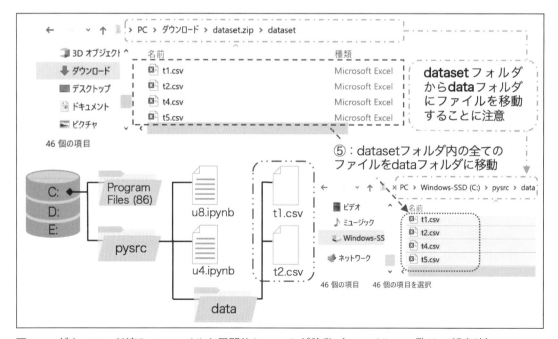

図 8.8　ダウンロード済みのファイルを展開後にフォルダ移動（ファイルの一覧は一部省略）

```
╱  List 8.v  ╲

┌─────────────────────────────────────────┬──────────────────────┐
│ プログラム 8.5：架空の試験結果データのファイルの読み込み例 │ 実行結果（一部省略）     │
├─────────────────────────────────────────┼──────────────────────┤
│ 1  import numpy as np                     │ 読み込み完了           │
│ 2  # CSV 形式のファイルを 2 次元配列として変数に代入 │                      │
│ 3  raw_data = np.loadtxt(                 │ raw_data の中身        │
│ 4    fname = 'data//t1.csv', # 相対パスの指定  │ [[88. 18. 59.]         │
│ 5    delimiter = ',', # 区切り文字の指定    │ ...                   │
│ 6    encoding = 'utf-8') # 文字コードの指定  │ [72. 90. 96.]          │
│ 7  print('読み込み完了') # 左の記述は省略可能 │  [61. 29. 76.]]        │
│ 8  print('raw_dataの中身') # 省略可能       │                      │
│ 9  print(raw_data) # 読み込んだデータを出力   │                      │
└─────────────────────────────────────────┴──────────────────────┘
```

プログラム 8.5 の np.loadtxt 関数は data フォルダにある t1.csv を 2 次元配列として変数 raw_data に代入します。np.loadtxt の fname に読み込みたいファイルのファイルパスを指定します。delimiter には値を区切る文字を指定します（解説 8.5 参照）。encoding には後で解説する**文字コード** UTF-8 を設定します。

 解説 8.5 よくある OSError：ファイルの読み込み時には「**OSError: datat1.csv not found.**」というエラーが発生することがあります。このエラーはファイルパスを間違えているか、そもそもファイルが存在しない場合によく見かけます。ファイルパスを間違えている場合はファイルパスを修正します。ファイルパスが正しいときは、指定したパスの場所にファイルがあるかどうかを確認します。よく起こるミスはファイルの保存の忘れや、「/」が一つ足りないケースです。

ファイルの読み込み後、データの種類を確認するためのプログラム 8.6 を作成して実行しましょう。

```
╱  List 8.vi  ╲

┌─────────────────────────────┬──────────────────────────────┐
│ プログラム 8.6：データの種類の確認  │ 実行結果                      │
├─────────────────────────────┼──────────────────────────────┤
│ 1  print(type(raw_data))     │ <class 'numpy.ndarray'>       │
│ 2  print(raw_data[0, 0])     │ 88.0                         │
│ 3  print(type(raw_data[0, 0]))│ <class 'numpy.float64'>      │
└─────────────────────────────┴──────────────────────────────┘
```

実行結果の<class 'numpy.ndarray'>は、変数名 raw_data に NumPy の配列が紐付いていることを示します。そのため、第 6 章や第 7 章で学んだ配列の関数を利用できることがわかります。

また実行結果の<class 'numpy.float64'>と出力されることからわかるのは、100 点満点の整数値なのに、データが 88.0 のように浮動小数点数型（float 型）として自動的に扱われています。これはプログラム 8.5 で np.loadtxt の引数 dtype の設定が省略され、デフォルト設定の dtype = 'float' として、点数が読み込まれたためです。試験結果の数値は整数型で十分であるとし、整数で扱うこととして、プログラム 8.7 のように dtype='int' を利用することにします。

> **List 8.vii**

プログラム 8.7：整数型を指定したファイルの読み込み例	実行結果（一部省略）

```
1  raw_data = np.loadtxt(fname = 'data//t1.csv',
2    delimiter = ',', encoding = 'utf-8',
3    dtype = 'int') # 整数型で読み込む指定
4  print(raw_data) # 読み込んだデータを出力
```

```
[[88 18 59]
 [48 81  2]
 [91 39 30]
...
 [72 90 96]
 [61 29 76]]
```

type 関数を使わなくても、プログラム 8.5 の実行結果の 88. は数値の最後に「.」があるので浮動小数点数型（float 型）と判断でき、プログラム 8.7 の実行結果の 88 は数値の最後に「.」がないため整数型と判断できます。

> **補足 8.3　ファイルの読み込みの参考文献**：本書では Python にもともと組み込まれているファイルの読み込み機能を利用していません。ファイルを一行一行読んだり書いたりする命令などがありますが、本書では NumPy の便利な機能を利用します。もし、Python にもともとあるファイルの読み書きを学びたい場合は文献 [23] を参照しましょう。

8.3.4　ファイルの書き込み

次にファイルへの書き込みをやってみましょう。作成した 2 次元配列を write_d.csv ファイルとして書き込むプログラム 8.8 を作成して実行しましょう。ファイルの**書き込みとはプログラム上で操作したデータを外部のファイルとして保存する**ことです。

> **List 8.viii**

プログラム 8.8：ファイルの書き込み例

```
1  raw_data = np.array([[1, 2], [3, 4]])
2  # ファイルの書き込み開始
3  np.savetxt(fname = 'data//write_d.csv', # 出力用のファイルパスの指定
4    X = raw_data, # 出力するデータの指定
5    fmt = '%0d', # 有効桁数の指定
6    delimiter = ',') # 書き込む値と値の境界を区切る記号の指定
```

> **解説 8.6　ファイルパスの指定**：ファイルパスには読者が出力したいファイル名を指定します。プログラム 8.8 は、np.savetxt 関数の引数順に解釈すると『**data フォルダに write_d.csv という名前で、2 次元配列 raw_data を、小数点以下の桁数を 0 に設定し、2 次元配列の要素の間に「,」を加えて出力しなさい**』という命令群です。そのため、fname = 'xx//yy.csv' とすれば、np.savetxt 関数は xx フォルダに yy.csv を保存します。

プログラム 8.8 の np.savetxt 関数は、**Jupyter Notebook 上に何も表示しません**。しかし、**変数 raw_data の中身を CSV 形式に変換した write_d.csv は data フォルダに出力（保存）されます**。読者はエクスプローラーを使い data フォルダに移動して「write_d.csv」

を開いてみましょう（図 8.9 参照）。

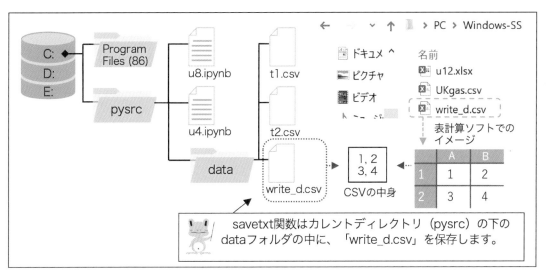

図 8.9　ファイルを書き込んだ際のフォルダの階層構造の変化

np.savetxt 関数の引数 fname は書き込み用のファイルパスを指定します。引数 X は書き込む変数名を記入します。引数 fmt は小数点以下の桁数（例えば、fmt='%.5e' は桁数 5 桁）、引数 delimiter は区切り記号を記述します。

8.4　ファイル操作時のエラー

ファイルの読み込みに関して、読者がよく起こすエラー例を *List* 8.ix から *List* 8.xiii に示します。プログラミングに慣れた人でも、初めて扱うファイルからデータを読み込む場合には、こうしたエラーに遭遇して試行錯誤することが珍しくありません。今後、読者が自分で何らかのデータ分析を自力で行う場合の訓練として、*List* 8.ix から *List* 8.xiii までやってみましょう。**実行結果と同じエラーが出力されたら、解説へ読み進め、トラブル処理まで実践しましょう。**

　　解説 8.7　データ分析とエラー処理の関係：エラーばかり出る本章は、読者からの質問も多く出て不人気です。しかし、本書で扱うファイル操作はデータ分析などで行われる「**外部のファイルを操作する基礎**」です。そのため、特に本章で丁寧にエラーの対処方法を説明します。実際にデータが読み込めないと、本章の後半部分のようにいろいろな不都合が起こるからです。頑張って読み進めましょう。

8.4.1　文字列型と数値型が混在するファイルの読み込み

文字列型と数値型が混在するファイルの読み込みエラーとして、プログラム 8.9 を試してみましょう。

List 8.ix

プログラム 8.9：文字列型と数値型が混在するファイルの読み込みエラー例

```
1  raw_data = np.loadtxt(fname = 'data//t2.csv',
2      dtype = 'int', delimiter = ',' ,encoding = 'utf-8')
3  print(raw_data)
```

実行結果（エラーが出力されます。一部省略)

```
ValueError          Traceback (most recent call last)
...
ValueError: invalid literal for int() with base 10: 'あ'
```

プログラム 8.9 では t1.csv の先頭の数値を日本語の' あ' に書き換えた t2.csv を読み込もうとしています。しかし、1 種類の型しか扱えない配列のため、実行結果のようなエラーが起こります。

このエラーを回避するために、数値を文字列型として扱う指定（dtype='str'）を加えて対処します。このプログラム 8.10 を作成して実行しましょう。

List 8.x

プログラム 8.10：文字列型と数値型が混在するファイルの読み込み

```
1  raw_data = np.loadtxt(fname = 'data//t2.csv',
2      dtype = 'str', #  文字列型に変更
3      delimiter = ',', encoding = 'utf-8')
4  print(raw_data)
```

実行結果（一部省略)

```
[['あ' '18' '59']
 ['48' '81' '2']
...
 ['61' '29' '76']]
```

プログラム 8.10 ではエラーが起きません。しかし、数値として読み込みたい 48 が、'48' のように文字列になってしまいます。このように NumPy の配列だけでは十分にデータを扱えないことがあります。次の章で様々な形式のデータを扱えるpandas（パンダス）のデータフレームを学ぶと、この問題を解決できますので、心配は無用です。でもその前に、もう少しファイルの読み書きでよく遭遇するエラーを知りましょう。

8.4.2　文字コードが異なるファイルの読み込み

Python でファイル読み込みを行うとき、日本語を含むデータファイルでよく起こるエラーが「**文字コード**」によるトラブルです。Python では多くの場合、UTF-8 という文字コードで日本語を扱うようになっています。ところが Windows の標準日本語コードを使うパソコンでは、シフトJIS（ジス）（または CP 932（シーピー））のような異なる文字コードを使っていることがあり、そのために読み込みエラーによく遭遇します。

まず UTF-8 コードで作成した t2.csv を、あえてエラーが起こるようにシフト JIS コードに変換した t4.csv を読み込むプログラム 8.11 を体験してみましょう。

読者がもし data フォルダにダウンロードした CSV ファイルを一度、Excel で開いて、保

存した場合、文字コードがシフト JIS に変わったファイルが保存されます。このようなとき、プログラム 8.11 のようなエラーに遭遇しますので、第 8.3.3 項に戻り、データファイルを再度ダウンロードして指定のフォルダに保存すると解決する場合があります。

List **8.xi**

プログラム 8.11：デフォルトの文字コード以外を読み込む際のエラー

```
1  raw_data = np.loadtxt(fname = 'data//t4.csv', delimiter = ',', dtype = 'str',
2     encoding = 'utf-8') # 文字コードutf-8の指定
3  print(raw_data)
```

実行結果（エラーが出力されます。一部省略）

```
UnicodeDecodeError    Traceback (most recent call last)
...
UnicodeDecodeError: 'utf-8' codec can't decode byte 0x82 in position 0:
   invalid start byte
```

8.4.3　日本語と文字コード

コンピュータは Python のソースコードを機械語に翻訳してから実行しました。それと同じように、コンピュータは、人が読み書きする日本語の文字を、その文字の形（例えば「あ」）のまま扱わず、コンピュータ内の処理でも用いる符号（コード）で管理します。

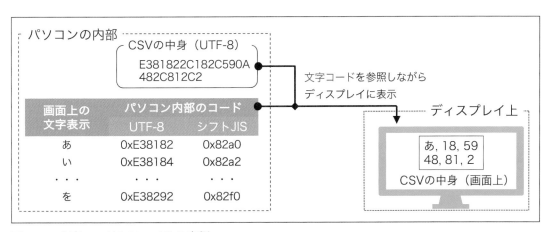

図 8.10　文字コードとファイルの裏側

Windows の場合、日本語の文字を扱うためには文字コード「**シフト JIS**」（別名ANSI）をデフォルトで利用します（Python で指定する場合は CP982 または shift_jis）。しかし、**Python はUnicodeの文字コード「UTF-8」の利用がデフォルト**です。そのため Windows で日本語の文字を扱う場合は、文字コードの違いからプログラム 8.11 の実行結果のエラーがよく起こります。

エラーメッセージ『ファイルの先頭で UTF-8 では翻訳できない 0x82 から始まるコードがあります』を解釈しましょう。UTF-8 の「あ」は「0xE38182」と定められています。シフト JIS の「あ」は「0x82a0」と定められています。そのため、本来は「0xE38182」であれば問題なく UTF-8 の文字列を翻訳できる Python のインタープリタは、「0x82」が変換できず、**UnicodeDecodeError**（UTF-8 から日本語の文字への変換エラー）を出力します。

こうしたトラブルは、ファイルの読み込み時に文字コードの種別を指定することで回避できます。文字コードを指定しながら読み込む設定をしたプログラム 8.12 を作成して実行しましょう。

List 8.xii

プログラム 8.12：文字コード指定とエラーの回避

```
1  raw_data = np.loadtxt(fname = 'data//t4.csv',
2      delimiter = ',' ,dtype = 'str',
3      encoding = 'shift_jis') # 文字コードを変更
4  print(raw_data)
```

実行結果

```
[['あ' '18' '59']
 ['48' '81' '2']
...
 ['61' '29' '76']]
```

プログラム 8.12 の 3 行目の引数 encoding は読み込むファイルの文字コードを指定します。通常は encoding = 'utf-8' を指定し、UTF-8 のファイルを読み込む設定にします。もし UnicodeDecodeError が発生したら（ファイル内に日本語がある場合）、encoding = 'shift_jis' を指定してシフト JIS のファイルを読み込む設定に変更します。

8.4.4 不完全なファイルの読み込み

ファイルを読み込む際には、正しいプログラムであってもデータの欠損などでエラーが出力されることがあります。試しに、CSV 形式のファイルにデータの欠損がある t5.csv を読み込むプログラム 8.13 を作成して実行しましょう。

List 8.xiii

プログラム 8.13：CSV の形式が整っていないために起こるエラー

```
1  raw_data = np.loadtxt(fname = 'data//t5.csv', # 欠損のあるファイルを読み込む
2      delimiter = ',', encoding = 'utf-8') # 指定はUTF-8のまま
```

実行結果（エラーが出力されます）

```
ValueError   Traceback (most recent call last)
...
ValueError: Wrong number of columns at line 2
```

実行結果のエラーは、t5.csv の 2 行目に「,」が不足しているために起こります。t5.csv に「,」を加えて、問題なくファイルを読み込めるか CSV ファイルをメモ帳などで修正して、再度読み込みを行ってみると良いでしょう。

8.5 課題

基礎課題 8.1

次の設問に答えなさい。

問1： 図 8.8 を参考に、t1.csv の絶対パスを答えなさい。
問2： 絶対パスと相対パスの違いを答えなさい。
問3： なぜ「相対パスを使用する方が汎用性の高いプログラムが作れる」といわれるのか、その理由をあげなさい。

基礎課題 8.2

次の step1 から step6 の指示に従い、ファイルを読み書きしながら、data3.csv を作成しなさい。最終的には data3.csv の中身は整数型の数値 20 から 58 を含む 2 次元配列になります。課題のヒントとして図 8.11 に data1 と data2、data3 の print を用いた出力結果を示します。

step1： 0 から 19 までの整数値を持つ 2 次元配列を生成し、その 2 次元配列を CSV 形式の data1.csv として出力しなさい。
step2： 20 から 39 までの整数値を持つ 2 次元配列を生成し、その 2 次元配列を CSV 形式の data2.csv として出力しなさい。
step3： step1 で作成した data1.csv のファイルを読み込み、変数 data1 に代入しなさい。
step4： step2 で作成した data2.csv のファイルを読み込み、変数 data2 に代入しなさい。
step5： 変数 data1 と変数 data2 を加算し、変数 data3 に代入しなさい。
step6： 整数型の変数 data3 を data3.csv として出力しなさい。

```
print(data1)

[[ 0  1  2  3  4]
 [ 5  6  7  8  9]
 [10 11 12 13 14]
 [15 16 17 18 19]]
```

```
print(data2)

[[20 21 22 23 24]
 [25 26 27 28 29]
 [30 31 32 33 34]
 [35 36 37 38 39]]
```

```
print(data1 + data2)

[[20 22 24 26 28]
 [30 32 34 36 38]
 [40 42 44 46 48]
 [50 52 54 56 58]]
```

図 8.11　課題ヒント：data1 と data2 の中身と加算結果（data3）

基礎課題 8.3

次の設問に答えなさい。

問1： ファイル読み込み時に起こる「ValueError: invalid literal for int() with base 10: 'あ'」のエラーの原因として考えられることを、本章で学んだことに即してあげなさい。
問2： 「UnicodeDecodeError: 'utf-8' codec can't decode byte 0x82 in position 0: invalid start byte」のエラー原因について、本章に即して説明しなさい。

基礎課題 8.4

ここでは、文字コードが異なる、CSV ファイルをメモ帳などで作成し、Python で読み込む練習をします。step1 から step5 に従って CSV ファイルを作成しなさい。

step1： 1 行目に 1, 2 と記述しなさい。
step2： 2 行目に 3, 4 と記述しなさい。
step3： ファイルを保存する際に、ファイルの種類を「全てのファイル」に指定しなさい。ただし、Mac のテキストエディタではこのような指定はありません。
step4： 文字コードを UTF-8 と指定しなさい。
step5： ファイル名を「u8_utf8.csv」として保存しなさい。

以上の操作を参考に文字コードを shift-jis（別名 ANSI）に指定した同じデータの u8_sj.csv を作成しなさい。その操作後、u8_utf8.csv と u8_sj.csv のファイルを 2 次元配列として読み込み、画面に出力するプログラムを作成しなさい。

発展課題 8.5

二つのファイルを読み込むためのプログラム 8.14 の 12 行目と 13 行目に新たに命令を追加して完成させなさい。すでにプログラム 8.14 の 3 行目では、listdir 関数を用いて二つのファイル sub_data1.csv と sub_data2.csv のファイルパスを取得して変数 filepass に代入してあります。filepass[0] の中身である sub_data1.csv のファイルパスを利用して、プログラム 8.14 の 8 行目では、sub_data1.csv を行列として読み込み、その行列を 9 行目で出力しています。この 8 行目と 9 行目を参考に、12 行目では sub_data2.csv のファイルを読み込む命令、13 行目では読み込んだファイルを画面に出力する命令を追加しなさい。

その後、次の二つのファイル 'sub_data1.csv' と 'sub_data2.csv' の絶対パスを答えなさい。

```
╭───────◀ List 8.xiv ▶───────╮
```

プログラム 8.14：listdir 関数の利用例

```
1   import os, numpy as np # import の省略形
2   # すでにダウンロード済みの subdir フォルダ内のファイル、またはフォルダの一覧を取得
3   filepass = os.listdir('data//subdir')
4   print('subdirフォルダには', filepass, 'が含まれています。')
5   # 1次元配列のようにfilepass[x]の要素番号 x を指定して、一つのファイル名を取得
6   print('読み込むfilepass[0]は', filepass[0], 'です。')
7   # filepass[0]のファイル名を利用したファイルパスのデータを読み込む
8   data0 = np.loadtxt(fname = 'data//subdir//' + filepass[0], delimiter = ',', encoding
        = 'utf-8')
9   print(data0)
10
11  print('読み込むfilepass[1]は', filepass[1], 'です。') # 別のファイル名を指定
```

実行結果

```
subdir フォルダには ['sub_data1.csv', 'sub_data2.csv'] が含まれています。
読み込む filepass[0] は sub_data1.csv です。
[[48. 81. 2. ]
 [91. 39. 30. ]
 [26. 33. 28. ]]
読み込む filepass[1] は sub_data2.csv です。
```

9 条件分岐の基礎

　条件分岐について学びます。条件分岐とは、プログラム内で条件を設定し、その条件ごとに満足する場合としない場合で、それぞれ別に処理を行うように分岐をさせることです。例えば、家族に「雨が降っているならば、傘を持ってきて」とお願いしたときを考えます。雨が降っていれば、条件を満たしているので傘を持ってきてもらえますが、雨が降っていなければ条件を満たしていないので傘を持ってきてもらえません。このように、条件次第で処理を分岐させ、異なる処理を行うことができます。まず条件分岐のあるプログラムの流れをフローチャートで表現するので、これで Python の if 文の命令（if, elif, else）を図解して理解しましょう。

9.1　条件分岐の利用

　前章まではプログラミングの原則から「コンピュータは人間が記述した命令を順番に処理する」だけでした。本章では「もし ○○ ならば 〜 しなさい。○○でないならば ×× しなさい。」というプログラムを作成します。このような条件により分岐するプログラムの作成には、本章で紹介する if 文と呼ぶ条件分岐の構文を使います。

9.1.1　条件分岐のフローチャート

　条件分岐の流れを図解するために、与えられた文字列が小文字の'a' か大文字の'A' かを判定する処理の流れを図 9.1 に示します。このような図 9.1 を**フローチャート**（補足 9.1 参照）と呼びます。

> **補足 9.1　フローチャートの主な記号と名前**：矢印は処理の流れを表します。角丸の長方形は**端子**と呼び、プログラムの開始または終了を表します。長方形は**処理**と呼び、代入などの何らかの処理を表します。ひし形は**条件**と呼び、それには条件分岐を記述します。一方が三角で、一方が丸い四角は、**表示**と呼び、出力する内容を表します。ただし本書では、掲載したプログラムで実行されない処理の流れを破線で表します。例えば、図 9.1 の破線で表されている部分は、プログラム 9.1 では実行されない処理です。フローチャートはプログラムを作成するときに、処理の順番を視覚的に整理する際によく作成されます。

　図 9.1 のフローチャートは、太線の図形と太線の矢印に沿って処理が進みます。処理 1 から処理 6 は図 9.1 の①から⑥に対応します。

処理 1 :　プログラムの実行開始（処理の開始）を表します。
処理 2 :　文字列'a' を変数 word に代入します。
処理 3 :　変数 word の中身が大文字'A' であるかを判定します。変数 word の中身が大文字'A' でないため No に進みます。このように**ひし形は記述された質問（条件）により分岐するプログラムの流れ**を表し、その条件が**正しければ Yes**、**正しくなければ No** に進みます。
処理 4 :　変数 word の中身が小文字'a' であるかを判定します。変数 word の中身が小文字'a' である

ため Yes に進みます。

処理 5： 文字列として小文字'a' を出力します。

処理 6： プログラムの実行終了（処理の終了）を表します。

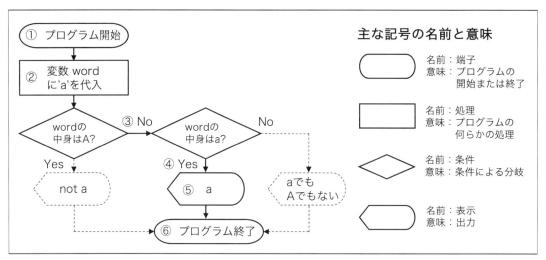

図 9.1　大文字と小文字の変換プログラムの流れと記号の意味

　以上のように、変数 word に設定した文字列の値により 3 種類の処理に分岐します。具体的には print('not a')、print('a')、print('a でも A でもない') の処理です。

9.1.2　条件分岐とインデント

　Python では**ソースコード内の各行頭にある文字の位置**に重要な意味があります。if 文の構文は複数行にわたるため、条件により分岐する命令のまとまり（**ブロック**）が何行目から何行目までかを示すため、各行で**命令の冒頭の位置**を調整します。

　行頭の文字の位置は、**行頭に空白を挿入し、文字の位置を右に押し出して他の行よりも下げた位置にするインデント（字下げ）**により調整します。インデントは命令を一つの**ブロック**（または**スコープ**）として扱う特殊な記号です。このインデント（字下げ）を行うには、インデントを行う行頭で**Tabキー**を押します。

　以上を図解で理解するために、図 9.1 のフローチャートの流れのとおりに、if 文の if，elif，elseを使う条件分岐のプログラム 9.1 を例に説明します。プログラム 9.1 の 4 行目、6 行目、8 行目の print の前には、インデントとして半角 4 文字分の空白が挿入されています。9 行目にはインデントがないため、3 行目から 8 行目が if 文の一つの処理のブロックになります。

　インデントは「**ソースコードの記述量を減らし、可読性を高めるため**」の Python ならではの特徴です。他のプログラミング言語では、インデントの代わりに括弧や英単語（End If）などを利用するため、多くの入力が必要です。ただし、Python の各行頭以外の半角空白は、引用符に囲まれていない限り、意味を持ちません。行頭以外はプログラムの読みやすさを考えて半角空白を利用します（例えば、word=='A' よりも word == 'A' の方の可読性が高い）。

　それでは実際に、インデントのための **Tab キーを 1 回押すこと**を忘れずに、プログラム

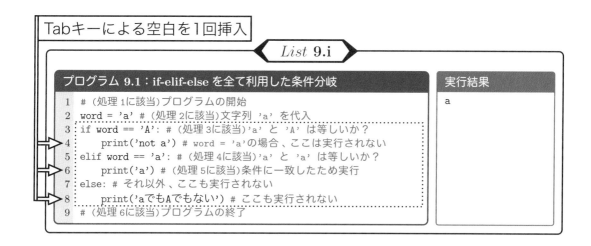

Tabキーによる空白を1回挿入

List **9.i**

プログラム 9.1：if-elif-else を全て利用した条件分岐

```
1  # （処理1に該当）プログラムの開始
2  word = 'a' # （処理2に該当）文字列 'a' を代入
3  if word == 'A': # （処理3に該当）'a' と 'A' は等しいか？
4      print('not a') # word = 'a'の場合、ここは実行されない
5  elif word == 'a': # （処理4に該当）'a' と 'a' は等しいか？
6      print('a') # （処理5に該当）条件に一致したため実行
7  else: # それ以外、ここも実行されない
8      print('aでもAでもない') # ここも実行されない
9  # （処理6に該当）プログラムの終了
```

実行結果

```
a
```

9.1 を作成して実行しましょう。プログラム 9.1 では図 9.1 の太線の矢印に沿って処理が進むため、4 行目と 7 行目、8 行目（図 9.1 の破線）は実行されません。if 文はプログラムに複数の分岐を作ることで複数の処理の流れ、特に条件次第では実行しない命令を含んだプログラムを作ることができます。このような意味で **if 文でプログラムの流れを制御できます**。

プログラム 9.1 の処理の流れに注意し、2 行目の word の中身を 'a' から 'A' と変更して（つまり、word == 'a' を word == 'A' に変更）、'not a' の出力を確認しましょう。同様に、word の中身を 'B' に変更して文字列 'a でも A でもない' と出力されることを確認しましょう。

解説 9.1　入力ミスによるエラー：条件分岐を記述するときに、「SyntaxError: invalid syntax」がよくみられました。ほとんどの場合、「:」の記述忘れ、または「=」が一つ足りないことが原因です。また、本章の if 文と次章の for 文では、Tab キーが余計に挿入されている場合に発生する「IndentationError: unexpected indent」をよく見かけます。Python から『**Tab キーによる空白を使ってプログラムのインデント（字下げ）を綺麗に揃えてね！**』と叱られているような状態です。逆に、「IndentationError: expected an indented block」のエラーは、本来あるべきところに Tab キーがない場合に発生します。

9.1.3　処理の流れの制御

プログラム 9.1 を実行した読者は変数 word の値の変化により、実行されない命令がプログラム中に含まれることを体験しました。コンピュータに処理の流れを変えさせるためには、if や for などの予約語を活用します。if 文では **比較演算子を含む条件式** が成立するかどうかで、プログラムの流れを変えるかを判定します。

例えば、プログラム 9.1 の **条件式の一つ** は word == 'A' です（== が比較演算子）。word == 'A' は word の中身と 'A' が等しいかどうかを比較します。変数 word が 'A' のとき、Python のインタープリタは条件式を正しい（True）と評価します。具体的には、条件式（word == 'A'）が True となることで、**「if word == 'A' :」は「if True :」と評価** されます。この場合に限り、図 9.1 のフローチャートの word == 'A' のひし形の Yes の流れを通り、print('not a') を実行します。このように **if は条件式が正しいか、正しくないか、すなわち True か False のどちらに評価されるかで、進む方向を決定** します。

解説 9.2　条件文の用語：「もし 〇〇 ならば 〜 しなさい」を**条件文**と呼びます。条件文の具体例は「もし変数 word の中身が'A' ならば not a を出力しなさい」です。この条件文の中の「もし変数 word の中身が'A' ならば」が条件式に相当します。その条件式が正しいこと（つまり変数 word の中身が'A'）は「**条件式が成立する**」や「**条件式が真（True）になる**」といいます。逆に条件式が正しくないときは「**条件式が偽（False）になる**」といいます。コンピュータの中での条件式は最終的に True か False の真偽値で扱われます。

9.2　条件分岐による成績判定の実装

それでは実際に、学生の成績を評価し合否を判定するプログラムを作成します。ここでは、if だけを使うプログラムから if-elif-else を使うプログラムを作成します。

9.2.1　最も単純な条件分岐

ここでは、条件文「もしある学生の点数が 60 点以上ならば、その学生に単位取得（合格）を通知する」をソースコードとして作成します。その際にはコンピュータがわかるように、その条件文を「条件式」と「条件により実行される処理」の二つの命令に書き分けます。

より具体的には**「もしある学生の点数が 60 点以上ならば」というような条件式**と**「その学生に合格と通知する」という処理**を if 文に変換します。この例のプログラム 9.2 を作成して実行しましょう。

List 9.ii

プログラム 9.2：最も単純な条件分岐	実行結果
1　grade = 65 # ある学生の点数が 65 点であると設定 2　if grade >= 60: # grade の中身が 60 以上かどうか 3　　　print('合格') # 60 以上なので合格と出力	合格

プログラム 9.2 の処理の流れを図 9.2 に示します。変数 grade はある学生 A の点数 65 点を紐付けている変数と解釈します。そうすると、2 行目と 3 行目では変数 grade の中身 65 が 60 以上であるため、合格と出力します。もし、grade = 55 の場合は図 9.2 の条件（ひし形）から No を通るため（プログラムでは何も記述されていないため）、何も実行されません。

条件分岐の最も単純な構文を、次に示します。

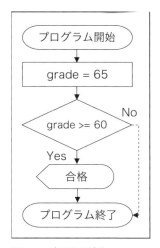

図 9.2　処理の流れ

構文：最も単純な条件分岐

if 条件式 1:
　　　処理 1(条件式 1 が正しいときのみ実行される命令群)

　if 文は if から始まり、if と : の間に条件式 1 を記述します。処理 1 の□□□には Tab キーによりインデントを挿入します。その後、処理 1 を記述するため、処理 1 は条件式 1 に対応した処理のブロックとして関連付きます。このため、**処理 1 には複数行の命令を記述できます**。

　最も単純な if 文の処理の手順は、まず条件式 1 を評価して、正しい（True）かまたは正しくない（False）かを決めます。条件式 1 が**正しいときのみ処理 1 が実行**され、**正しくないときは何も実行されません**。

9.2.2 　比較演算子と論理式を用いる条件式

　条件分岐により様々な機能の実現には、条件式に書く**比較演算子**と**論理式**を組み合わせます。比較演算子と論理式の例は、以下の 6 種類です。

表 9.1　比較演算子と論理式の例と意味

比較演算子	論理式	意味
==	$a == b$	a と b の値が等しいなら論理式が True、それ以外なら False となる
!=	$a != b$	a と b の値が等しいなら論理式が False、それ以外なら True となる
>=	$a >= b$	a が b 以上であるなら論理式が True、それ以外なら False となる
>	$a > b$	a が b 超過であるなら論理式が True、それ以外なら False となる
<=	$a <= b$	a が b 以下であるなら論理式が True、それ以外なら False となる
<	$a < b$	a が b 未満であるなら論理式が True、それ以外なら False となる

　表 9.1 の比較演算子の中から、比較演算子と論理式の具体的な使い方を学ぶためにプログラム 9.3 からプログラム 9.5 を作成して実行しましょう。変数 a と変数 b の中身は同じであるため論理式 a == b が真になり、プログラム 9.3 では True を出力します。比較演算子 ! = は変数 a と変数 b の中身が異なるときのみ True となるため、プログラム 9.4 では False を出力します。変数 a と変数 b の型の種類が異なるため、プログラム 9.5 では False を出力します。

List 9.iii

プログラム 9.3：比較例 1
```
1  a = b = 10
2  print(a ==  b)
```

比較例 1 の実行結果
```
True
```

プログラム 9.4：比較例 2
```
1  a = b = 10
2  print(a != b)
```

比較例 2 の実行結果
```
False
```

プログラム 9.5：比較例 3
```
1  a, b = 10, '10'
2  print(a == b)
```

比較例 3 の実行結果
```
False
```

このように条件文の条件式が True か False のどちらの値を取るかを考えることで、どのようにプログラムの流れを操作するのかを考えます。

9.2.3 理解度チェック：条件分岐の基本

if 文は読者がつまずきやすいポイントです。そのため、読者は練習問題を解いて理解度を確認して進みましょう（解答例は課題の前に掲載）。

練習問題 9–1：条件式の変更例

次のようにプログラム 9.2 を変更しましょう。

手順 1：条件式を「学生の点数が 80 点以上ならば」に変更しましょう。
手順 2：合格を出力するように 1 行目の grade の値を変更しましょう。

練習問題 9–2：不合格を通知するプログラムに変更

次のようにプログラム 9.2 を変更しましょう。

手順 1：grade の値を 40 に変更しましょう。
手順 2：条件式を「学生の点数が 60 未満ならば」に変更しましょう。
手順 3：print(' 合格') を print(' 不合格') に変更しましょう。
手順 4：インデントと揃えながら、print(' 不合格') の次の行に print(' 再試験対象です。') を追加して実行しましょう。

 解説 9.3　試行錯誤の重要性：条件分岐をしっかりと理解するために、あえてエラーを起こしたり、こんな値に変更してみたらどうなるだろう、と試行錯誤しながらプログラムで遊んでみましょう。このような試行錯誤は、プログラミングの技能を習得するとき、遠回りに思えるかもしれません。しかし、プログラミングでは、こうした試行錯誤で命令の使い方を具体的に知ることが、上達の近道です。これをしないプログラマーほど「教科書をなぞるのは簡単だけど、応用はできない」とつぶやきます。

9.2.4 条件が正しくないときの処理を加えた条件分岐

プログラム 9.2 では、条件が正しくないときの処理は記述しませんでした。つまり、不合格の場合は何も通知されないプログラムでした。これを改善するために、else を加えたプログラム 9.6 を作成して実行しましょう。

List 9.iv

プログラム 9.6：else を加えた条件分岐

```
1  grade = 65 # ある学生 A の成績
2  if grade >= 60: # 点数が 60 以上か？
3      print('合格') # 60 点以上のときは実行
4  else: # それ以外のとき
5      print('不合格') # それ以外のときは実行
```

実行結果

合格

プログラム 9.6 の処理の流れを図 9.3 に示します。
プログラム 9.2 に else を加えると「ある学生の点数が
60 点以上ならば」という条件式 1 （grade >= 60) が
正しくない（False）ときに、実行する処理をプログラ
ムに加えることができます。プログラム 9.6 には「そ
れ以外のとき、不合格を通知する」という処理を加え
ました。

図 9.3 の破線はプログラム 9.6 では実行されない
処理の流れです（次の理解度チェックで確認しま
しょう）。

else を用いる条件分岐の構文を、次に示します。

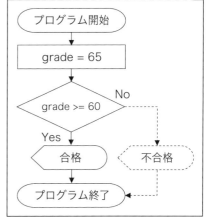

図 9.3 else を加えた処理の流れ

構文：else を加えた条件分岐の構文

if 条件式 1:
⌐‐‐┐処理 1 (条件式 1 が正しいときのみ実行される命令群)
else:
⌐‐‐┐処理 2 (条件式 1 が正しくないときのみ実行される命令群)

最も単純な条件分岐の構文に「else:」を追加します。「else:」の後に、Tab キーによるイン
デントを⌐‐‐┐に加えて記述した処理 2 は**条件式 1 が正しくないときのみ実行されます**。条件
式 1 が正しいときには、else は実行されないため注意が必要です。

9.2.5　理解度チェック：else を加えた条件分岐の基礎

練習問題 9–3：処理 2 を通るように変更

プログラム 9.6 で不合格を出力するように変更しましょう。

❚ 手順 1： grade = 40 と変更して実行しましょう。

練習問題 9–4: 意図しない条件分岐の体験

プログラム 9.6 を変更しましょう。プログラマーは「点数が 90 点なので合格と出力」とい
う意図でプログラム 9.6 を作成しましたが、この練習問題では、手順 2 で条件式を「もしあ
る学生の点数が**60 点以下**ならば」という条件に変更します。比較演算子（>= や <=）の記
述を少し間違えただけで、意図したものとは全く異なるプログラムになってしまいます。条
件分岐のミスは、エラーメッセージが出ないにもかかわらず「プログラムが想定通りに動作
をしない」といった、たいへん見つけにくいバグをよく引き起こします。

❚ 手順 1： grade = 90 と変更
❚ 手順 2： 条件式の >= を <= に変更して実行しましょう。

9.2.6 else と elif を加えた条件分岐

これまでに「もしある学生の点数が 60 点以上ならば合格を通知し、それ以外なら不合格と通知する」という二つの流れのあるプログラムを作成しました。次にこれを改善し、学生の点数に対して評価 S から評価 D のいずれかを通知するために elif と else を加えたプログラム 9.7 を作成して実行しましょう。

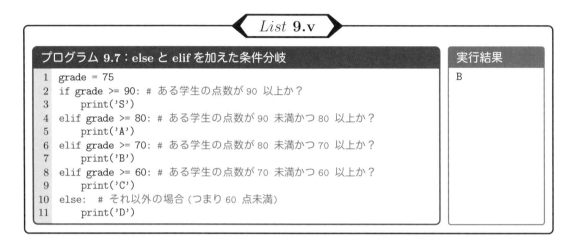

List **9.v**

プログラム 9.7：else と elif を加えた条件分岐	実行結果

```
1  grade = 75
2  if grade >= 90: # ある学生の点数が 90 以上か？
3      print('S')
4  elif grade >= 80: # ある学生の点数が 90 未満かつ 80 以上か？
5      print('A')
6  elif grade >= 70: # ある学生の点数が 80 未満かつ 70 以上か？
7      print('B')
8  elif grade >= 60: # ある学生の点数が 70 未満かつ 60 以上か？
9      print('C')
10 else:  # それ以外の場合 (つまり 60 点未満)
11     print('D')
```

実行結果: B

プログラム 9.7 は学生の点数に対して、次の条件に従い成績を評価します。

条件1（2行目と3行目）： 学生の点数が 90 以上ならば評価「S」とする。
条件2（4行目と5行目）： 上記を満たさないため（90 未満）80 以上ならば評価「A」とする。
条件3（6行目と7行目）： 条件1と2を満たさないため（80 未満）70 以上ならば評価「B」とする。
条件4（8行目と9行目）： 条件1と2、3を満たさないため（70 未満）60 以上ならば評価「C」とする。
それ以外（10行目と11行目）： それ以外ならば評価「D」とする。

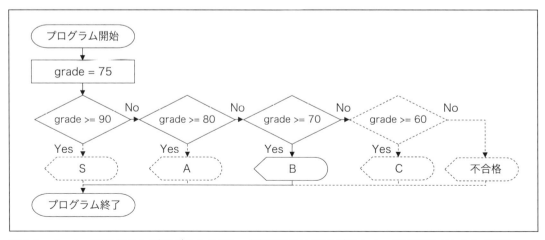

図 9.4 else と elif を加えたプログラムの流れ（破線部分はプログラム 9.7 では実行されない処理）

プログラム 9.7 の流れを図 9.4 と一緒に確認しましょう。まず、2 行目の条件式は False に

なり、print('S') の実行がスキップされます。次に、4 行目の条件式も False になり、print('A') の実行がスキップされます。ようやく、6 行目の条件式が True になるため、 print('B') が実行されます。8 行目以降はスキップされ、条件分岐の処理が終了します。

else と elif を加えた条件分岐の構文を、次に示します。

構文：else と elif を加えた条件分岐の構文

if 条件式 1:
␣␣␣␣処理 1(条件式 1 が正しいときのみ実行される命令群)
elif 条件式 2:
␣␣␣␣処理 2(条件式 2 が正しいときのみ実行される命令群)
elif 条件式 3:
␣␣␣␣処理 3(条件式 3 が正しいときのみ実行される命令群)
elif 条件式 4:
␣␣␣␣処理 4(条件式 4 が正しいときのみ実行される命令群)
else:
␣␣␣␣処理 5(条件式 1 から条件式 4 までが正しくないときに実行される命令群)

この構文のように elif とその処理のブロックは、if と else の間に複数記述ができます。この構文は、上から順に条件式 1, 条件式 2, ..., の順で処理されます。ただし、条件式が満たされた場合は、それ以降の条件式の評価や else の処理は実行されません。

　　　解説 9.4　if-else-elif の組み合わせ：ここで初学者がよく陥るミスがあります。if と elif、else の三つの文を使う場合、elif は if または elif の記述後のみ利用でき、else は if または elif の記述後のみ利用できます。**if-else-elif のような順番での組み合わせでは利用できないことに注意してください。**

9.2.7　理解度チェック：else と elif を加えた条件分岐の基礎

練習問題 9–5：パターンを網羅しながら出力
　プログラム 9.7 を、次のように出力できるように変更しましょう。

▌ 手順 1：'S', 'A', 'C', 'D' を出力できるように、grade の中身を変更して実行しましょう。

9.2.8　複雑な条件の作成に必要な論理積と論理和

　複雑な条件を用いてプログラムの流れを制御する場合には、論理式と論理式を結ぶ**論理演算子 and または or** を利用します。 論理積 （and） は「論理式 1 and 論理式 2」と利用します。論理和 （or） は「論理式 1 or 論理式 2」と利用します。同様に「論理式 1 and 論理式 2 or 論理式 3」とも利用可能です。
　論理積 （and） は**全ての論理式が True の場合に限り、True を返します**。論理演算子 （and） を利用したプログラム 9.8 を作成して実行しましょう。

プログラム 9.8 は「tmp の中身が 10 以下、かつ、tmp の中身が 5 以上」かどうかを判定します。例えば、2 行目の tmp <= 10 は True, tmp >= 5 は True と評価されるため、「True and True」となり、最終的な評価は True となります。

論理和（or）はいずれかの論理式が True の場合に、True を返します。論理演算子（or）を利用したプログラム 9.9 を作成して実行しましょう。

List **9.vii**

プログラム 9.9：or の実行結果の違い	実行結果
| ```
1  tmp = 10
2  print(tmp <= 10 or tmp >= 5)
3  tmp = 11
4  print(tmp <= 10 or tmp >= 5)
5  tmp = 4
6  print(tmp <= 10 or tmp >= 5)
``` | ```
True
True
True
``` |

プログラム 9.9 は「tmp の中身が 10 以下、または、tmp の中身が 5 以上」かどうかを判定します。例えば、4 行目の tmp <= 10 は False, tmp >= 5 は True と評価されるため、「False or True」となり、最終的な評価は True となります。

9.2.9　理解度チェック：論理積の基礎

練習問題 9–6：論理積の具体例

「grade の中身が 100 点以下、かつ、grade の中身が 90 点以上」かどうかを判定するプログラムを作成しましょう。

9.3　条件分岐の応用

9.3.1　操作ウィンドウとキーボード入力に応じる条件分岐

第 4 章の発展課題 4.6 では非常に簡易的で対話的な応答システムを作成しました。しかし、第 4 章のシステムでは入力した内容に合わせて会話ができません。そこで、条件分岐を使って入力された挨拶に応じて、応答するプログラム 9.10 を作成しましょう。このプログラムは画面に実行途中や実行結果のような**ダイアログボックス**を表示します。実行する際には、

ダイアログボックスに最初に名前を入力し、OK ボタンを押しましょう。その後、「おはよう」、または、「こんにちは」、「こんばんは」のいずれかをダイアログボックスに入力して、OK ボタンを押しましょう。turtle グラフィックスと同様に、Jupyter Notebook のウィンドウの後ろに、ダイアログボックスのウィンドウが隠れて見えないことがあるので、気をつけましょう。

List **9.viii**

プログラム 9.10：条件分岐する対話的な応答システム

```
1   from tkinter import Tk # ウィンドウなどを出すために必要な命令
2   import tkinter.simpledialog as sg, tkinter.messagebox as mx
3   root = Tk() # 描画を制御する命令
4   root.withdraw() # 余計なウィンドウを出さないための命令
5   # 入力画面を描画して、name に名前、data に挨拶を代入
6   name = sg.askstring('ELIZA:', 'あなたの名前を入力してください')
7   data = sg.askstring('ELIZA:', '現在の時刻に合わせた挨拶を入力')
8   # 入力内容を使いダイアログボックスを通してメッセージを出力
9   mx.showinfo('ELIZA:', (data, name, 'さん。'))
10  # 入力内容ごとに応じてあらかじめ設定したメッセージを出力
11  if data == 'おはよう': # 入力が 'おはよう' の場合
12      mx.showinfo('ELIZA:', (name, 'さん。', '朝食は食べましたか?'))
13  elif data == 'こんにちは': # 入力が 'こんにちは' の場合
14      mx.showinfo('ELIZA:', (name, 'さん。', 'お昼に行きましょう'))
15  elif data == 'こんばんは': # 入力が 'こんばんは' の場合
16      mx.showinfo('ELIZA:', (name, 'さん。', '今日もお疲れ様。'))
17  else: # それら以外の場合の処理
18      mx.showinfo('ELIZA:', (name, 'さん。', '何か言いましたか?'))
19  root.destroy() # 描画命令を終了
```

実行途中（名前を入力したら OK を押して、こんにちはと入力しましょう）

実行結果

プログラム 9.10 では画面にダイアログボックスを表示する tkinter ライブラリを利用します。プログラム 9.10 の 6 行目では名前を入力するダイアログボックスを表示し、名前を入力後、その名前の文字列 '斎藤' を変数 name に代入します。7 行目では挨拶を入力するダイアログボックスを表示し、挨拶を入力後、その挨拶の文字列 'こんにちは' を変数 data に代入し

ます。9行目では入力内容した内容を利用して画面に「こんにちは　斎藤さん。」を記載したダイアログボックスを表示します。11行目から18行目は、dataに入っている値によってダイアログボックスで表示するメッセージを変更します。

9.4 練習問題の解答例

練習問題 9–1 の解答例

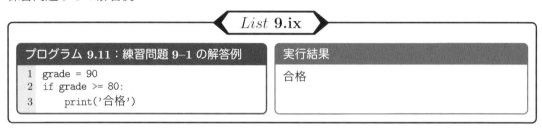

List 9.ix

プログラム 9.11：練習問題 9–1 の解答例	実行結果
| ```
1  grade = 90
2  if grade >= 80:
3      print('合格')
``` | 合格 |

練習問題 9–2 の解答例

List 9.x

プログラム 9.12：練習問題 9–2 の解答例	実行結果
| ```
1  grade = 40
2  if grade < 60:
3      print('不合格')
4      print('再試験対象です。')
``` | 不合格<br>再試験対象です。 |

練習問題 9–3 の解答例

List 9.xi

プログラム 9.13：練習問題 9–3 の解答例	実行結果
| ```
1  grade = 40
2  if grade >= 60:
3      print('合格')
4  else:
5      print('不合格')
``` | 不合格 |

練習問題 9–4 の解答例

List 9.xii

プログラム 9.14：練習問題 9–4 の解答例	実行結果
| ```
1  grade = 90
2  if grade <= 60:
3      print('合格')
4  else:
5      print('不合格')
``` | 不合格 |

練習問題 9–5 の解答例

　プログラム 9.7 の 1 行目を grade = 95、grade = 85、grade = 65、grade = 20 と変更すると良いです。

練習問題 9–6 の解答例

プログラム 9.15：練習問題 9–6 の解答例	実行結果
1　grade = 90 2　print(grade <= 100 and grade >= 90)	True

9.5　課題

基礎課題 9.1

　次のようにプログラム 9.2 を変更してエラーの出方を確認しなさい。

手順 1：「:」を削除して実行した際のエラーメッセージを確認。
手順 2：「:」を戻して修正し、エラーが出ないことを確認。
手順 3：print の前の Tab を消して実行した際のエラーメッセージを確認。

基礎課題 9.2

　プログラム 9.16 の比較演算子の部分（空欄）に全ての比較演算子を用いて grade が 60 の場合の実行結果を答えなさい。

プログラム 9.16：1 科目の合格判定
```
1  grade = 60
2  if grade          60:
3      print('Accept')
```

基礎課題 9.3

　点数が 60 未満ならば不合格と出力し、それ以外ならば合格と出力するプログラム 9.17 の空欄を埋めて完成させなさい。

プログラム 9.17：1 科目の不合格判定
```
1  grade = 60
2  if grade          60:
3      print('不合格')
4  else:
5      print('合格')
```

基礎課題 9.4

国語の点数は変数 Nl、数学の点数は変数 M、英語の点数は変数 E として、3 科目（国、数、英）のいずれかの点数が 60 以上ならば True となるように、プログラム 9.18 の空欄を埋めて完成させなさい。

```
プログラム 9.18：3 科目（国、数、英）の真偽値
1  Nl, M, E = 90, 80, 40 # 国語，数学，英語の点数
2  print(Nl >= 60 [          ] M >= 60 [          ] E >= 60)
```

基礎課題 9.5

3 科目（国、数、英）の全ての点数が 60 以上ならば Accept と出力し、そうでなければ Reject と出力するプログラム 9.19 の空欄を埋めて完成させなさい。ただし、各変数は基礎課題 9.4 と同じとする。

```
プログラム 9.19：3 科目（国、数、英）の合否判定
1  Nl, M, E = 90, 80, 40
2  if [          ]:
3      print('Accept')
4  else:
5      print('Reject')
```

発展課題 9.6

プログラム 9.20 を参考に、S、A+、A、B+、B、C+、C、D の成績を評価するプログラムを完成させなさい。成績 S は 100 以下 90 点以上、成績 A+ は 89 点以下 85 点以上、成績 A は 84 点以下 80 点以上、成績 B+ は 79 点以下 75 点以上、成績 B は 74 点以下 70 点以上、成績 C+ は 69 点以下 65 点以上、成績 C は 64 点以下 60 点以上、成績 D はそれ以外とする。

```
プログラム 9.20：S から D の成績評価
1   grade = [          ]
2   if [          ]:
3       print('S')
4   elif [          ]:
5       print('A+')
6   elif [          ]:
7       print('A')
8   elif [          ]:
9       print('B+')
10  elif [          ]:
11      print('B')
12  elif [          ]:
13      print('C+')
14  elif [          ]:
15      print('C')
16  [          ]:
17      print('D')
```

発展課題 9.7

二人のプレイヤーがジャンケンを1回するプログラムを作ります。ジャンケンの手として入力できるのは、rock（グー）、sissors（チョキ）、paper（パー）のいずれかです。いずれかの手を、まず一人目のプレイヤーが input で my_hand に入力します。次に二人目のプレイヤーが同じように input で cpu_hand の手を入力します。二人のプレイヤーの手によって、条件分岐で勝敗を判定するようにプログラム 9.21 を完成させなさい。勝敗を判定したら、一人目のプレイヤーが勝利の場合は「You win.」（あなたの勝ち）、敗北した場合は「You lose」（あなたの負け）、引き分けの場合は「Rock, paper, scissors」（あいこだよ）と出力します。

List 9.xiv

プログラム 9.21：ジャンケンの勝敗判定

```
1   # 一人目のプレイヤーの入力
2   print('my_handの入力: rock, scissors, or, paper: ')
3   my_hand = input()
4
5   # 二人目のプレイヤーの入力
6   print('cpu_handの入力: rock, scissors, or, paper: ')
7   cpu_hand = input()
8
9   # 二人のプレイヤーの入力内容を出力
10  print('my_hand: ', my_hand, '. cpu_hand:', cpu_hand)
11
12  # my_hand と cpu_hand を利用して勝敗の判定
13  if [_____]:
14      print('Rock, paper, scissors')
15  elif my_hand == [_____] and cpu_hand == [_____]:
16      print('You win.')
17  elif my_hand == [_____] and cpu_hand == [_____]:
18      print('You win.')
19  elif my_hand == [_____] and cpu_hand == [_____]:
20      print('You win.')
21  else:
22      print([_____])
```

実行結果

```
my_hand の入力: rock, scissors, or, paper:scissors
cpu_hand の入力: rock, scissors,  or, paper:paper
my_hand: scissors . cpu_hand: paper
You win.
```

論理演算子の省略方法と条件分岐の省略方法

プログラミング上級者は複雑な条件文を避けながら、簡単な条件文で実行可能なプログラムを作成します。Pythonでは複数の比較演算子を利用したプログラム9.22を論理演算子を利用せずにプログラム9.23と書き換えることもできます。これらのプログラムは、全てTrueと出力されます。

List 9.xv

プログラム 9.22：and を用いた条件
```
1  a = b = c = 10
2  if a == b and a == c and b == c:
3      print(True)
4  else:
5      print(False)
```

プログラム 9.23：and を用いない条件
```
1  a = b = c = 10
2  if a == b == c:
3      print(True)
4  else:
5      print(False)
```

冗長なプログラムを避けるために、条件分岐を省略して記述できます。例えば、プログラム9.24は3種類の省略方法を用いてプログラム9.25からプログラム9.27へと書き換えが可能です。いずれのtmpの中身は10です。

List 9.xvi

プログラム 9.24：標準的な書き方
```
1  x, y = 10, 5
2  if x > y :
3      tmp = x
4  else:
5      tmp = y
```

プログラム 9.25：行数を圧縮する方法
```
1  x, y = 10, 5
2  tmp = x if x > y else y
```

プログラム 9.26：if と else の省略
```
1  x, y = 10, 5
2  tmp = x > y and x or y
```

プログラム 9.27：角括弧で省略
```
1  x, y = 10, 5
2  tmp = [y, x][x > y]
```

このように同じ機能を持つプログラムでも、書き方を変えることができます。こうした知識は、他人のプログラムを読むときに、役立つでしょう。

10 繰り返しの基礎

　ここでは繰り返しについて学びます。これまでの構文だけでは、似たような処理を少し修正しながら、同じ命令を何度も記述しなくてはなりませんでした。本章では、特定の条件下で特定の処理を繰り返して、プログラムの実行の流れを制御することを学びます。ある与えられた条件を満たしている間はブロック内の処理を繰り返す、というのが for 文です。for 文を使えるようになると、一気にプログラミングの幅が広がります。

10.1　繰り返し文の利用

　本章で学ぶ**繰り返し文（for 文）**を上手に利用すれば複雑な処理を簡単に記述できます。まず第 5 章で作成した三角形を描画するプログラムをプログラム 10.1 として再掲します。このプログラム 10.1 を for 文を利用して書き換えると、プログラム 10.2 のようになります。

　プログラム 10.1 の 3, 4, 5 行目にある print('1 回目開始') と forward(100), left(120) の命令が、後ろの 6, 7, 8 行目と 9, 10, 11 行目の命令にそっくりです。これらをインデントしたブロック内において for 文を使うと、三角形を描画するプログラム 10.2 のように、たったの 4 行で済ませることができます。

10.1.1　繰り返し文のプログラム

　それでは if 文同様に **Tab キーを 1 回押す（インデント）**ことを忘れずに、プログラム 10.2 を作成して実行しましょう。プログラムの実行結果の「1 回目開始」の出力と線が引かれるタイミングを確認し、以下の各行の命令とその流れの解説を対比させながら、読み進めましょう。

1 行目：フローチャートの「プログラム開始」に相当し、turtle グラフィックスを利用可能にします。
2 行目：フローチャートの「亀の移動設定」に相当し、亀の移動速度を遅めに設定します。
3 行目：コメント文なので何も実行しません。
4 行目：（準備）　プログラム 10.2 の点線で利用する変数 i（ループ変数）が用意されます。for 文は range(1, 4) の中身 [1, 2, 3] の先頭から順次一つずつ取り出して、その値を変数 i に代入します。
　　　：（繰り返し継続判定）フローチャートの「ひし形」の条件「[1, 2, 3] を全て利用したか」に従い Yes または No のどちらに進むかを決めます。変数 i に最初に代入されるのは 1 のため、No に進み、Tab でインデントしている処理 5, 6, 7 行目（プログラム 10.2 の点線部分）を実行します。
5 行目（i=1）：変数 i の中身を利用して'1 回目開始' を出力します。
6 行目（i=1）：亀が 100 前進します。
7 行目（i=1）：亀の向きが 120 度左に変わります。次の行に Tab によりインデントされた命令がないため、自動的に 4 行目の for に戻ります。

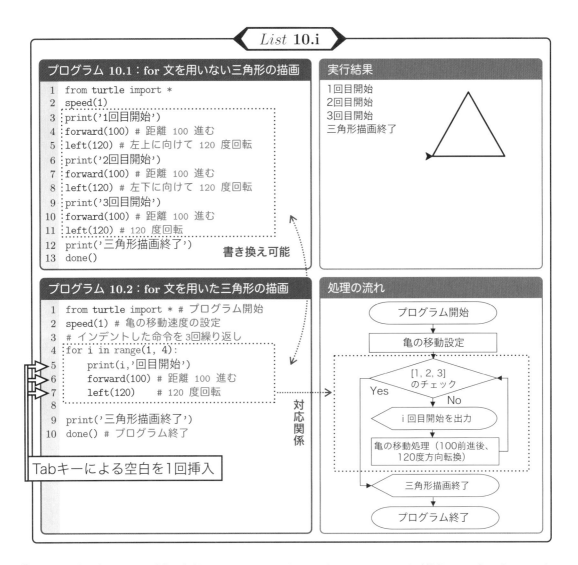

4 行目（i=2）：　　再度、条件をチェックします。まだ、[1, 2, 3] の 2 を利用していないため、2 を変数 i に代入します。再び、5, 6, 7 行目を実行します。

5, 6, 7 行目（i=2）：'2 回目開始' を出力し、亀の前進と方向転換後、自動的に 4 行目の for に戻ります。

4 行目（i=3）：　　再度、条件をチェックします。まだ、[1, 2, 3] の 3 を利用していないため、その 3 を変数 i に代入します。再び、5, 6, 7 行目を実行します。

5, 6, 7 行目（i=3）：'3 回目開始' を出力し、亀の前進と方向転換後、自動的に 4 行目の for に戻ります。しかし、[1, 2, 3] が全て利用済みなので、8 行目に移動します。

8 行目（i=3）：　　for 文の繰り返しの処理から抜けます。何も実行されません。

9 行目（i=3）：　　'三角形描画終了' を出力します。

10 行目（i=3）：　　done() を実行し、ウィンドウを閉じるとプログラムが終了します。

　プログラムの書き方が変わり、for 文を利用すれば四角形を描画する命令の行数が少なく、ソースコードの記述がコンパクトになることがわかりますか？　for 文があれば、Tab でインデント（字下げ）している行が全て一つのブロックとして扱われます。そしてこのブロックが繰り返し実行すべき処理として実行されます。プログラム 10.2 の 9 行目のように、インデ

ントがない命令は、繰り返しの処理の外と判断され、繰り返しの処理後に実行されます。

10.1.2 最も単純な繰り返しの構文

ここでは繰り返し文の構文を学びましょう。繰り返しの構文は一定の回数（後で述べるシーケンスの要素の数）の処理を繰り返すときに使います。この繰り返しのことを**ループ**、繰り返し構文を **for 文**や**ループ文**、**繰り返し文**と呼ぶことがあります。最も単純な繰り返しの構文は次のとおりです。その構文のフローチャートを図 10.1 に示します。

> **構文：繰り返し文**
>
> for ループ変数 in シーケンス:
> 　　　処理 1(繰り返しの中で実行される命令群)

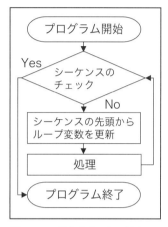

図 10.1　繰り返し文の流れ

for 文では「for」と「:」の間に**ループ変数**、in、**シーケンス**を記述します。シーケンスにはループ変数に利用する要素を配列やリストなどを用いて記述し、最後にコロン「:」をつけます。

処理 1（構文の破線部分）は、このループで繰り返す処理であることを明示するため、必ず**インデント** (Tab キーによる字下げ) を入れます。このインデントを行うことで、for に対応した処理ブロックとして関連付けます。処理 1 は**複数行の命令を記述することができます**。

for 文はフローチャート（図 10.1）の順に命令を処理します。まずシーケンスに記述した全ての要素を利用したのかをチェックします（図 10.1 のひし形）。全ての要素を利用していない場合は No の方向に進み、**シーケンスの先頭の要素から、その要素を「ループ変数」に代入しながら「処理」を繰り返します**。ループ変数は各繰り返しの開始時に更新されますが、あえてフローチャートの中に書かないことがあるため、注意しましょう。全ての要素を利用した場合は、Yes の方向に進み、以上の**繰り返しの処理**を抜けます。

ループ変数の値は繰り返しの中で、ループを回るごとに変化します。この値の変化は後述するように、繰り返し処理でデータの呼び出しなどの様々な場面で利用されます。

　　　補足 10.1　コロン（:）って何?：Python では「:」を様々な用途で利用します。配列での「:」は要素番号の指定に利用します。for 文での「:」はシーケンスの記述の終わり、繰り返し処理の記述が開始されることを表す記号です。構文により「:」の意味が変わります。

　　　Python の for の構文：C 言語や LISP などの他のプログラミング言語の for 文と Python の for 文では書き方が異なります。例えば C 言語では、ループ変数の増減や繰り返しの停止条件などを for(int i = 0; i < 10; i++) のように記述します。このような記述方法とは異なり、Python の for 文は Java などのシーケンスの要素を利用して繰り返す、拡張 for 文に近いです。

10.2 繰り返し文を使うプログラム

ここではまず「プログラムの中で処理を繰り返すこと」とは具体的にどういうことかを、体験してみましょう（解説 10.1 参照）。

> **解説 10.1 繰り返しって何に使うの？**：ループをどう考えればいいか、戸惑う読者もいるかもしれません。例えば音楽再生をスマートフォンで操作するときのことを考えてみましょう。好きな曲をリピート再生することがあるでしょう？ このリピート回数が for 文の繰り返し回数に相当します。本書のサポートページに音を繰り返し再生するプログラムがあります。第 13.3.2 項の成績評価まで頑張った読者は、「おぉ」や「すごい」と声を漏らすはずです。繰り返し処理を使いこなせば、プログラミングの幅や効率が一気にあがるので、第 13.3.2 項まで頑張りましょう。

プログラミングの for 文では前置詞の「〜に向かって」という意味で *for* を使います。つまり、「for i in range:」は『**シーケンスで指定した範囲（*range*）内（*in*）で、先頭の値から末尾の値に向かって（*for*）、ループ変数 i を動かしなさい**』という意味の命令です。

10.2.1 繰り返し漢字を表示する繰り返し処理

それではプログラムの「繰り返し処理」をもう少し練習しましょう。繰り返し漢字を書きながら漢字を覚えたことを思い出し、最初に for 文を使わずに、漢字の「飛」を 3 回表示するプログラム 10.3 を作成して実行しましょう。

List **10.ii**

プログラム 10.3：コンピュータによる漢字表示の練習	実行結果
1 print('飛') 2 print('飛') 3 print('飛')	飛 飛 飛

プログラム 10.3 は、print の丸括弧内に漢字を指定しただけでした。そこで、次に for 文による繰り返し処理で「飛」を 3 回表示するプログラム 10.4 を作成して実行しましょう。

List **10.iii**

プログラム 10.4：コンピュータによる繰り返し漢字表示の練習	実行結果
1 import numpy as np 2 for kaisuu in np.arange(3): # [0, 1, 2]のため 3回繰り返す 3 print('飛') # 回数のカウントは 0 からに注意	飛 飛 飛

プログラム 10.4 では『コンピュータに「飛を 1 回表示させること」を 3 回続けて行いなさい』と命令しました。

繰り返しを用いて九九の一の段の計算

次に九九の例を通してループ変数を変化させる繰り返しを体験しましょう。多くの読者が経験した九九を一の段から順に繰り返しなしで作ってみましょう。まずは一の段のメッセージ「一の段の $1 \times 1 = 1$ です」から「一の段の $1 \times 9 = 9$ です」までを for 文を用いずに出力するプログラム 10.5 を作成して実行しましょう。

List **10.iv**

プログラム 10.5：九九の一の段を計算（for 文を利用しない）

```
 1  kazu = 1
 2  print('一の段の 1 ×', kazu, '=' , 1 * kazu, 'です')
 3  kazu = 2
 4  print('一の段の 1 ×', kazu, '=' , 1 * kazu, 'です')
 5  kazu = 3
 6  print('一の段の 1 ×', kazu, '=' , 1 * kazu, 'です')
 7  kazu = 4
 8  print('一の段の 1 ×', kazu, '=' , 1 * kazu, 'です')
 9  kazu = 5
10  print('一の段の 1 ×', kazu, '=' , 1 * kazu, 'です')
11  kazu = 6
12  print('一の段の 1 ×', kazu, '=' , 1 * kazu, 'です')
13  kazu = 7
14  print('一の段の 1 ×', kazu, '=' , 1 * kazu, 'です')
15  kazu = 8
16  print('一の段の 1 ×', kazu, '=' , 1 * kazu, 'です')
17  kazu = 9
18  print('一の段の 1 ×', kazu, '=' , 1 * kazu, 'です')
```

実行結果

```
一の段の 1 × 1 = 1 です
一の段の 1 × 2 = 2 です
一の段の 1 × 3 = 3 です
一の段の 1 × 4 = 4 です
一の段の 1 × 5 = 5 です
一の段の 1 × 6 = 6 です
一の段の 1 × 7 = 7 です
一の段の 1 × 8 = 8 です
一の段の 1 × 9 = 9 です
```

以上のように、プログラム 10.5 は、ほぼ同じ命令が多く冗長です。次に、for 文を利用してループ変数の変化を意識しながら、次の九九の一の段を計算するプログラム 10.6 を作成して実行しましょう。

List **10.v**

プログラム 10.6：九九の一の段を計算

```
 1  import numpy as np
 2  # np.arange(1,10)の中身は
 3  # [1, 2, 3, 4, 5, 6, 7, 8, 9]
 4  for kazu in np.arange(1, 10):
 5      print('一の段の 1 ×', kazu, '=', 1 * kazu, 'です')
```

実行結果

```
一の段の 1 × 1 = 1 です
一の段の 1 × 2 = 2 です
一の段の 1 × 3 = 3 です
一の段の 1 × 4 = 4 です
一の段の 1 × 5 = 5 です
一の段の 1 × 6 = 6 です
一の段の 1 × 7 = 7 です
一の段の 1 × 8 = 8 です
一の段の 1 × 9 = 9 です
```

プログラム 10.6 の繰り返しの中では、一の段の 1 にかける数字 $1, 2, \ldots, 9$ を変数 kazu に代入します。ループ変数はループが回るたびに自動的に変化する変数です。

10.3 ループ変数と繰り返し文

10.3.1 繰り返し文を用いた加算

ここでは**ループ変数の値**と**ループの中で加算される変数**が、**どのように繰り返しの中で変化するか**、しっかり理解しましょう。誕生日を迎えて増えた年齢をメッセージとして出力しましょう。メッセージは「〜 歳から」と「〜 歳になりました」とします。これらのメッセージの「〜」の部分に変数を使い数値を置き換えます。

 解説 10.2　繰り返し構文の理解のコツ：繰り返し構文に初めて触れる読者は、繰り返しのブロックの中で、変数の値や処理がどのように変化するのかを、具体的に箇条書きにしながら進めることをお勧めします。

プログラム 10.7 は歳をとる計算として「毎年の誕生日に年齢（変数 age の値）に 1 を加える」演算を 3 回繰り返します。3 回加えるためには、3 年必要なため、シーケンス（np.arange(3)）の要素 0, 1, 2 をループ変数に代入しながら、age = age + 1 を合計 3 回実行します。その前後で加齢前と加齢後のメッセージを出力するプログラム 10.7 を作成して実行しましょう。

List 10.vi

プログラム 10.7：繰り返し文を用いた年齢の計算

```
1  age = 5 # 5 歳から始める初期設定
2  # 5 歳、6 歳、7 歳と 1 年ごとに処理を、3回繰り返すため、シーケンスに [0, 1, 2] を設定
3  for i in np.arange(3): # 3 年分の設定
4      print(age, '歳から') # 加齢前
5      age = age + 1 # 歳をとる処理 (ここに疑問を持つ場合は解説 10.2 参照 )
6      print(age, '歳になりました') # 加齢後
7  print('現在は', age, '歳です。') # ブロック外のため、繰り返し処理の対象にならない
```

実行結果

```
5 歳から
6 歳になりました
6 歳から
7 歳になりました
7 歳から
8 歳になりました
現在は 8 歳です。
```

プログラム 10.7 の 1 行目で初期値として、変数 age に 5 が代入された後の処理の流れを詳しく追いかけてみましょう。プログラム 10.7 の 3 行目から 6 行目の処理の流れ、すなわち繰り返し処理の開始から、変数 age の値が 5 から 6 に変化し、ループ変数 i の値が 0 から 1 に変化する前までを解説します。

解説 10.3　age ＝ age ＋ 1：プログラム 10.7 の age ＝ age ＋ 1 の計算方法がわからない場合は第 5.3.2 項のレジ打式の合計金額の求め方の加算に戻りましょう。
　ループ変数の名前：ループ変数の名前は慣習的に i, j, k などを利用しますが、変数名の名付け方と同じです。プログラム 10.7 のループ変数名 i は、整数を意味する i が慣用として使われてきました。

まず、プログラム 10.7 の 3 行目から 6 行目は、処理 1 から処理 7 のように進みます。処理 1 から処理 7 はプログラム 10.7 のフローチャート（図 10.2）の①から⑦に対応します。

処理 1： シーケンスに記載された np.arange(3) は 0, 1, 2 の要素を持つ 1 次元配列です。これらの全ての要素を利用したかをチェックします。

処理 2： まだ利用していないため、No に進みます。

処理 3： 1 次元配列の先頭の要素をループ変数 i に代入します。

処理 4： 繰り返し内の 4 行目で print は変数 age の数値が **5** なので、この値を print で出力します。

処理 5： 繰り返し内の 5 行目で変数 age の値に年齢（数値 1）を加算します。

処理 6： 繰り返し内の 6 行目で print は変数 age の数値が **6** なので、この値を print で出力します。

処理 7： 処理の流れがひし形まで戻ります。

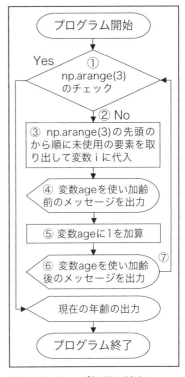

図 10.2　ループ処理の流れ

その後、以上の処理の流れで、シーケンスの [0, 1, 2] の 1 がループ変数 i に代入されたときの処理、2 がループ変数 i に代入されたときの処理を続けます。変数 i の中身の数値 0, 1, 2 を順に利用して 3 回繰り返すことで、変数 age の値に年齢（数値 1）を計 3 回加算して実行結果のようにメッセージを出力します。プログラム 10.7 の 4 行目から 6 行目の内容を、変数 age の具体的な値とともに次の箇条書きで示します。以下で変化する数値は変数 age の値であり、それを太字で表します。

i = **0** の場合： print(**5**, ' 歳から') を実行します。5 行目の右辺 age の値（1 回目の誕生日前）は **5** のため、age ＝ **5** ＋ 1 と評価され、左辺の age の値（誕生日後）は **5 から 6** に変化します。変数 age の更新後、print(**6**, ' 歳になりました') を実行します。

i = **1** の場合： print(**6**, ' 歳から') を実行します。5 行目の右辺 age の値（2 回目の誕生日前）は **6** のため、age ＝ **6** ＋ 1 と評価され、左辺の age の値（誕生日後）は **6 から 7** に変化します。変数 age の更新後、print(**7**, ' 歳になりました') を実行します。

i = **2** の場合： print(**7**, ' 歳から') を実行します。5 行目の右辺 age の値（3 回目の誕生日前）は **7** のため、age ＝ **7** ＋ 1 と評価され、左辺の age の値（誕生日後）は **7 から 8** に変化します。変数 age の更新後、print(**8**, ' 歳になりました') を実行します。

i = 2 までの処理の実行まで終えると、シーケンスの全ての要素を使い切るため、プログラム 10.7 は 7 行目で ' 現在は 8 歳です。' を出力します。

10.3.2 繰り返し文を用いた減算

誕生日の例から離れ、変数 age を変数 x と置き換えて、指定した回数だけ処理「変数 x から 1 を引く」を繰り返すプログラム 10.8 を作成して実行しましょう。

List **10.vii**

プログラム 10.8：繰り返し文を用いた減算

```
1  x = 0
2  for i in np.arange(3): # シーケンスは [0, 1, 2]のため、3回繰り返し
3      x = x - 1 # x から 1 を引く
4  print(x)
```

実行結果

```
-3
```

プログラム 10.8 は 3 行目の x = x − 1 を、次のように合計 3 回実行し、−3 を出力します。

i = 0 の場合： 右辺 x は 0 のため、x = 0 − 1 と評価され、左辺 x に −1 を代入。
i = 1 の場合： 右辺 x は −1 のため、x = −1 − 1 と評価され、左辺 x に −2 を代入。
i = 2 の場合： 右辺 x は −2 のため、x = −2 − 1 と評価され、左辺 x に −3 を代入。

解説 10.4　ループ変数とシーケンスの設計：第 10.3.2 項でループ変数とシーケンスは、何回ループさせられるか、という制御に利用しました。要素数が 3 であれば、シーケンスの要素は 0, 1, 2 である必要はありません。例えば、np.arange(5, 8) のように要素 5, 6, 7 でも、for 文は 3 回繰り返しを行います。**シーケンスはループ変数にどんな意味を持たせ、何回繰り返したいかによって決まります。**また、シーケンスの書き方は 1 通りではありません。例えば、np.arange(5, 8) と同じ要素とする場合、[5, 6, 7] やrange(5, 8), np.arange(5, 8, 1) などがあります。

10.3.3 理解度チェック：繰り返し文の基礎

for 文は読者がつまずきやすいポイントです。そのため、読者は練習問題を解いて理解度を確認して進みましょう（解答例は課題の前に掲載）。

練習問題 10–1

プログラム 10.4 の繰り返し回数を 3 回から 5 回に変更して実行しましょう。

練習問題 10–2

プログラム 10.7 の歳をとる回数を 3 回から 6 回に変更して実行しましょう。

練習問題 10–3

プログラム 10.9 の繰り返し処理を**トレース**しましょう。トレースとは読者が Python のインタープリタの動作を、ステップ・バイ・ステップで命令を追跡して理解することです。トレースの結果を空欄に記入しましょう。

List 10.viii

プログラム 10.9：for 文のトレース用の練習問題

```
1  x = 0
2  for i in np.arange(5, 10): # シーケンスは [5, 6, 7, 8, 9]のため、5 回繰り返し
3      x = x + i # x にループ変数 i の値を加算
4      print('i =', i, 'x =', x)
5  # ループ変数 i を 5 回加算した結果を出力
6  print(x)
```

実行結果

```
i = 5 x = 5
i = 6 x = 11
i = 7 x = 18
i = 8 x = 26
i = 9 x = 35
35
```

プログラム 10.9 のシーケンスに設定した 1 次元配列の要素は□□□であり、要素数は□□のため x = x + i を、次のように合計□□回実行します。

i = □□の場合：□□□□□□□□□□
i = □□の場合：□□□□□□□□□□
i = □□の場合：□□□□□□□□□□
i = □□の場合：□□□□□□□□□□
i = □□の場合：□□□□□□□□□□

以上のように、プログラム 10.9 は 6 行目で□□□を出力します。

練習問題 10–4

1 から 5000 までの整数の和を求めるプログラム 10.10 の空欄を埋めて完成させましょう。

List 10.ix

プログラム 10.10：繰り返しと加算

```
1  sum_data = 0 # 合計を代入する入れ物
2  for i in □□□□: # シーケンスは [1, ..., 5000]と同等
3      □□□□ = □□□□ + i
4  print(sum_data)
```

実行結果

```
12502500
```

このプログラムと同じ計算結果は print(np.arange(1, 5001).sum()) として、関数 sum を使って求めることもできます。同じ機能を持つプログラムの実現の仕方は何通りもあり、正解は一つではありません。

10.4 練習問題の解答例

練習問題 10–1 の解答例

List **10.x**

プログラム 10.11：5 回繰り返し漢字表示の解答例

```
1  import numpy as np
2  for kaisuu in np.arange(5):
3      print(kaisuu, '回目の表示', end = '...')
4      print('飛')
5  print('練習終了')
```

実行結果
```
0 回目の表示...飛
1 回目の表示...飛
2 回目の表示...飛
3 回目の表示...飛
4 回目の表示...飛
練習終了
```

練習問題 10–2 の解答例

List **10.xi**

プログラム 10.12：繰り返し文を用いた加算の解答例

```
1  age = 5 # 5 歳から始める設定
2  for i in np.arange(6): # 6 年分の設定
3      print(age, '歳から') # 加齢前
4      age = age + 1 # 歳をとる
5      print(age, '歳になりました') # 加齢後
6  print('現在は',age,'歳です。')
```

実行結果
```
5 歳から
6 歳になりました
6 歳から
7 歳になりました
7 歳から
8 歳になりました
8 歳から
9 歳になりました
9 歳から
10 歳になりました
10 歳から
11 歳になりました
現在は 11 歳です。
```

練習問題 10–3 の解答例

プログラム 10.9 のシーケンスに設定した 1 次元配列の要素は 5, 6, 7, 8, 9 であり、要素数は 5 のため x = x + i を、次のように合計 5 回実行します。

i = 5 の場合：右辺 x は 0 のため、x = 0 + 5 と評価され、左辺 x に 5 を代入。
i = 6 の場合：右辺 x は 5 のため、x = 5 + 6 と評価され、左辺 x に 11 を代入。
i = 7 の場合：右辺 x は 11 のため、x = 11 + 7 と評価され、左辺 x に 18 を代入。
i = 8 の場合：右辺 x は 18 のため、x = 18 + 8 と評価され、左辺 x に 26 を代入。
i = 9 の場合：右辺 x は 26 のため、x = 26 + 9 と評価され、左辺 x に 35 を代入。

以上のように、プログラム 10.9 は 6 行目で 35 を出力します。

練習問題 10-4 の解答例

List 10.xii

プログラム 10.13：繰り返しと加算の解答例

```
1  sum_data = 0 # 合計を代入する入れ物
2  for i in np.arange(1, 5001): # np.arange(1, 5000)は誤りなので注意
3      sum_data = sum_data + i
4  print(sum_data)
```

実行結果

```
12502500
```

10.5 課題

基礎課題 10.1

次のようにプログラム 10.4 を変更して、二つのエラーメッセージの出力を確認しなさい。

手順 1：「:」を削除して実行した際のエラーメッセージを確認。
手順 2：「:」を戻して修正し、エラーが出ないことを確認。
手順 3：print の前の Tab を消して実行した際のエラーメッセージを確認。

基礎課題 10.2

プログラム 10.6 を参考に、九九の三の段を計算するプログラムを作成しなさい。

基礎課題 10.3

第 6.1.3 項の 1 次元配列の生成方法を手がかりに、実行結果と同じ出力が得られるようにプログラム 10.14 の空欄を埋めなさい。

List 10.xiii

プログラム 10.14：偶数の出力

```
1  j = 0
2  for k in □□□□□□:
3      print(j, '回目の繰り返しのループ変数の中身は', k, 'です')
4      j = j + 1
```

実行結果

```
0 回目の繰り返しのループ変数の中身は 0 です
1 回目の繰り返しのループ変数の中身は 2 です
2 回目の繰り返しのループ変数の中身は 4 です
3 回目の繰り返しのループ変数の中身は 6 です
4 回目の繰り返しのループ変数の中身は 8 です
```

通常課題 10.4

一辺が 100 の正方形を for 文を用いて描画しなさい。ただし、100 は forward(100) で進む距離とします。課題が難しい場合は、プログラム 3.1 とプログラム 10.1 を参考にしなさい。

通常課題 10.5

一辺が 150 の星形を for 文を用いて描画しなさい。ただし、150 は forward(150) で進む距離とします。課題が難しい場合は、プログラム 3.5 を参考にしなさい。

発展課題 10.6

第 5 章のプログラム 5.7 とプログラム 5.16 を for 文を用いて書き直しなさい。

発展課題 10.7

プログラム 10.15 の空欄を埋めて、実行結果と同じメッセージを出力しなさい。空欄を埋めることが難しい場合はプログラム 4.8 を参考にしなさい。

List **10.xiv**

プログラム 10.15：繰り返しと標準入力

```
1  import numpy as np
2  for i in [      ]:
3      name = [      ]('苗字の入力待機中:')
4      print(name, 'さんは', [      ], '番目のお客さんです。')
```

実行結果

```
苗字の入力待機中: 斎藤
斎藤 さんは 1 番目のお客さんです。
苗字の入力待機中: 鈴木
鈴木 さんは 2 番目のお客さんです。
苗字の入力待機中: 田中
田中 さんは 3 番目のお客さんです。
```

11 pandas とデータフレーム

前章までに、NumPy の配列は複数の同一型のオブジェクトを保持する変数であることを学びました。本章では、データ分析の際に、さらに強力な機能を持つ pandas のデータフレームを学びます。

11.1 データフレームの作成

前章までに複数の箱を縦と横に並べた図で2次元配列を説明しました。本章では**複数種類の型の値を複数個、保存できるデータフレーム**を説明します。データフレームは NumPy の2次元配列に近いため、配列と同じような代入や出力、演算ができます。ただし、配列とは異なりデータフレームは、複数種類の型（整数、浮動小数点数、文字列など）を一つの変数名に紐付けて扱えます。

プログラミングを活用するデータ分析者は、データ分析の際に pandas ライブラリを利用します。pandas のデータフレームは、素早くかつ簡単で生産性の高いデータ分析環境を提供します。本章ではデータフレームの基本的な構造や操作を学び、それを活用しながら第12章で演算とファイル操作、第15章でデータ抽出、第19章で基本的なデータ分析、第20章でデータの可視化を学びます。

すでに配列を学んだため、まずは試験結果のデータフレームを作成するプログラム 11.1 を作成して実行しましょう。このプログラムには「import pandas as pd」が必要になります。これまでと同様に、「pd（ピーディー）」はpandas（パンダス）ライブラリ（補足 11.1 参照）が持っている機能（関数）を「pd. 関数名」と記述して呼び出します。

List **11.i**

プログラム 11.1 : 試験結果のデータフレーム

```
 1  import pandas as pd
 2  # データフレームを作成する命令
 3  df = pd.DataFrame(
 4      {
 5      '名前': ['斎藤', '鈴木', '高橋'],
 6      '国語': [88, 48, 91],
 7      '数学': [18, 81, 39],
 8      '英語': [59,  2, 30]
 9      },
10      index = ['s01', 's02', 's03'])
11  display(df) # データフレームの出力
```

出力イメージ

	名前	国語	数学	英語
s01	斎藤	88	18	59
s02	鈴木	48	81	2
s03	高橋	91	39	30

プログラム 11.1 では DataFrame 関数により生徒の名前（5行目）、国語から英語の点数（6行目から8行目）、学籍番号（10行目）を含む試験結果を作成し、データフレームを変数 df

に代入します。このデータフレームの出力イメージを *List* 11.i の出力イメージに示します。

補足 11.1 pandas の参考文献：pandas のデータフレームは、その内容だけで一冊の分厚い本になるほどのボリュームを持つライブラリです。そのため、pandas ライブラリそのものの説明は文献 [19]、本書の範囲を超えてデータフレームを学びたい読者は文献 [27, 28] を参考にしましょう。

解説 11.1 プログラムの理解の助けになる変数名 df：データフレームを利用する際に、頻繁に変数名 df が利用されます。もし「df. 関数名」という形式を他のプログラムで見つけたら、データフレームを代入した変数に、何らかの操作を行う命令の可能性が高いと解釈しましょう。ただし、データフレームの変数名は変数名の命名のルールに従えば任意につけることができます。

よくあるエラー： データフレームを作成するときに「SyntaxError: invalid syntax」または「NameError: name ' 名前' is not defined」というエラーが出ることがあります。このエラーは、データフレームを作成する命令の記述を間違えている場合に多く見かけます。SyntaxError のミスは、index の前に「,」が足りない、または、「:」の記述忘れ、括弧の閉じ忘れといったものです。NameError の場合は「'」が足りない場合です。

11.1.1 データフレームの作成方法の解説

三つのインデックス名と二つのカラム名のデータフレームを例に、表 11.1 のようなデータフレームを作成する DataFrame 関数の構文を紹介します。

```
構文：データフレームの作成方法

変数名 = pd.DataFrame(
  {
   ' カラム名 1': [要素 11, 要素 21, 要素 31],
   ' カラム名 2': [要素 12, 要素 22, 要素 32]
  },
  index = [' インデックス名 1', ' インデックス名 2', ' インデックス名 3'])
```

上記の構文は、配列の列番号に相当するカラム（column：縦列）名と、行番号に相当するインデックス（横列）名を使いながら、次のように記述します。DataFrame 関数の { } の中にはカラム名とそのカラム名に紐付ける値を記述します。この値が**データフレームの値**になります。

表 11.1 データフレームの各種対応

	カラム名 1	カラム名 2
インデックス名 1	要素 11	要素 12
インデックス名 2	要素 21	要素 22
インデックス名 3	要素 31	要素 32

index = の後ろに、インデックス名を記述します。インデックス名とカラム名を文字列で記述する場合は「'」で囲みます。ただし、インデックスとカラムのデータの型は「文字や数値も扱える object 型」であるため、文字ではなく数値を設定する際に「'」は不要です。

データフレームの値はインデックスとカラムによりラベル付けされています。例えば表 11.1 上で、インデックス名であるインデックス名 1（インデックスの 1 例）とカラム名であ

るカラム名 1（カラムの 1 例）を指定すると、値である要素 11 にアクセスできます。インデックスとカラムは配列の行番号と列番号に似た機能を持ちますが、それらよりも直感的な要素へのアクセスができます。

> **解説 11.2　データフレームの自動作成**：これまでは直接ソースコードに数字を入力してきました。しかし、これは数千人から数万人の生徒を管理するような場面では非効率です。例えば、学籍番号 20190001 から 20190600 まで 600 人の生徒がいる場合は、index = np.arange(20190000, 20190601) とすれば、自動的に学籍番号を割り当てることができます。これまでに習った arange 関数や array 関数を利用すれば、pd.DataFrame(配列, columns, index) の形式でデータフレームを作成することもできます。データが大量の場合、こうした自動処理を上手に活用しましょう。

11.1.2　データフレームの用語と操作命令

プログラム 11.1 で作成したデータフレームの構成要素である**値**、その値を管理するための**インデックス**と**カラム**に関連する用語を図 11.1 に示します。また、図 11.1 の各用語に対応する操作命令を図 11.2 に示します。

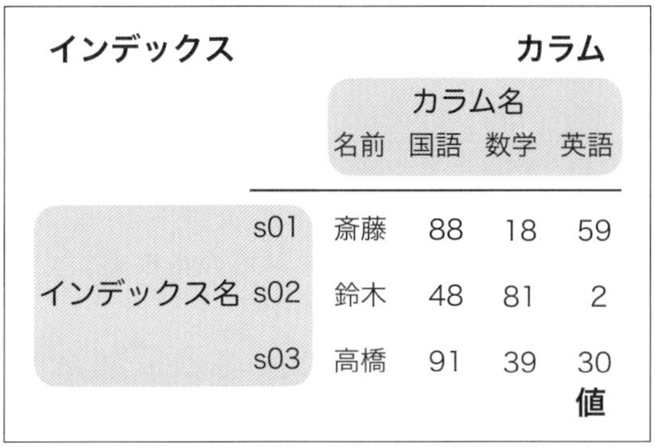

図 11.1　データフレームの用語

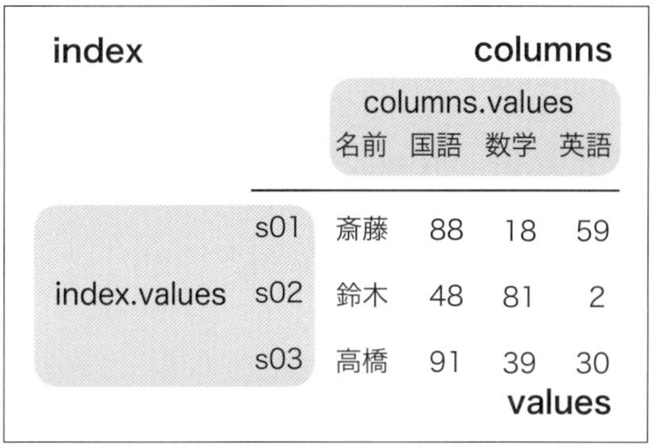

図 11.2　各用語と操作命令

図 11.1 と図 11.2 を参考にしながら、データフレームの構成要素とそれらにアクセスする操作命令を配列の用語と比較しながら説明します。

11.1.3　インデックスの構成要素と操作命令

配列の行番号に相当するインデックスは、各行の名前であるインデックス名の総称です。図 11.1 のインデックス名を出力するプログラム 11.2 を作成して実行しましょう。

List 11.ii

プログラム 11.2：インデックスの出力

```
1  df.index.values
```

実行結果
```
array(['s01', 's02', 's03'], dtype=object)
```

インデックス名にアクセスするためには「データフレーム名.**index.values**」と記述します。インデックスの構成要素は文字列や数値も扱えるオブジェクト型のインデックス名「's01', 's02', 's03'」です。実行結果の array 表記からもわかるように、各インデックス名には 1 次元配列の要素番号と同じ 0 番目、1 番目、2 番目と順序が割り振られています。そのため、インデックス名「's01', 's02', 's03'」にはそれぞれ要素番号 0, 1, 2 を使いアクセスできます。

試しにインデックス名「s01」にアクセスするプログラム 11.3 を作成して実行しましょう。

List **11.iii**

プログラム 11.3：インデックス名の出力
```
1  print(df.index.values[0])
```

実行結果
```
s01
```

11.1.4 カラムの構成要素と操作命令

カラムは配列の列番号に相当します。カラムは各列の名前であるカラム名の総称です。カラム名を出力するプログラム 11.4 を作成して実行しましょう。

List **11.iv**

プログラム 11.4：カラムの出力
```
1  df.columns.values
```

実行結果
```
array(['名前', '国語', '数学', '英語'], dtype = object)
```

カラム名にアクセスするためには「データフレーム名.**columns.values**」と記述します。インデックス同様にカラム名「' 名前', ' 国語', ' 数学', ' 英語'」はオブジェクト型です。カラム名はデータ分析の際に、データフレームの値にアクセスする際に利用します。そのため、df.columns.values は、データフレームに含まれているカラム名の確認や、各カラムに対して繰り返し処理をする際に、for 文のシーケンスに設定することがあります。

各カラム名「' 名前', ' 国語', ' 数学', ' 英語'」には、それぞれ要素番号 0, 1, 2, 3 を使いアクセスできるため、カラム名「' 名前'」にアクセスするプログラム 11.5 を作成して実行しましょう。

```
List 11.v
```

プログラム 11.5：一つのカラム名を出力
```
1  print(df.columns.values[0])
```

実行結果
```
名前
```

インデックスとカラムの各名前にアクセスする際には、「.values」を使えば配列と同様のインデキシングやスライシングを利用できます。

データフレームの値は配列の要素に相当します。例えば、図 11.1 の生徒の名前を表す「'斎藤'」やその生徒の英語の点数を意味する「59」です。このような値を全て出力するプログラム 11.6 を作成して実行しましょう。

```
List 11.vi
```

プログラム 11.6：全ての値へのアクセス方法
```
1  print(df.values)
```

実行結果
```
[['斎藤' 88 18 59]
 ['鈴木' 48 81 2]
 ['高橋' 91 39 30]]
```

実行結果のように、データフレームの値にはインデックス名やカラム名を含みません。

11.2　データフレームの値参照

データフレームの各値にアクセスする方法を学びます。前章では配列の要素にアクセスする際に、0 からカウントする行番号と列番号を利用しました。データフレームの値にアクセスする際には「インデックス名とカラム名を指定する at または loc を用いる方法」と「配列同様にインデックス名とカラム名の要素番号を指定する iat または iloc を用いる方法」の計 4 種類が表 11.2 のようにあります。

表 11.2 の 4 種類の方法の具体例を List 11.vii から List 11.xii に示します。これらの具体例では at と iat が同じ値を出力するように「インデックス名とカラム名」と「要素番号」を揃えています。loc と iloc の具体例も同様に揃えています。出力イメージには出力するデータフレームの値の背景色を灰色で色付けしています。

表 11.2　データフレームの値にアクセスする 4 種類の方法

命令	例	説明
アット at	df.at[インデックス名, カラム名]	一つの値に直感的にアクセスする方法。インデックス名とカラム名を一つずつ指定します。
アイアット iat	df.iat[インデックス名の要素番号, カラム名の要素番号]	一つの値に高速にアクセスする方法。インデックス名の要素番号とカラム名の要素番号を一つずつ指定します。
ロック loc	df.loc[一つ以上のインデックス名, 一つ以上のカラム名]	一つ以上の値に直感的にアクセスする方法。一つ以上のインデックス名と一つ以上のカラム名を指定します。
アイロック iloc	df.iloc[一つ以上のインデックス名の要素番号, 一つ以上のカラム名の要素番号]	一つ以上の値に高速にアクセスする方法。一つ以上のインデックス名の要素番号と一つ以上のカラム名の要素番号を指定します。

11.2.1　データフレームの単一の値を出力

データフレームの at と iat, loc, iloc は一つの値にアクセスできます。at と loc はインデックス名とカラム名を指定して、iat と iloc は配列と同じように要素番号を指定して使います。

これらの利用例として、プログラム 11.1 で作成した変数 df の「s02」の生徒の数学の点数 81 を出力するプログラム 11.7 を作成して実行しましょう。

プログラム 11.7 の 1 行目の at と 3 行目の loc はインデックス名「s02」とカラム名「数学」を指定します。2 行目の iat と 4 行目の iloc はインデックス名「s02」の要素番号 1 とカラム名「数学」の要素番号 2 を指定します。いずれの命令も単一の値 81 を出力します。

11.2.2 複数のインデックスを使った値参照

複数のインデックス名を指定し、複数の値（斎藤さんと高橋さんの点数）にアクセスするために、loc または iloc を利用します。利用例として「s01 の生徒の国語から英語の点数」と「s03 の生徒の国語から英語の点数」を出力するプログラム 11.8 を作成して実行しましょう。

List 11.viii

プログラム 11.8：複数のインデックスを個別に指定する loc と iloc

```
1  print(df.loc[['s01', 's03'], :])
2  print(df.iloc[[0, 2],:])
```

実行結果

	名前	国語	数学	英語
s01	斎藤	88	18	59
s03	高橋	91	39	30
	名前	国語	数学	英語
s01	斎藤	88	18	59
s03	高橋	91	39	30

出力イメージ

	名前	国語	数学	英語
s01	斎藤	88	18	59
s02	鈴木	48	81	2
s03	高橋	91	39	30

プログラム 11.8 の 1 行目はインデックス名「s01」と「s03」を指定します。このように複数のインデックス名を指定するには loc を利用して、次の構文のように記述します。

構文：複数のインデックス名を指定

df.loc[[インデックス名 1, インデックス名 2, ...], :]

プログラム 11.8 の 2 行目はインデックス名「s01」の要素番号 0 と「s03」の要素番号 2 を指定します。このように複数の要素番号を使い複数のインデックスを指定するためには iloc を利用して、次の構文のように記述します。

構文：複数のインデックスの要素番号を指定

df.iloc[[インデックスの要素番号 1, インデックスの要素番号 2, ...], :]

11.2.3 インデックスの範囲を指定した値参照

複数のインデックス名を範囲で指定し、複数の値（鈴木さんと高橋さんの点数）にアクセスします。この場合、配列のスライシングと同じようにコロン（:）を使い loc と iloc を利用します。その利用例として、「s02 の生徒の国語から英語の点数」と「s03 の生徒の国語から英語の点数」を出力するプログラム 11.9 を作成して実行しましょう。

List 11.ix

プログラム 11.9：データフレームの複数の値にアクセスする loc と iloc

```
1  print(df.loc['s02':'s03', :])
2  print(df.iloc[1:3, :])
```

実行結果

```
    名前  国語  数学  英語
s02 鈴木  48   81    2
s03 高橋  91   39   30
    名前  国語  数学  英語
s02 鈴木  48   81    2
s03 高橋  91   39   30
```

出力イメージ

	名前	国語	数学	英語
s01	斎藤	88	18	59
s02	鈴木	48	81	2
s03	高橋	91	39	30

1 行目はインデックス名「s02」から「s03」を範囲で指定します。このように複数のインデックス名を使い範囲を指定するためには loc を利用して、次の構文のように記述します。

構文：データフレームの複数のインデックスの指定

df.loc[インデックス名 x_s: インデックス名 x_e, :]

2 行目はインデックス名「s02」から「s03」の要素番号を指定します。複数のインデックスの要素番号を使い複数のインデックスの範囲を指定するために、iloc はコロン（:）を用いて、次の構文のように記述します。

構文：インデックスの複数の要素番号の指定

df.iloc[インデックスの要素番号 i_s: インデックスの要素番号 i_e, :]

指定方法は配列で説明したとおり、インデックスの要素番号 i_s: インデックスの要素番号 i_e は、インデックスの要素番号 i_s から i_e 番目以前の番号を指定します（例えば、$i_s - 1$, $i_e = 3$ ならば 1 と 2 番目のインデックスを指定）。

　　補足 11.2　「:」の省略：これまで紹介した df.loc['s02':'s03', :] は df.loc['s02':'s03'] と「:」を省略できます。同様に、df.iloc[1:3, :] は df.iloc[1:3]、df.loc[['s01', 's03'], :] は df.loc[['s01', 's03']]、df.iloc[[0, 2], :] は df.iloc[[0, 2]] と記述できます。

11.2.4　複数のカラムを使った値参照

複数のカラムを個別に指定し、複数の値にアクセスする loc と iloc の利用例として、「生徒の名前」と「英語の点数」を出力するプログラム 11.10 を作成して実行しましょう。

$$\blacktriangleleft \; List \; 11.x \; \blacktriangleright$$

プログラム 11.10：複数のカラムを個別に指定する loc と iloc

```
1  print(df.loc[:, ['名前', '英語']])
2  print(df.iloc[:, [0, 3]])
```

実行結果

```
      名前  英語
s01  斎藤  59
s02  鈴木   2
s03  高橋  30
      名前  英語
s01  斎藤  59
s02  鈴木   2
s03  高橋  30
```

出力イメージ

	名前	国語	数学	英語
s01	斎藤	88	18	59
s02	鈴木	48	81	2
s03	高橋	91	39	30

プログラム 11.10 の 1 行目はカラム名「名前」と「英語」を指定します。以上のように、複数のカラムを指定するためには loc にカラム名を指定する、次の構文のように記述します。

構文：カラムの複数の要素番号の指定

df.loc[:, [カラム名 1, カラム名 2, ...]]

2 行目はカラム名「名前」と「英語」の要素番号を指定します。複数の要素番号を使い複数のカラムを指定するためには iloc に要素番号を指定する、次の構文のように記述します。

構文：データフレームの複数のカラムの指定

df.iloc[:, [カラムの要素番号 1, カラムの要素番号 2, ...]]

11.2.5　カラムの範囲を指定した値参照

複数のカラムを範囲で指定し、複数の値にアクセスする loc と iloc の利用例として「s01 から s03 の生徒の名前」と「s01 から s03 の国語の点数」を出力するプログラム 11.11 を作成して実行しましょう。

$$\blacktriangleleft \; List \; 11.xi \; \blacktriangleright$$

プログラム 11.11：複数のカラムの範囲を指定する loc と iloc

```
1  print(df.loc[:, '名前':'国語'])
2  print(df.iloc[:, 0:2])
```

	実行結果			出力イメージ				

実行結果

	名前	国語
s01	斎藤	88
s02	鈴木	48
s03	高橋	91
	名前	国語
s01	斎藤	88
s02	鈴木	48
s03	高橋	91

出力イメージ

	名前	国語	数学	英語
s01	斎藤	88	18	59
s02	鈴木	48	81	2
s03	高橋	91	39	30

プログラム 11.11 の 1 行目はカラム名「名前」から「国語」を範囲で指定します。複数のカラム名を使い、複数のカラムの範囲を指定するために loc はコロン（:）を用いて、次の構文のように記述します。

構文：データフレームの複数のカラム名の範囲の指定

df.loc[:, カラム名 y_s: カラム名 y_e]

この指定方法の範囲は配列とは異なり、カラム名 y_e まで含みます。

2 行目はカラム名「名前」から「国語」の要素番号を指定します。複数の要素番号を使い、複数のカラムの範囲を指定するために iloc はコロン（:）を用いて、次の構文のように記述します。

構文：複数のカラムの要素番号の範囲の指定

df.iloc[:, カラムの要素番号 j_s: カラムの要素番号 j_e]

指定方法は配列で説明したとおり、カラムの要素番号 j_s: カラムの要素番号 j_e はカラムの要素番号 j_s から j_e 番目以前の番号を指定します（例えば、$j_s = 0, j_e = 2$ ならば 0, 1 番目のカラムを指定）。

補足 11.3　省略可能：一つのカラム名「'名前'」のみ指定する場合は、df['名前'] と省略して記述できます。df['s01'] のようなインデックスの指定はできないため、インデックス名とカラム名に共通の名前が含まれていてもカラム名が優先されます。df['名前':'国語'] などのように範囲を指定する場合、エラーにはならず、インデックスが指定されていないため値は出力されません。

11.2.6　**複数のインデックスと複数のカラムを使った値参照**

これまでに習った値のアクセス方法を活用し、複数のインデックス名と複数のカラム名を指定してデータフレームの値「斎藤、88、鈴木、48」を出力するプログラム 11.12 を作成して実行しましょう。

List 11.xii

プログラム 11.12：複数のインデックスと複数のカラムの指定

```
1  print(df.loc[['s01','s02'], ['名前', '国語']])
2  print(df.loc['s01':'s02', '名前':'国語'])
3  print(df.iloc[[0, 1], [0, 1]])
4  print(df.iloc[0:2, 0:2])
```

実行結果

```
        名前   国語
s01    斎藤    88
s02    鈴木    48
        名前   国語
s01    斎藤    88
s02    鈴木    48
        名前   国語
s01    斎藤    88
s02    鈴木    48
        名前   国語
s01    斎藤    88
s02    鈴木    48
```

出力イメージ

	名前	国語	数学	英語
s01	斎藤	88	18	59
s02	鈴木	48	81	2
s03	高橋	91	39	30

プログラム 11.12 の 1 行目から 4 行目の命令は全て同じ値を出力します。1 行目から 4 行目の構文を、次に示します。

1 行目： df.loc[[インデックス名 1, インデックス名 2, ...], [カラム名 1, カラム名 N, ...]]

2 行目： df.loc[インデックス名 x_s: インデックス名 x_e, カラム名 y_s: カラム名 y_e]

3 行目： df.iloc[[インデックスの要素番号 1, インデックスの要素番号 2, ...], [カラムの要素番号 1, カラムの要素番号 2, ...]]

4 行目： df.iloc[インデックスの要素番号 i_s: インデックスの要素番号 i_e, カラムの要素番号 j_s: カラムの要素番号 j_e]

> **解説 11.3　データフレームのコロン（:）：** データフレームの値にアクセスする際には「:」を使って、インデックス名やカラム名を省略することができます。例えば、df.loc[:, ' 名前':' 国語'] は df.loc['s01':'s03', ' 名前':' 国語'] の省略形です。インデックス名が省略された df.loc[:, ' 名前':' 国語'] の「:」は全てのインデックスを指定する記号になり、インデックス名が省略されない df.loc['s01':'s03', ' 名前':' 国語'] の「:」は's01' から's03' までのインデックスを指定する記号になります。
> **データフレームの角括弧（[ ]）：** 複数のインデックス名や複数のカラム名を指定する際には [ ] を二つ利用します。例えば、df.loc[['s01','s02'], :] のように、's01' と's02' のインデックスを指定する場合を考えてみましょう。もし、[ ] を削り、df.loc['s01','s02', :] を記述すると、Python のインタープリタは、カンマ（,）があるため、どこからどこまでが行と列のそれぞれの名前の指定なのかがわからなくなります。そのため、プログラマーが明示的に [ ] を利用してインデックス名を指定しなければなりません。

11.2.7　データフレームの値の置き換え

これまでに習った値へのアクセス方法を用いて、データフレームの値を置き換える例を List 11.xiii に示します。インデックス名とカラム名を一つずつ利用し、データフレームの一

つの値（s01 の数学の点数）を置き換えるプログラム 11.13 を作成して実行しましょう。

List 11.xiii

プログラム 11.13：インデックス名とカラム名を一つずつ利用した値の置き換え

```
1  df.at['s01', '数学'] = 60
2  print(df.at['s01', '数学'])
```

実行結果
```
60
```

出力イメージ

	名前	国語	数学	英語
s01	斎藤	88	60	59
s02	鈴木	48	81	2
s03	高橋	91	39	30

プログラム 11.13 ではインデックス名「's01'」とカラム名「数学」の数値 18 を数値 60 に置き換えます。このような操作を行うためには「データフレーム名.at[インデックス名, カラム名] = 置き換える数値」と記述します。

 補足 11.4　高速な置き換え：iat は at よりもアクセスが早いため、値の置き換えを大量に行う場合に利用します。プログラム 11.13 と同じ出力を得るためには df.iat[0, 2] = 60 と記述します。この構文は「データフレーム名.iat[インデックスの要素番号, カラムの要素番号] = 置き換える数値」です。

11.2.8　データフレームの複数の値の置き換え

指定したカラムの値を一括で置き換えるプログラム 11.14 を作成して実行しましょう。

List 11.xiv

プログラム 11.14：カラム名を指定したデータフレームの値の置き換え

```
1  df.loc[:, '数学'] = 100
2  print(df.loc[:, '数学'])
```

実行結果
```
s01    100
s02    100
s03    100
Name: 数学, dtype: int64
```

出力イメージ

	名前	国語	数学	英語
s01	斎藤	88	100	59
s02	鈴木	48	100	2
s03	高橋	91	100	30

プログラム 11.14 ではカラム名「数学」の数値 60, 81, 39 を数値 100 に置き換えます。このような操作を行うためには「データフレーム名.at[:, カラム名] = 置き換えたい値」と記述します。

複数のインデックス名と複数のカラム名を指定して、データフレームの値を一括で置き換えるプログラム 11.15 を作成して実行しましょう。

List 11.xv

プログラム 11.15：複数のインデックス名と複数のカラム名を指定した値の置き換え

```
1  df.loc['s02':'s03', '国語':'英語'] = 0
2  print(df.loc['s02':'s03', '国語':'英語'])
```

実行結果

	国語	数学	英語
s02	0	0	0
s03	0	0	0

出力イメージ

名前		国語	数学	英語
s01	斎藤	88	100	59
s02	鈴木	0	0	0
s03	高橋	0	0	0

プログラム 11.15 ではインデックス名「s02」と「s03」の生徒の全科目の点数を数値 0 に置き換えます。以上のようにデータフレームを置き換えるためには「データフレーム名.loc[インデックス名 x_s: インデックス名 x_e, カラム名 y_s: カラム名 y_e] ＝ 置き換えたい値」とします。

補足 11.5　実行速度が速い iloc を用いた置き換え： iloc は loc よりも高速にアクセスできます。そこで、プログラム 11.15 を iloc を用いて置き換える場合は、df.iloc[1:3, 1:4] ＝ 0 と記述します。

11.3　課題

基礎課題 11.1

表 11.3 と同じデータフレームを作成しなさい。表 11.3 の左の数字 1, 2, 3, 4 はインデックス名、上の文字 a, b, c, d, e, f はカラム名です。データフレームを保存する変数の名前は df_data としなさい。

表 11.3　基礎課題 11.1 用データフレーム

	a	b	c	d	e	f
1	0	1	2	3	4	5
2	6	7	8	9	10	11
3	12	13	14	15	16	17
4	18	19	20	21	22	23

基礎課題 11.2

データフレーム df_data からインデキシングやスライシングを用いて、次の値を参照して print 文で出力しなさい。print 文で出力する際に、インデックス名やカラム名を含む形で出力してもよい。

問 1： 15 を出力。

問 2： 0, 1, 2, 3, 4, 5 を出力。

問 3： 3, 9, 15, 21 を出力。

問 4： 8, 9, 10, 14, 15, 16, 20, 21, 22 を出力。

基礎課題 11.3

基礎課題 11.1 で作成した df_data を表 11.4 のように変更しなさい。

表 11.4　基礎課題 11.3 用データフレーム

	a	b	c	d	e	f
1	30	30	30	30	30	30
2	6	7	30	30	10	11
3	12	13	30	30	16	17
4	18	19	30	30	22	23

12 データフレームの演算と読み書き

本章では、データ分析などで活用する pandas のデータフレームの便利な演算機能や、データの読み書きについて学びます。加えて、これまでの応用として pandas のデータフレームと条件式を組み合わせたプログラムを作成します。成績評価のプログラムの作成と、指定した郵便番号の住所を住所録から抽出するプログラムの作成を通して、データフレームの使い方を学びます。

12.1 データフレーム同士の演算

これまで説明してきたデータフレームの値のアクセス方法は、他のプログラミング言語（例えば R 言語）でも似た要領で利用できます。ここではデータフレーム同士の演算を試してみましょう。

12.1.1 インデックスとカラムが揃ったデータフレーム

すでにデータフレームを学んだため、中間試験用の国語と数学の点数のデータフレーム dfa と、期末試験用の国語と数学の点数のデータフレーム dfb を作成して、二つのデータフレームの値を加算するプログラム 12.1 を作成して実行しましょう。

List 12.i

プログラム 12.1：データフレームの足し算

```
1   import pandas as pd
2   # データフレームを作成して dfa に代入
3   dfa = pd.DataFrame({'国語': [66, 98],
4       '数学':[99, 42]}, index = ['s01', 's02'])
5   print('dfa:')
6   print(dfa) # dfa の中身を出力
7   # データフレームを作成して dfb に代入
8   dfb = pd.DataFrame({'国語': [74, 82],
9       '数学':[71, 68]}, index = ['s01', 's02'])
10  print('dfb:')
11  print(dfb) # dfb の中身を出力
12  dfab = dfa + dfb # 二つのデータフレームの値を加算
13  print('dfa + dfb = ')
14  print(dfab) # 結果の出力
```

実行結果

```
dfa:
      国語   数学
s01   66   99
s02   98   42
dfb:
      国語   数学
s01   74   71
s02   82   68
dfa + dfb =
      国語   数学
s01   140  170
s02   180  110
```

dfa と dfb の加算とその結果を図 12.1 に示します。図 12.1 の同じ種類の枠で囲んだ値同士を計算するように、二つのデータフレームのインデックス名が一致し、かつ、カラム名も一致する値同士を演算します。

プログラム 12.1 で作成した二つのデータフレーム（dfa と dfb）の値を部分的に加算して

図 12.1　12 行目の加算の図解：インデックス名「's01'」とカラム名「' 国語'」を操作

dfa に代入するプログラム 12.2 を作成して実行しましょう。

List **12.ii**

プログラム 12.2：アクセス範囲を限定したデータフレームの足し算

```
1  dfa.at['s01','国語'] = dfa.at['s01','国語']+dfb.at['s01','国語']
2  print(dfa)
3  dfa.loc[:,'数学'] = dfa.loc[:,'数学'] + dfb.loc[:,'数学']
4  print(dfa)
```

実行結果

```
      国語   数学
s01   140   99
s02    98   42
      国語   数学
s01   140   170
s02    98   110
```

プログラム 12.2 の 1 行目と 3 行目の加算の結果を図解で理解しましょう。1 行目は図 12.2 の太い実線の枠同士の値を加算した結果である 140 を、太い破線の枠に代入します。つまり、太い破線の枠には、生徒 s01 の中間試験と期末試験の国語の合計点数が代入されます。

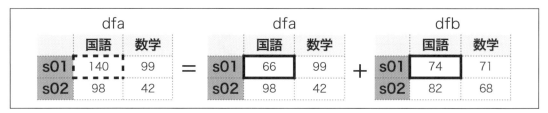

図 12.2　1 行目の加算の図解：インデックス名「's01'」とカラム名「' 国語'」を操作

3 行目は図 12.3 の太い実線の枠同士の値を加算した結果である 170 と 110 を、太い破線の枠に代入します。つまり、太い破線の枠には、それぞれの生徒の中間試験と期末試験の数学の合計点数が代入されます。

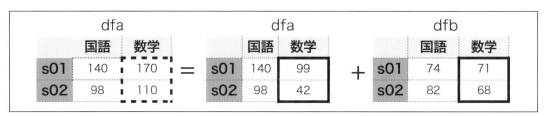

図 12.3　3 行目の加算の図解：カラム名「' 数学'」の全要素を操作

インデックスとカラムの配置が異なるデータフレーム

上記の例を実行した読者の中には『データフレームの演算の機能は配列の演算とどう違うのか？』と疑問を持つ読者もいるでしょう。配列同士の演算は、行番号と列番号が一致する要素同士で行われます。しかし、データフレームの演算はインデックス名とカラム名が一致する値同士で行われるため、より柔軟な演算が可能といえます。

それでは具体的な例で見てみましょう。図 12.4 のように、まずは dfc と dfd を生成します。dfc と dfd のインデックス名とカラム名、値はそれぞれ図 12.1 の dfa と dfb と同じですが、図12.1 と図 12.4 のように配置が異なります。このようなデータフレーム（dfc と dfd）の加算を行うプログラム 12.3 を作成して実行しましょう。

List 12.iii

プログラム 12.3：配置が異なるデータフレームの足し算

```
1   # データフレームを作成して dfc に代入
2   dfc = pd.DataFrame({'国語':[66, 98],
3       '数学':[99, 42]}, index = ['s01', 's02'])
4   print('dfc:')
5   print(dfc) # dfc の中身を出力
6   # データフレームを作成して dfd に代入
7   dfd = pd.DataFrame({'数学':[68, 71],
8       '国語':[82, 74]}, index = ['s02', 's01'])
9   print('dfd:')
10  print(dfd) # dfd の中身を出力
11  dfcd = dfc + dfd # 二つのデータフレームの値を加算
12  print('dfc + dfd= ')
13  print(dfcd) # 結果の出力
```

実行結果

```
dfc:
     国語  数学
s01  66  99
s02  98  42
dfd:
     数学  国語
s02  68  82
s01  71  74
dfc + dfd=
     国語  数学
s01  140  170
s02  180  110
```

プログラム 12.1 の dfab とプログラム 12.3 の dfcd の加算結果は同じです。この結果を図12.4 のような図解で理解しましょう。プログラム 12.3 は図 12.4 のように、同じ種類の枠で囲んだ値同士を計算するように、二つのデータフレームのインデックス名が一致し、かつ、カラム名も一致する値同士を演算します。例えば、生徒's01' の中間試験と期末試験の国語の合計点数（dfcd の黒い点線の枠）は、dfc の黒い点線の枠の値と dfd の黒い点線の値を加算した結果です。

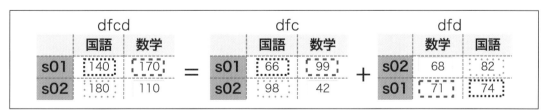

図 12.4　配置が異なる場合の加算結果

もし、試験結果の変数が NumPy の 2 次元配列であったら、同じ生徒の同一科目の中間試

験と期末試験の点数を加算したければ、行番号と列番号の位置を調べながら、「dfcd[0, 0] = dfc[0, 0] + dfd[1, 1]」と記述しなければなりません。しかし、データフレームを用いれば、生徒's01' の中間試験と期末試験の国語の合計点数は、プログラム 12.2 のように、インデックス名とカラム名を指定すれば、要素番号を気にすることなく加算することができます。これにより、プログラム記述のミスを減らせるだけでなく、他人が読んでも理解しやすいソースコードを作成できるようになります。

　以上のように、データフレームの値（点数）が、インデックス名（学籍番号）とカラム名（科目名）で正確にラベル付けされていれば、たとえ、オンライン試験などで学籍番号の並び順がずれたとしても、中間試験と期末試験のそれぞれの生徒の点数を、正確に足し合わせることができます。

12.1.3　不揃いなデータフレーム同士の演算

　pandas ではインデックス名、または、カラム名が異なるデータフレーム同士の演算も行えます。ミニテスト（10 点満点）の第 1 週目の結果のデータフレーム df1 と、第 2 週目の結果のデータフレーム df2 を用意します。これらはインデックス名（生徒）の数が異なります。次に、df1 に df2 を加算するプログラム 12.4 を作成して実行しましょう。

List 12.iv

プログラム 12.4：インデックス数が異なるデータフレーム作成と加算

```
1  # index には s01, s02 の二つを指定
2  df1 = pd.DataFrame({'国語':[10, 8],
3     '数学':[7, 6]}, index = ['s01', 's02'])
4  print('df1:')
5  print(df1) # df1 の出力
6
7  # index には s01 と s02, s03 の三つを指定
8  df2 = pd.DataFrame({'国語':[5, 3, 1],
9     '数学':[3, 8, 9]}, index = ['s01', 's02', 's03'])
10 print('df2:')
11 print(df2) # df2 の出力
12 print('df1 + df2:')
13 print(df1 + df2) # 演算の結果を表示
```

実行結果

```
df1:
       国語    数学
s01    10     7
s02     8     6
df2:
       国語    数学
s01     5     3
s02     3     8
s03     1     9
df1 + df2:
       国語    数学
s01   15.0   10.0
s02   11.0   14.0
s03   NaN    NaN
```

　片方のデータフレームにインデックス名、または、カラム名が足りない場合のデータフレームの算術演算が行われると、不足部分はNaNに置き換わります（解説 12.1 参照）。しかし、このままでは加算の結果に df2 の 1 と 9 が反映されません。

 解説 12.1　NaN：インデックス名とカラム名のいずれかが異なるデータフレーム同士の演算結果には NaN が含まれることに注意が必要です。**NaN は Not a Number** の略語です。pandas のデータフレームにおいては不適切な操作が行われた際などに、欠損値を表す記号として NaN が与えられます。

そこで小さなデータフレームの例で、不揃いなデータフレーム同士の演算に NaN が含まれる問題を回避するプログラム 12.5 を作成して実行しましょう。

List **12.v**

プログラム 12.5：NaN 問題の回避方法	実行結果
| ```
1  dfsum = df1.add(df2, fill_value = 0)
2  print(dfsum)
``` | ```
        国語    数学
s01   15.0   10.0
s02   11.0   14.0
s03    1.0    9.0
``` |

プログラム 12.5 では、df1 と df2 の加算に df2 の国語の点数 1 と数学の点数 9 が反映され、df1 と df2 のそれぞれの情報を失わず計算することができます。

このような不揃いなデータフレーム同士の加算には、add 関数を用いて、次の構文を利用します。

構文：データフレームの加算

変数名 = データフレーム名 1.add(データフレーム名 2, fill_value=0)

引数 fill_value = 0 を指定した add 関数は、インデックス名、または、カラム名が不揃いな箇所を 0 で置き換えてから加算を行います。これにより、NaN が発生して、片方のデータフレームの値が加算の結果に反映されないことを防ぎます。add 関数は、その計算結果を浮動小数点数へと自動的に変換します。これは NaN は浮動小数点数でしか扱えないためです。

 補足 12.1　add 以外の方法：本書では足し算を例にあげました。add 以外にも sub, mul, div, mod, pow が用意されています。sub は減算、mul は乗算、div は除算、mod は mod 計算、pow は累乗です。

12.1.4　データフレームを操作する関数とその機能

add 以外にもデータフレームを操作する様々な機能が実装されています。データフレームを活用する関数とその機能の一覧は次のとおりです。

sum：	合計を計算		idxmax：	最大値の場所を取得
mean：	平均を計算		idxmin：	最小値の場所を取得
cumsum：	累積を計算		describe：	基本統計量を計算

これらの機能は「データフレーム名.関数名 ()」の形式で利用できます。引き続き、ミニテストの第 1 週目の結果のデータフレーム df1 に sum 関数を利用して、科目ごとの合計点を計算するプログラム 12.6 を作成して実行しましょう。

```
List 12.vi
```

プログラム 12.6：データフレームの合計 1	実行結果
`1  print(df1.sum())`	国語 18 数学 13 dtype: int64

プログラム 12.6 はカラムごと、すなわち科目ごとの合計点数を求めています。

次に生徒ごとの合計点数を計算します。インデックスごとに合計を求めるためには引数 axis = 1 と変更したプログラム 12.7 を作成して実行しましょう。

```
List 12.vii
```

プログラム 12.7：データフレームの合計 2	実行結果
`1  print(df1.sum(axis = 1))`	s01 17 s02 14 dtype: int64

欠損値を除外して合計を求めるには、引数に skipna = True を加えます（例えば、data.sum(axis = 1, skipna = True)）

12.2　pandas のファイル操作とデータ抽出

pandas には様々なファイルを読み書きする便利な機能があります。ファイルの読み込みの場合には、読み込んだファイルをデータフレームとして扱う read_○○関数を利用します（○○の部分はファイル形式の名前）。ファイルを書き込む場合には、データフレームを○○形式のファイルとして書き込む to_○○関数を利用します。

12.2.1　ファイルを読み込みデータフレームとして扱う方法

ここでは CSV ファイル（各値をカンマ （,）で区切った形式）と xlsx ファイル（表計算ソフト Excel の代表的なファイル形式の一つ）を読み込む関数を紹介します。

第 8 章のようにファイルを読み込み、読み込んだデータをデータフレームとして扱うためには、次の構文を利用します。

> **構文：CSV ファイルの読み込み**
>
> 変数名 = pd.read_csv(' ファイルパス', index_col = ' インデックスとして扱う列名')

read_csv の引数' ファイルパス' には CSV ファイルのパスを記述します。引数 index_col

には、ファイルパスに指定したデータのどの列名をインデックスとして扱うのかを指定します。

xlsx ファイルの読み込みは、次の構文を利用します。

> **構文：xlsx ファイルの読み込み**
>
> 変数名 = pd.read_excel(' ファイルパス', index_col = ' インデックスとして扱う列名')

read_excel の引数' ファイルパス' には xlsx ファイルのパスを記述します。ただし、この関数には xlrd ライブラリが必要になります。pd.read_excel を利用して「ImportError: Missing optional dependency 'xlrd'. Install xlrd >= 1.0.0 for Excel support Use pip or conda to install xlrd.」が出力される場合は、付録 B を参考に xlrd ライブラリをインストールしましょう。

> **解説 12.2　なぜ CSV のファイルだけではなく xlsx のファイルも扱うのか**：CSV 形式ではなく xlsx 形式でファイルを受け取ることもあります。何らかの事情で xlsx 形式のファイルを受け取ってしまうと、個別の xlsx 式のファイルを CSV 形式のファイルに変換するだけでもたいへんです。一度、データフレームに変換してしまえば、Python で一括処理できます。

12.2.2　特定の情報を抽出するプログラム作成

それでは実際に、住所録データを CSV ファイルからデータフレームとして読み込み、そのデータフレームから指定した郵便番号で住所を抽出するプログラムを作成しましょう。住所録データ ken_data.csv（第 8.3.3 項でダウンロード済み）は、全国 12 万 4,331 件の住所をまとめたデータです（文献［29］）。このデータは件数が多いため、**一般の表計算ソフトでは開くことすら困難**ですが、**データフレームを活用すれば住所録データを扱えます**。

住所録をデータフレームとして読み込むプログラム 12.8 を作成して実行しましょう。

List 12.viii

プログラム 12.8：住所録データの読み込み

```
1  # データの読み込みは時間がかかるため、一つのセルに読み込み、関係するものだけを記述する
2  import pandas as pd
3  data = pd.read_csv('data//ken_data.csv', # 住所録データのファイルパス
4      encoding = 'shift_jis', index_col = '郵便番号')
5  display(data) # 全国 124,331 件の住所
```

実行結果（一部省略）

	都道府県	市区町村名	町域名
郵便番号			
600000	北海道	札幌市中央区	以下に掲載がない場合
...	...	...	...
9071801	沖縄県	八重山郡与那国町	与那国

住所録データを読み込んだら、第 4.3.2 項で利用した input で、指定した郵便番号で住所を抽出するプログラム 12.9 を作成して実行しましょう。プログラム 12.9 を実行したら、 *List* 12.ix の実行途中の空欄に、例えば「6691337」を入力してエンターキーを押します。

次に、プログラム 12.9 では、電子商取引（E-commerce）での利用を見込んで、郵便番号に紐付く住所を個別に出力してみましょう。プログラム 12.9 の 3 行目で data.index.values == int(number) を利用して、入力した郵便番号（int(number)）と住所録データの郵便番号が一致する箇所に True が入ったリストを作成します（解説 12.3 参照）。そのリストを data.loc[ ] に指定すると、True の箇所のみデータが抽出されます。7 行目から 9 行目は、入力した郵便番号を利用して、それぞれ都道府県、市区町村名、町域名を出力します。

List 12.ix

プログラム 12.9：一つの郵便番号に対応する住所の抽出

```
1  number = input('7桁郵便番号(-は不要)を入力してください:')
2  print('あなたの入力した郵便番号:', number, 'です。')
3  subset = data.loc[data.index.values == int(number), :]
4  print('郵便番号に関連する情報を一括で出力')
5  print(subset) # 郵便番号 6691337 の住所を出力
6  print('郵便番号に関連する情報を個別に出力')
7  print('あなたの都道府県:',subset.loc[int(number), '都道府県'])
8  print('あなたの市区町村名:',subset.loc[int(number), '市区町村名'])
9  print('あなたの町域名:',subset.loc[int(number), '町域名'])
```

実行途中

7 桁郵便番号 (-は不要) を入力してください:⬜⬜⬜⬜⬜⬜⬜

実行結果

```
7桁郵便番号 (-は不要)を入力してください:6691337
あなたの入力した郵便番号: 6691337 です。
郵便番号に関連する情報を一括で出力
        都道府県 市区町村名 町域名
郵便番号
6691337  兵庫県    三田市   学園
郵便番号に関連する情報を個別に出力
あなたの都道府県: 兵庫県
あなたの市区町村名: 三田市
あなたの町域名: 学園
```

解説 12.3　データフレーム角括弧内の抽出条件式の指定：データフレームから個別の値の抽出は頻繁に利用します。そこで、一度、data.loc[data.index.values == int(number), :] がどのように処理されるのかを、追いかけてみましょう。Python のインタープリタは、まず条件式 data.index.values == int(number) を [600000, 640941, ..., **6691337**, ..., 9071801] == **6691337** と解釈して展開します。次に、この解釈結果を、入力した郵便番号（6691337）と一致する箇所のみ True となる [False, False, ..., **True**, ..., False] という真偽値の 1 次元配列に変換します。さらに、上記のように条件式を評価した Python のインタープリタは、data.loc[data.index.values == int(number), :] を data.loc[[False, False, ..., **True**, ..., False], :] と解釈します。最終的に、入力した郵便番号の箇所のみが True となる真偽値の 1 次元配列を、インデックスとして指定する箇所に記述した後、Python のインタープリタは、入力した郵便番号に紐付く住所を抽出します。このように評価の流れを追うことができれば、より自由にプログラムを作成できますので、読者は、本章の残りの二つのプログラムで、条件式の評価の流れを追いかけてみましょう。

12.2.3　郵便番号の一部を指定した住所の抽出

　次に、郵便番号の先頭 2 桁を指定しながら、それに紐付く住所を抽出します。例として、兵庫県の住所の一覧を抽出するプログラム 12.10 を作成して実行しましょう。実行途中の空欄に「66」を入力してみましょう。

List 12.x

プログラム 12.10：郵便番号の一部から住所を抽出

```
1  number = input('2桁の数字を入力してください:')
2  print('あなたの入力した先頭2桁は', number, 'です。')
3  # 6600000以上6700000未満の範囲の指定のために最小値と最大値を計算
4  n_min = int(number) * 100000 # 先頭2桁66に0を5つ加える
5  n_max = (int(number) + 1) * 100000 # 指定する範囲の最大値
6  cond1 = n_min <= data.index.values # 条件1:6600000以上のインデックス名
7  cond2 = data.index.values < n_max # 条件2:6700000未満のインデックス名
8  # 条件1と条件2の両方が True のとき、すなわち6600000以上6700000未満の範囲を指定
9  data_sub = data.loc[cond1 & cond2, :]
10 display(data_sub.sort_values('郵便番号')) # 郵便番号で並び替えてから住所を出力
```

実行途中

2 桁の数字を入力してください:▢

実行結果（一部省略）

```
2桁の数字を入力してください: 66
あなたの入力した先頭 2 桁は 66 です。
           都道府県     市区町村名              町域名
郵便番号
6600000    兵庫県        尼崎市    以下に掲載がない場合
...        ...         ...          ...
6696954    兵庫県    美方郡新温泉町              岸田
```

　プログラム 12.10 では 9 行目で郵便番号 6600000 以上 6700000 未満の範囲の住所を抽出しています。プログラミングに慣れてきたら、4 行目から 9 行目を 1 行に置き換えるような書き方もできます。例えば、9 行目の cond1 & cond2 は、4 行目から 7 行目をまとめて、$((int(number) * 100000) <= data.index.values)$ & $(data.index.values < ((int(number) + 1) * 100000))$ と 1 行に置き換えることができます。この 1 行に圧縮した命令の解説は、プログラム 12.10 のコメントを参考にしてください。

12.2.4　住所の一部を指定した郵便番号の抽出

　これまでに、インデックスにある郵便番号を手がかりに、住所録から情報を抽出しました。次に、カラム名とデータフレームの値を手がかりに、住所の一部である「三田」から郵便番号を抽出するプログラム 12.11 を作成して実行してみましょう。実行途中の空欄には「三田」を入力してみましょう。

　プログラム 12.11 の 3 行目では、入力した町域名と一致する住所録を抽出しています。これにより、入力した町域名から郵便番号を知ることができます。以上のように、条件分岐の

条件式を活用すれば、データ全体は大きくても、必要なデータを抽出できます。

List 12.xi

プログラム 12.11：住所の一部から郵便番号を抽出

```
1  ta_name = input('あなたの町域名は')
2  print('あなたの入力した内容は', ta_name)
3  data_sub = data[data['町域名'] == ta_name] # 入力した町域名に一致する情報を抽出
4  display(data_sub.sort_values('郵便番号')) # 郵便番号で並び替えてから住所を出力
```

実行途中	実行結果（一部省略）
あなたの町域名は [＿＿＿＿]	あなたの町域名は 三田 あなたの入力した内容は 三田 　　　　都道府県 市区町村名 町域名 郵便番号 1530062　東京都　目黒区　三田 ... 9420054　新潟県　上越市　三田

12.2.5　抽出済みのデータフレームのファイルへの書き込み

プログラム 12.11 で抽出した data_sub を CSV ファイルに出力するプログラム 12.12 を作成して実行しましょう。CSV 形式で出力する場合は「df.to_csv（ファイルパス, index = True)」として利用します。index = True は書き込むデータフレームのインデックスをそのままファイルに書き込みます。しかし、index が False の場合は、インデックスをファイルに書き込まなくなるため、郵便番号はファイルに含まれません。

List 12.xii

プログラム 12.12：データフレームの書き込み

```
1  data_sub.to_csv('data_sub.csv', index = True)
```

正常に動作すると、data_sub.csv がカレントディレクトリ（pysrc）に保存されているので、確認しましょう。

12.2.6　理解度チェック：不揃いなデータフレームの加算

練習問題 12–1

インデックスとカラムがそれぞれ不揃いな三つのデータフレームを加算するプログラムを作成します。試験実施日には、体調不良などの何かしらの理由で、全ての生徒がミニテストを受けるとは限りません。そのため、データフレームの要素の中には欠損している箇所が含まれる場合があります。ここでは、欠損値（NaN）の発生を避けるために add 関数を使いな

がら、第 1 週目から第 3 週目の各科目のミニテスト（10 点満点）のデータフレーム dffw と dfsw, dftw を順に加算します。利用するデータフレームを図 12.5 に示します。dffw はインデックス名「's01', 's02'」、カラム名「国語, 数学, 理科, 社会, 英語」を含みます。dfsw はインデックス名「's01', 's02', 's03', 's04', 's05'」、カラム名「国語, 数学, 理科」を含みます。dftw はインデックス名「's01', 's02', 's03', 's04', 's05'」、カラム名「社会, 英語」を含みます。

図 12.5　利用するデータフレームの一覧

不揃いなデータフレームを加算するプログラム 12.13 の空欄を埋めなさい。

List 12.xiii

プログラム 12.13：三つの試験結果の合計

```
1  dffw = pd.read____('data//1st-week.xlsx',
2                      index_col = 'ID')
3  dfsw = pd.read_excel('data//2st-week.xlsx',
4                      index_col = 'ID')
5  dftw = pd.read____('data//3st-week.xlsx',
6                      index_col = 'ID')
7  # dffw + dfsw の計算結果を data_sum に代入
8  data_sum = dffw.____(dfsw, fill_value = 0)
9  # data_sum + dftw の計算結果を data_sum に代入
10 data_sum = data_sum.____(dftw, fill_value = 0)
11 display(data_sum)
```

実行結果

	国語	数学	理科	社会	英語
ID					
s01	13.0	2.0	8.0	10.0	18.0
s02	11.0	17.0	11.0	10.0	9.0
s03	3.0	8.0	5.0	9.0	6.0
s04	6.0	6.0	0.0	2.0	6.0
s05	6.0	1.0	6.0	10.0	1.0

練習問題 12–2

ここではデータ if2p.csv を使いながら、2 名の生徒の成績評価用のプログラムを作成します。表 12.1 に if2p.csv の中身を示します。ここでは、カラム名「国語」の斎藤さんと鈴

表 12.1　評価前の成績表

	名前	国語	判定
s01	斎藤	88	
s02	鈴木	48	

表 12.2　評価後の成績表

	名前	国語	判定
s01	斎藤	88	A
s02	鈴木	48	不可

木さんの得点に応じて、データフレームのカラム名「判定」に判定結果を入れる List 12.xiii のプログラムの空欄を埋めて作成してください。成績評価の判定は、80 点以上なら判定に A が入り、60 点以上 79 点未満なら B、60 点未満なら不可とします。成績評価の判定後のデータフレームの中身は、表 12.2 のように変化します。

List 12.xiv

プログラム 12.14：if 文とデータフレームを用いた成績評価

```
1  import pandas as pd
2  data = pd.read_csv('data//if2p.csv', index_col = 0)
3  display(data)
4  print('斎藤さんの評価前の成績')
5  print(data.loc[_____ == '斎藤', :])
6  if data.loc[_____] >= 80:
7      data.loc['s01', '判定'] = 'A'
8  elif data.loc['s01', '国語'] >= 60:
9      data.loc[_____] = 'B'
10 else:
11     data.loc['s01', '判定'] = '不可'
12 if data.loc['s02', '国語'] >= _____:
13     data.loc[_____] = 'A'
14 elif data.loc[_____] >= _____:
15     data.loc['s02', '判定'] = 'B'
16 else:
17     data.loc[_____] = _____
18 print('成績評価後')
19 display(data)
20 print('鈴木さんの成績')
21 print(data.loc[_____ == 's02', :])
```

実行結果

```
        名前   国語 判定
s01   斎藤   88
s02   鈴木   48
斎藤さんの評価前の成績
        名前   国語 判定
s01   斎藤   88
成績評価後
        名前   国語   判定
s01   斎藤   88    A
s02   鈴木   48    不可
鈴木さんの成績
        名前   国語   判定
s02   鈴木   48    不可
```

練習問題 12–3

ここでは 3 教科の得点の合計が 180 点以上ならば合格、それ以外ならば不合格と判定するプログラム 12.15 を完成させなさい。読み込むデータは if2pg.csv を使い、同じ実行結果が得られるようにプログラム 12.15 の空欄を埋めなさい。

List 12.xv

プログラム 12.15：3 教科の合計と合否判定

```
1  data = pd.read_csv('data//if2pg.csv', index_col = 0)
2  display(data)
3  data.iloc[_____] = data.iloc[0, 1:4].sum()
4  if data.iloc[_____] >= 180:
5      data.iloc[0, 5] = _____
6  else:
7      data.iloc[0, _____] = '不合格'
8  data.iloc[1, 4] = _____
9  if data.iloc[1, 4] >= _____:
10     data.iloc[_____] = '合格'
11 else:
12     data.iloc[_____, 5] = '不合格'
13 print('成績評価後')
14 display(data)
15 data.to_csv('data//if2pg_hantei.csv', index = True)
```

実行結果

```
     名前  国語  数学  英語  合計 判定
s01  斎藤  88  48  59  0
s02  鈴木  48  81   2  0
成績評価後
     名前  国語  数学  英語   合計   判定
s01  斎藤  88  48  59  195   合格
s02  鈴木  48  81   2  131  不合格
```

12.3 練習問題の解答例

練習問題 12–1 の解答例

List **12.xvi**

プログラム 12.16：三つの試験結果の合計の解答例

```
1 dffw = pd.read_excel('data//1st-week.xlsx', index_col = 'ID')
2 dfsw = pd.read_excel('data//2st-week.xlsx', index_col = 'ID')
3 dftw = pd.read_excel('data//3st-week.xlsx', index_col = 'ID')
4 data_sum = dffw.add(dfsw, fill_value = 0)
5 data_sum = data_sum.add(dftw, fill_value = 0)
6 display(data_sum)
```

プログラム 12.16 の 1 行目から 3 行目では dffw と dfsw, dftw にデータを読み込みます。これらのデータフレームを全て加算した結果（data_sum の値）が正しいことを確認するため、4 行目の計算を図 12.6 に、5 行目の計算を図 12.7 に示します。

プログラム 12.16 の 4 行目は dffw と dfsw を加算した結果のデータフレームを data_sum に代入します。この結果、data_sum に数値が代入される一つの例は、data_sum.loc['s03', '理科'] の 5.0 です。この数値 5.0 は、dffw の数値 0（NaN の代わりに置き換わった数値）と dfsw の 5 を加算した結果です。また、data_sum に NaN が代入される一つの例は、data_sum.loc['s03', '英語'] の NaN です。これは各データフレームにインデックス名「's03'」とカラム名「'英語'」に該当する値が含まれないためです。

data_sum

	国語	数学	理科	社会	英語
s01	13.0	2.0	8.0	3.0	10.0
s02	11.0	17.0	11.0	0.0	8.0
s03	3.0	8.0	5.0	NaN	NaN
s04	6.0	6.0	0.0	NaN	NaN
s05	6.0	1.0	6.0	NaN	NaN

=

dffw

	国語	数学	理科	社会	英語
s01	3	1	2	3	10
s02	8	8	2	0	8

+

dfsw

	国語	数学	理科
s01	10	1	6
s02	3	9	9
s03	3	8	5
s04	6	6	0
s05	6	1	6

図 12.6　4 行目の dffw と dfsw を加算して data_sum に代入

プログラム 12.16 の 5 行目は data_sum に dftw を加算した結果のデータフレームを

data_sum に代入します。5 行目の右辺の data_sum のインデックス名「's03','s04','s05'」かつカラム名「'社会', '英語'」の値は NaN ですが、それらと同じインデックス名とカラム名が dftw に存在するために、NaN が 0 に置き換わり足し算が行われます。

data_sum

	国語	数学	理科	社会	英語
s01	13.0	2.0	8.0	10.0	18.0
s02	11.0	17.0	11.0	10.0	9.0
s03	3.0	8.0	5.0	9.0	6.0
s04	6.0	6.0	0.0	2.0	6.0
s05	6.0	1.0	6.0	10.0	1.0

=

data_sum

	国語	数学	理科	社会	英語
s01	13.0	2.0	8.0	3.0	10.0
s02	11.0	17.0	11.0	0.0	8.0
s03	3.0	8.0	5.0	NaN	NaN
s04	6.0	6.0	0.0	NaN	NaN
s05	6.0	1.0	6.0	NaN	NaN

+

dftw

	社会	英語
s01	7	8
s02	10	1
s03	9	6
s04	2	6
s05	10	1

図 12.7　5 行目の data_sum に対して dftw を加算

練習問題 12–2 の解答例

s01 や国語の文字列を使うために「loc」を利用しました。この書き方だとソースコード上で、どの生徒のどの科目の成績を評価しているかを直感的に理解できます。特に、大規模なデータから特定の値を検索するときには、その値の位置を知らなくても、生徒の学籍番号や名前を利用すれば、インデックスだけでデータを探して演算できます。プログラム 12.17 は iloc を利用して書き直せますが、iloc を使うと、大規模データの何番目に抽出したいデータがあるか、あらかじめ把握しないとプログラムが組めないことに注意してください。

List **12.xvii**

プログラム 12.17：if 文とデータフレームを用いた成績評価の解答例

```
data = pd.read_csv('data//if2p.csv', index_col = 0)
display(data)
print('斎藤さんの評価前の成績')
print(data.loc[data['名前'] == '斎藤', :])
if data.loc['s01', '国語'] >= 80:
    data.loc['s01', '判定'] = 'A'
elif data.loc['s01', '国語'] >= 60:
    data.loc['s01', '判定'] = 'B'
else:
    data.loc['s01', '判定'] = '不可'
if data.loc['s02', '国語'] >= 80:
    data.loc['s02', '判定'] = 'A'
elif data.loc['s02', '国語'] >= 60:
    data.loc['s02', '判定'] = 'B'
else:
    data.loc['s02', '判定'] = '不可'
print('成績評価後')
display(data)
print('鈴木さんの成績')
print(data.loc[data.index.values == 's02', :])
```

プログラム 12.17 は同じような記述が繰り返し使われて、無駄が多いコードです。しかし、for 文を利用すれば、よりコンパクトなプログラムで大規模な成績評価を行うプログラムが作れます（第 13.3.2 項参照）。

練習問題 12–3 の解答例

List **12.xviii**

プログラム 12.18：3 教科の合計と合否判定の解答例

```
1   data = pd.read_csv('data//if2pg.csv', index_col = 0)
2   display(data)
3   data.iloc[0, 4] = data.iloc[0, 1:4].sum()
4   if data.iloc[0, 4] >= 180:
5       data.iloc[0, 5] = '合格'
6   else:
7       data.iloc[0, 5] = '不合格'
8   data.iloc[1, 4] = data.iloc[1, 1:4].sum()
9   if data.iloc[1, 4] >= 180:
10      data.iloc[1, 5] = '合格'
11  else:
12      data.iloc[1, 5] = '不合格'
13  print('成績評価後')
14  display(data)
15  data.to_csv('data//if2pg_hantei.csv', index = True)
```

12.4 課題

基礎課題 12.1

データフレーム同士の演算結果に NaN が含まれる理由を本章に即して述べなさい。

基礎課題 12.2

第 11 章の基礎課題 11.1 で使った df_data を用いて、データフレームの 6 種類の演算 sum から describe を全て試しなさい。

基礎課題 12.3

読者の知る住所を用いて、プログラム 12.9 からプログラム 12.11 の動作を確認しなさい。

発展課題 12.4

複数のデータフレームを減算（補足 12.1 参考）するプログラムの空欄を埋めて完成させなさい。

> *List* **12.xix**

プログラム 12.19：複数のデータフレームの減算

```
1  import pandas as pd
2  dfA = pd.[        ]('data//dataA.csv', index_col = 'ID')
3  dfB = pd.[        ]('data//dataB.csv', index_col = 'ID')
4  dfC = pd.[        ]('data//dataC.csv', index_col = 'ID')
5  dfA = dfA.[        ](dfB, fill_value = 0)
6  dfA = dfA.[        ](dfC, fill_value = 0)
7  print(dfA)
```

実行結果

```
        1       2       3      4      5
ID
A   -33.0    16.0    20.0   21.0   -1.0
B    -7.0    65.0   -14.0  -42.0  -10.0
C    -5.0  -109.0   -63.0   -5.0  -80.0
D   -65.0   -60.0   -92.0  -26.0  -95.0
E   -30.0   -99.0  -194.0  -96.0  -66.0
```

発展課題 12.5

　発展課題 12.4 と補足 12.1 を参考に複数のデータフレームを乗算するプログラムを完成させなさい。乗算の計算順序は発展課題 12.4 のプログラムと同じです。その実行結果は、次のとおりです。

実行結果

```
       1       2         3     4     5
ID
A    0.0  6900.0   81780.0   0.0   0.0
B    0.0  4140.0  226238.0   0.0   0.0
C    0.0     0.0       0.0   0.0   0.0
D    0.0     0.0       0.0   0.0   0.0
E    0.0     0.0       0.0   0.0   0.0
```

13 ——— 条件分岐を含む繰り返し文の実装

本章から for 文の理解を深めます。プログラムを作成する際、どのようにループ変数を利用するかが、プログラムの構成や設計の大事なポイントです。そこで、for 文の様々な例を試しながら、ループ変数とシーケンスの設計方法を学びます。

13.1 ループ変数とシーケンスの設定方針

13.1.1 1 次元配列の中身を操作する繰り返し文

プログラム 13.1 では、1 次元配列の要素番号 0 から要素番号 2 に格納された要素を、先頭から順次出力するために、**1 次元配列の要素番号としてループ変数 i** を使います。まず 3 回繰り返すことを意図して、for 文のシーケンスに np.arange(3) を設定します。このときループ変数 i には 0, 1, 2 の数値を順に代入します。プログラム 13.1 を作成して実行しましょう。

List **13.i**

プログラム 13.1：for 文と 1 次元配列の例 1	実行結果
| ```
1  import numpy as np
2  x = np.array([8, 3, 1]) # 出力用の配列
3  for i in np.arange(3): # 要素番号iを利用
4      print('i =', i, 'x =', x[i])
``` | ```
i = 0 x = 8
i = 1 x = 3
i = 2 x = 1
``` |

プログラム 13.1 の 4 行目は 1 次元配列 x の要素番号 0, 1, 2 に対応するループ変数 i の値と、その値を利用して x[0], x[1], x[2] の要素を出力します。

13.1.2 1 次元配列の中身を出力する繰り返し文

1 次元配列の要素としてループ変数 i を使います。プログラム 13.2 では、1 次元配列の要素を順次出力することを意図しているため、for 文のシーケンスにそのまま 1 次元配列を設定します。まず 1 次元配列の中身を出力するプログラム 13.2 を作成して実行しましょう。

List **13.ii**

プログラム 13.2：for 文と 1 次元配列の例 2	実行結果
| ```
1  x = np.array([8, 3, 1])
2  for i in x: # xの中身を一つずつiに代入
3      print('1次元配列の中身:', i)
``` | ```
1次元配列の中身:8
1次元配列の中身:3
1次元配列の中身:1
``` |

プログラム 13.2 はループ変数 i に 1 次元配列の要素を先頭から末尾まで順に代入し、その値を出力します。出力される値はプログラム 13.1 と同じです。

13.1.3　繰り返し文と 1 次元配列の要素の加算

NumPy の配列の第 6 章では、1 次元配列 y の要素に数値を加算するために y[1] = y[1] + 1 のような記述が複数回必要でした。ここでは上手にループ変数とシーケンスを設計して、for 文で 1 次元配列 y の各要素に足し算を行うことを考えましょう。**1 次元配列の要素番号としてループ変数 i を使いながら、そのループ変数 i を単に数値**としても使います。

ループ変数 i で指定した 1 次元配列の要素に、ループ変数 i の中身を加えるようにプログラム 13.3 を作成して実行しましょう。

List 13.iii

プログラム 13.3：繰り返し文を用いた加算

```
1  y = np.array([10, 20, 30])
2  for i in np.arange(3): # i は 0, 1, 2 と変化
3      y[i] = y[i] + i # i 番目の要素に i を加算
4      print('i =', i, 'y =', y[i])
```

実行結果

```
i = 0 y = 10
i = 1 y = 21
i = 2 y = 32
```

プログラム 13.3 の 3 行目はループ変数 i を要素番号として利用した y[0], y[1], y[2] の要素に、1 次元配列 y の要素番号 0, 1, 2 に対応するループ変数 i の値を加え、その加算の結果をループ変数で指定した 1 次元配列 y に代入します。具体的には、y[0] = y[0] + 0, y[1] = y[1] + 1, y[2] = y[2] + 2 と計算を行います。

13.1.4　繰り返し文とファイルの読み込み

これまでにループ変数に数値を代入しながら繰り返しの処理を行いました。シーケンスには数値だけでなく、文字列も記述できます。そこで、高校 3 年分の試験結果をまとめたファイルを三つ用意し、これらの試験結果のファイル名をループ変数 sf として 3 回ループを回し、三つのファイルを読み込むプログラム 13.4 を作成して実行しましょう。

List 13.iv

プログラム 13.4：読み込むファイル名を変える繰り返し

```
1  import pandas as pd
2  # ファイル名を利用して 3回繰り返し（変数 sf には読み込みたいファイル名を代入）
3  for sf in ['2019_seiseki_1g.csv', '2020_seiseki_2g.csv', '2021_seiseki_3g.csv']:
4      print(sf, 'の読み込み準備', end = '・・・')
5      data = pd.read_csv('data//rcard//' + sf, index_col = 0)
6      display(data) # 読み込んだファイルを出力
7      print('読み込み終了')
```

実行結果（一部省略）						
2019_seiseki_1g.csv の読み込み準備・・・						
	国語	数学	英語	理科	社会	体育
ID						
2019001	36	66	79	8	27	44
...	...	...	...	...	...	...
2019020	52	84	91	84	41	14
読み込み終了						
2020_seiseki_2g.csv の読み込み準備・・・						
	国語	数学	英語	理科	社会	体育
ID						
2020001	86	41	93	65	54	37
...	...	...	...	...	...	...
2020020	21	88	63	54	20	17
読み込み終了						
2021_seiseki_3g.csv の読み込み準備・・・						
	国語	数学	英語	理科	社会	体育
ID						
2021001	47	0	50	5	40	5
...	...	...	...	...	...	...
2021020	22	84	56	35	24	72
読み込み終了						

　このプログラムでは**読み込みたいファイル名としてループ変数 sf を利用しながら**、「高校1年次の試験結果」（2019_seiseki_1g.csv）、「高校2年次の試験結果」（2020_seiseki_2g.csv）、「高校3年次の試験結果」（2021_seiseki_3g.csv）を読み込みます。繰り返しの中では、三つの読み込むファイル名がループ変数 sf に代入されます。このようにシーケンスやループ変数は、ループを回すたびに変化する繰り返す意図（読み込みたいファイル名を変える）を設定できるので、プログラムの目的に合わせて設定します。ループ変数で何を変化させて繰り返し処理をさせたいかは、ソースコードの2行目のようにコメント文で書いておくと、可読性が高くなり便利です。

13.2　データフレームと繰り返し文

　ここでは第8.3.3項でダウンロードした高校の21年間分の11万5,500人の試験結果をまとめた seiseki_6s.csv というファイルを使います。この大規模なデータをデータフレームとして読み込み、インデックス名やカラム名をループの中で回しながら、特定の学籍番号の生徒の点数を表示しましょう。

13.2.1　カラム名を利用したシーケンス設計

for 文のシーケンスにカラム名を利用するプログラム 13.5 を作成して実行しましょう。

List 13.v

プログラム 13.5：for 文を用いたカラム名の出力

```
1  import pandas as pd
2  data = pd.read_csv(
3      'data//seiseki_6s.csv',
4      index_col = 'ID')
5  display(data) # 表の形式で出力
6
7  print('loop start')
8  # カラム名を利用して繰り返す
9  for i in data.columns.values:
10   # i にはカラム名を代入
11   print('20190001の', i, 'は',
12     data.at[20190001,i], '点です')
13 print('loop end')
```

実行結果（一部省略）

```
    国語 数学 英語 理科 社会 体育
ID
19990001 58 81 66 46 35 80
... .. .. .. .. .. ..
20195500 57 69 77 98 88 83
[ 115500 rows x 6 columns ]
loop start
20190001 の 国語 は 14 点です
20190001 の 数学 は 65 点です
20190001 の 英語 は 67 点です
20190001 の 理科 は 72 点です
20190001 の 社会 は 85 点です
20190001 の 体育 は 32 点です
loop end
```

このプログラムではデータフレームのカラム名（国語から体育まで）がループ変数 i に代入され、そのループ変数 i を利用しながら学籍番号 20190001 の点数を順次出力します。シーケンスに設定した data.columns.values は data と省略可能です。

13.2.2　インデックス名を利用したシーケンス設計

for 文のシーケンスにインデックス名を利用するプログラム 13.6 を作成して実行しましょう。**このプログラムは大量の文字列を出力するため、実行終了まで 1 分ほどかかります。結果が出るまで、焦らず出力を確認しながら待ちましょう。**

List 13.vi

プログラム 13.6：for 文を用いたインデックス名の出力

```
1  # インデックス名を利用して繰り返す
2  for i in data.index:
3      print('インデックス名', i)
4      print(data.loc[i, :]) # 各カラムの出力
```

実行結果（一部省略）

```
インデックス名 19990001
国語 58
数学 81
...
Name: 19990001, dtype: int64
...
インデックス名 20195500
国語 57
数学 69
...
Name: 20195500, dtype: int64
```

このプログラムではデータフレームのインデックス名を出力し、その名前を利用してデータフレームの要素にアクセスします。

> **補足 13.1　シーケンスに利用可能な関数**：data.index の代わりに、シーケンスには変数 data を 1 行ずつループ変数に代入する data.iterrows()、一列ずつループ変数に代入する data.iteritems() などが利用できます（文献［30］参照）。また、効率的に繰り返しを実行する方法は文献［31］を参照しましょう。

13.2.3　理解度チェック：繰り返しを用いたデータフレームの操作

練習問題 13–1

　プログラム 13.5 のプログラムを利用して、学籍番号 19990003 の生徒の国語から体育までの点数を出力しましょう。

練習問題 13–2

　プログラム 13.6 は全インデックス名を出力するので、実行時間がかかりすぎます。そこで、例えばインデックス名（学籍番号）20190001 から 20195500 までの生徒の点数だけ出力するにはどうしたらいいでしょうか？ data.loc でスライシングして index を使い、それから該当するデータを、for 文で出力するように変更してください。

13.3　条件分岐と繰り返しの組み合わせ

　for 文の中では if 文を頻繁に利用します。for 文の中での if 文の書き方を学ぶために、成績評価のプログラムと繰り返しジャンケンのプログラムを作成します。

> **解説 13.1　プログラムを設計する考え方**：プログラミングでは「配列にどのようなデータを保存し、それを for 文で効率よく処理するか」がプログラムの設計の大事なポイントです。どのような処理を繰り返して行い、その中でどんな条件分岐を記述すればよいかを考えます。具体的には、どのデータをどのような形の配列や変数に入れ、どこで条件分岐を行い、どこで繰り返し処理を入れるか、この順番と組み合わせを考えることがプログラムの設計の基本です。

13.3.1　繰り返し文を使う理由

　プログラムを作成する作業効率をあげたいときは、まず「繰り返し処理」の可能な作業は何かを洗い出します。そして、繰り返し処理の中で if 文や配列のアクセスにループ変数の値を使い回せるようにプログラムを作ります。

　コンピュータにとって最も得意とする作業は、人間には不可能な回数の単調な繰り返し作業です。ループ変数の中身が変化するだけで、繰り返し作業が行える手続きだけを取り出します。例えば、成績評価なら必要な生徒の人数分だけループ回数（または必要な生徒分の学籍番号）を設定し、同じ成績評価の手続きをループ内で行えるように作ると効率的です。

13.3.2 条件分岐や繰り返し、データフレームを用いる成績評価

高校の 21 年間分の 11 万 5,500 人の国語の成績を判定します。60 点以上なら可、60 点未満は不可という成績判定を全員に行うプログラムを考えてみましょう。このとき for 文で生徒の人数分を繰り返し、その for 文の中で 60 点以上か未満かの判定を if 文で作ります。

繰り返しの中で if 文を使う際には、繰り返し処理の記述の中で 1 回、if 文の処理の記述の中で 1 回、つまり **Tab キーを計 2 回押して、インデントを加えること**を忘れないようプログラム 13.7 を作成して実行しましょう。

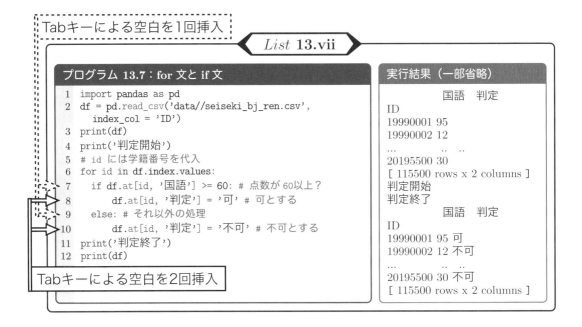

List 13.vii

プログラム 13.7：for 文と if 文

```
1  import pandas as pd
2  df = pd.read_csv('data//seiseki_bj_ren.csv',
     index_col = 'ID')
3  print(df)
4  print('判定開始')
5  # id には学籍番号を代入
6  for id in df.index.values:
7      if df.at[id, '国語'] >= 60: # 点数が 60 以上？
8          df.at[id, '判定'] = '可' # 可とする
9      else: # それ以外の処理
10         df.at[id, '判定'] = '不可' # 不可とする
11 print('判定終了')
12 print(df)
```

Tabキーによる空白を1回挿入

Tabキーによる空白を2回挿入

実行結果（一部省略）

```
          国語  判定
ID
19990001 95
19990002 12
...        .. ..
20195500 30
[ 115500 rows x 2 columns ]
判定開始
判定終了
          国語  判定
ID
19990001 95 可
19990002 12 不可
...        .. ..
20195500 30 不可
[ 115500 rows x 2 columns ]
```

このプログラムではループ変数 id に学籍番号 19990001 から 20195500 を代入しながら繰り返します。ループ変数 id を利用して、カラム名「国語」の点数が 60 点以上ならカラム名「判定」の要素を '可'、それ以外なら '不可' に置き換えています。

> **補足 13.2　プログラムの書き換え**：Python のプログラムには様々な書き方があります。プログラム 13.7 では if 文と for 文、データフレームの知識をしっかり理解していれば、6 行目から 10 行目を「df.loc[df.loc[:, ' 国語'] >= 60, ' 判定'] = ' 可'」と「df.loc[df.loc[:, ' 国語'] < 60, ' 判定'] = ' 不可'」に書き換え可能です。しかし、複雑な処理になればなるほど、この書き換えが難しくなります。

> **解説 13.2　入れ子構造**：プログラム 13.7 やプログラム 13.8 では入れ子構造を利用しました。Python では for 文の中で、さらにインデントを加えて if 文を記述すると繰り返し処理の一つのブロックとして if 文での判定処理を扱います。詳しくは第 16 章で扱います。

13.3.3 繰り返しを用いたジャンケンの改造

プログラム 9.21 を改造してジャンケンを 3 回繰り返すプログラム 13.8 を作成します。

List **13.viii**

プログラム 13.8：繰り返しジャンケン

```
 1  import numpy as np
 2  for step in np.arange(3): # 3回繰り返す
 3      print('Step', step, 'start!')
 4      my_hand = input('my_handの入力: rock, scissors, or, paper:')
 5      cpu_hand = input('cpu_handの入力: rock, scissors,  or, paper:')
 6      print('my_hand:', my_hand, '. cpu_hand:', cpu_hand)
 7      if my_hand == cpu_hand: # 勝敗の判定
 8          print('Rock, paper, scissors')
 9      elif my_hand == 'rock' and cpu_hand == 'scissors':
10          print('You win.')
11      elif my_hand == 'scissors' and cpu_hand == 'paper':
12          print('You win.')
13      elif my_hand == 'paper' and cpu_hand == 'rock':
14          print('You win.')
15      else:
16          print('You lose.')
17  print('Game Over')
```

実行結果（一部省略）

```
Step 0 start!
my_hand の入力: rock, scissors, or, paper : paper
cpu_hand の入力: rock, scissors, or, paper : rock
my_hand: paper . cpu_hand: rock
You win.
...
Step 2 start!
my_hand の入力: rock, scissors, or, paper : paper
cpu_hand の入力: rock, scissors, or, paper : paper
my_hand: paper . cpu_hand: paper
Rock, paper, scissors
Game Over
```

プログラム 13.8 には、ジャンケンの勝敗を 1 回判定するプログラム 9.21 のソースコードを、for 文の一つのブロックとして記述しました。このように、for 文の中で Tab キーによりインデントを加えるだけで、作成したプログラムの処理を繰り返し処理として使えます。

13.3.4 乱数を利用したサイコロの作成

ここでは for 文の中で if 文と**乱数**を利用してみましょう。乱数は一定の範囲からでたらめに現れる数字のことです。例えば、偏りなく目を出すサイコロを投げれば、サイコロの出目は、でたらめに 1 から 6 のいずれかが出ます。サイコロのように無作為（偶然）に、どの数値（乱数）も等しい、確からしさで出るプログラム 13.9 を作成して実行しましょう。

コンピュータプログラムでサイコロを実装するためには、0 以上 1 未満の実数値が一様にでたらめに発生する np.random.rand() を利用します。この関数を利用して、4 行目から 15 行目のように、乱数とサイコロの出目の対応関係の if 文を記述します。例えば 4 行目と 5 行目は「もし np.random.rand() から生成する乱数が 0 以上 1/6 未満の数値ならば、その数値は

サイコロの出目 1 に対応するとして' サイコロの出目は 1 に対応します。' と出力する」を意味します。コンピュータにランダムな行動をさせるためには、確率の範囲（0 から 1）内で「どこからどこまでの数値がどの行動に対応する」のかを考えて条件文を作ります。

List 13.ix

プログラム 13.9：実数値の乱数をサイコロの目に対応

```
1  for kaisuu in np.arange(3):
2      rand = np.random.rand() # 0 から 1 の実数値
3      print(kaisuu,'回目の乱数は',rand,'です。')
4      if   0.0 <= rand < 1/6 : # rand は 0 以上 1/6 未満なので
5          print('サイコロの出目は 1 に対応します。')
6      elif 1/6 <= rand < 2/6 : # rand は 1/6 以上 2/6 未満なので
7          print('サイコロの出目は 2 に対応します。')
8      elif 2/6 <= rand < 3/6 : # rand は 2/6 以上 3/6 未満なので
9          print('サイコロの出目は 3 に対応します。')
10     elif 3/6 <= rand < 4/6 : # rand は 3/6 以上 4/6 未満なので
11         print('サイコロの出目は 4 に対応します。')
12     elif 4/6 <= rand < 5/6 : # rand は 4/6 以上 5/6 未満なので
13         print('サイコロの出目は 5 に対応します。')
14     elif 5/6 <= rand < 1 : # rand は 5/6 以上 6/6 未満なので
15         print('サイコロの出目は 6 に対応します。')
```

実行結果

```
0 回目の乱数は 0.9958829994556923 です。
サイコロの出目は 6 に対応します。
1 回目の乱数は 0.5378945582117557 です。
サイコロの出目は 4 に対応します。
2 回目の乱数は 0.6483824023294271 です。
サイコロの出目は 4 に対応します。
```

1 から 6 の整数値を乱数として使うプログラムは、プログラム 13.10 のように記述できます。このプログラムを作成して実行してみましょう。

List 13.x

プログラム 13.10：整数値乱数とサイコロの目

```
1  for kaisuu in np.arange(1, 8):
2      # 1から6までの整数値
3      rand = np.random.randint(1, 7)
4      print(kaisuu, '回目のサイコロの出目は',
5      rand, 'です。')
```

実行結果

```
1 回目のサイコロの出目は 1 です。
2 回目のサイコロの出目は 2 です。
3 回目のサイコロの出目は 3 です。
4 回目のサイコロの出目は 1 です。
5 回目のサイコロの出目は 4 です。
6 回目のサイコロの出目は 3 です。
7 回目のサイコロの出目は 2 です。
```

np.random.randint(x, y) は x 以上 y 未満の整数値を等しい確率で生成する関数です。プログラム 13.10 では生成した乱数（1, 2, 3, 4, 5, 6）をそのままサイコロの目としてプログラムの中で扱います。for 文と if 文、乱数を組み合わされば、簡単なゲームなどを作成でき、さ

らに、プログラミングでできることが増えます。

13.3.5 理解度チェック：繰り返し文の実装例

練習問題 13-3

プログラム 13.7 を参考に 11 万 5,500 人の数学の成績を評価するプログラムを作成しましょう。ここでは数学の点数が 60 以上の場合はカラム名「判定」の値を' 可' に、それ以外なら' 不可' に置き換えましょう。数学の成績データは seiseki_bj_ren2.csv を利用しましょう。

練習問題 13-4

プログラム 13.8 を参考にジャンケンを 5 回繰り返すプログラムを作成しましょう。

練習問題 13-5

プログラム 13.9 を参考に、1 の目から 5 の目までがそれぞれ 1/10 の確率、6 の目が 5/10 の確率で出るイカサマなサイコロを作成しましょう。

13.4 練習問題の解答例

練習問題 13-1 の解答例

List 13.xi

プログラム 13.11：生徒一人の点数の出力

```
1  import pandas as pd
2  data = pd.read_csv('data//seiseki_6s.csv',
3      index_col='ID')
4  for i in data:
5      print('19990003の', i, 'は',
6       data.at[19990003,i], '点です')
```

実行結果

```
19990003 の 国語 は 79 点です
19990003 の 数学 は 53 点です
19990003 の 英語 は 93 点です
19990003 の 理科 は 30 点です
19990003 の 社会 は 79 点です
19990003 の 体育 は 52 点です
```

練習問題 13-2 の解答例

List 13.xii

プログラム 13.12：インデックス名を用いた繰り返し

```
1  for i in data.loc[20190001:20195500, :].index:
2      # インデックス名を利用して繰り返すため確認用
3      print('インデックス名', i)
4      print(data.loc[i, :]) # 各カラムの出力
```

実行結果（一部省略）

```
インデックス名 20190001
国語 14
...
体育 32
Name: 19990001, dtype: int64

...
インデックス名 20195500
国語 57
...
体育 83
Name: 20195500, dtype: int64
```

練習問題 13–3 の解答例

List 13.xiii

プログラム 13.13：大規模な成績評価

```
1   import pandas as pd
2   df = pd.read_csv('data//seiseki_bj_ren2.csv',
        index_col='ID')
3   print(df)
4
5   print('判定開始')
6   for id in df.index.values:
7       # id には学籍番号を代入
8       if df.at[id, '数学'] >= 60:
9           df.at[id, '判定'] = '可'
10      else:
11          df.at[id, '判定'] = '不可'
12  print('判定終了')
13  print(df)
```

実行結果（一部省略）

```
            数学 判定
ID
19990001   81
...        .. ..
20195500   69
[115500 rows x 2 columns]
判定開始
判定終了
            数学   判定
ID
19990001   81    可
...        .. ..
20195500   69    可
[115500 rows x 2 columns]
```

練習問題 13–4 の解答例

「for step in np.arange(3):」を「for step in np.arange(5):」と書き換えます。

練習問題 13–5 の解答例

List 13.xiv

プログラム 13.14：イカサマなサイコロを作成

```
1   import numpy as np
2   for kaisuu in np.arange(3):
3       rand = np.random.rand() # 0から1の実数値
4       print(kaisuu,'回目の乱数は',rand,'です。')
5       if 0.0 <= rand < 1/10 :
6           print('サイコロの出目は 1 に対応します。')
7       elif 1/10 <= rand < 2/10 :
8           print('サイコロの出目は 2 に対応します。')
9       elif 2/10 <= rand < 3/10 :
10          print('サイコロの出目は 3 に対応します。')
11      elif 3/10 <= rand < 4/10 :
12          print('サイコロの出目は 4 に対応します。')
13      elif 4/10 <= rand < 5/10 :
14          print('サイコロの出目は 5 に対応します。')
15      elif 5/10 <= rand < 1.0 : # 1/2でサイコロの出目が 6 になる
16          print('サイコロの出目は 6 に対応します。')
```

13.5　課題

基礎課題 13.1

　成績を評価するプログラム 13.15 の空欄を埋めて完成させ
なさい。seiseki_bj_ren.csv を用いて、次の要件を満たしなが
ら、プログラム 13.15 を実行すると、表 13.1 のように変数 df
の中身が変化するものとします。生徒の成績評価は 100 点か
ら 80 点までは A、79 点から 60 点までは B、それ以外は不合
格とします（for 文を利用しない類似例は第 12.2.6 項参照）。

表 13.1　基礎課題実行後

ID	国語	判定
19990001	95	A
19990002	12	不合格
...	...	...
20195500	30	不合格

プログラム 13.15：for 文を用いた成績評価

```
1  import pandas as pd
2  df = pd.read_csv('data//seiseki_bj_ren.csv', index_col = 'ID')
3  for           :
4      if df.at[           ] >= 80:
5          df.at[           ] = 'A'
6      elif df.at[           ] >= 60:
7          df.at[           ] = 'B'
8      else:
9          df.at[           ] = '不合格'
10 print(df)
11 df.to_csv('data//for_kadai_results.csv')
```

基礎課題 13.2

　基礎課題 13.1 と同様に、数学の成績を評価するプログラムを完成させなさい。数学の成績は
seiseki_bj_ren2.csv を利用しなさい。

発展課題 13.3

　ジャンケンを 3 回行った後に「あなたの勝利した回数」を表示するようにプログラム 13.8 を
改造しなさい。

発展課題 13.4

　第 13.2 節の seiseki_6s.csv から、体育を除いた 5 教科の合計から合否を判定するプログラム
13.16 の空欄を埋めて作りなさい。ただし、11 万 5,500 人のデータを含む seiseki_6s.csv ファ
イルでは計算時間がかかりすぎるため、先頭から 100 人を抽出した seiseki_5s_g.csv を利用し
なさい。このデータには列名に合計と判定が追加されているため、それらを利用して 5 教科の
合計が 300 点以上なら合格、それ以外なら不合格としなさい（for 文を利用しない類似例は第
12.2.6 項参照）。

List 13.xv

プログラム 13.16：for 文を用いた合計点と成績評価

```
1  import pandas as pd
2  data = pd.read_csv('data//seiseki_5s_g.csv', index_col = 0)
3  print(data)
4  for sid in _____:
5      data.loc[_____, '合計'] = data.loc[sid, '国語':'社会'].sum()
6      if data.loc[sid, _____] >= 300:
7          data.loc[_____, '判定'] = '合格'
8      else:
9          data.loc[sid, _____] = '不合格'
10 print('成績評価後')
11 print(data)
12 data.to_csv('data//seiseki_5s_g_hantei.csv', index = True)
```

実行結果（一部省略）

```
           国語    数学    英語    理科     社会   合計 判定
ID
19990001  58.0  81.0  66.0  46.0  35.0    0
...        ...   ...   ...   ...   ...   ... ...
19990100  56.0  55.0  85.0  54.0  28.0    0

[100 rows x 7 columns]
成績評価後
           国語    数学    英語    理科     社会     合計    判定
ID
19990001  58.0  81.0  66.0  46.0  35.0  286.0   不合格
...        ...   ...   ...   ...   ...    ...    ...
19990100  56.0  55.0  85.0  54.0  28.0  278.0   不合格

[100 rows x 7 columns]
```

発展課題 13.5

　入力内容に応答する対話システムをアップデートしなさい。これまでに第4章の発展課題4.6や第9.3.1項で条件分岐する対話的な応答システムを構築してきました。ここでは入力内容に対して「さすがですね」や「知らなかったです」、「すごいですね」、「センスいいですね」、「そうなんですか？」と会話を繰り返す対話的な応答システムを作成して実行しましょう。コンピュータ（ELIZA）は3回返事をするか「さようなら」の標準入力を受け取ると会話を終了（プログラムが終了）します。

　プログラム13.17を実行後、試しに、読者の名前の入力後、「プログラミング基礎を履修します」、「Pythonを学んでいます」、「for文まで学びました」と入力していきましょう。

プログラム 13.17：いくつかのパターンで応答するシステム

```
1  from tkinter import Tk
2  import tkinter.simpledialog as sg, tkinter.messagebox as mx, numpy as np
3  root = Tk() # 描画を制御するおまじない
4  root.withdraw() # 余計なウィンドウを出さないため
5  # 入力画面を描画
6  name = sg.askstring('ELIZA:', 'あなたの名前を入力してください')
7  # 入力内容を使いメッセージを出力
```

```
 8  mx.showinfo('ELIZA:', (name,'さん。よろしくお願いします。'))
 9  for i in np.arange(3):
10      # 会話内容の入力：問題文が指定するキーワードを利用
11      data = sg.askstring('ELIZA:', '何かお話ししましょう')
12      # コンピュータ（ELIZA）の行動をランダムに選択するため、乱数を生成
13      selection = str(np.random.randint(0, 5))
14      # コンピュータ（ELIZA）の会話パターンを if 文で作成
15      if 'さようなら' == data: # 入力が'さようなら'ならば
16          break # 繰り返し処理が繰り返し回数に関係なく終了
17      elif '0' == selection: # 乱数 0 は セリフ 'さすがですね' に対応
18          mx.showinfo('ELIZA:', name+'さん。さすがですね')
19      elif '1' == selection: # 乱数 1 は セリフ '知らなかったです' に対応
20          mx.showinfo('ELIZA:', name+'さん。知らなかったです')
21      elif '2' == selection: # 乱数 2 は セリフ 'すごいですね' に対応
22          mx.showinfo('ELIZA:', name+'さん。すごいですね')
23      elif '3' == selection: # 乱数 3 は セリフ 'センスいいですね' に対応
24          mx.showinfo('ELIZA:', name+'さん。センスいいですね')
25      elif '4' == selection: # 乱数 4 は セリフ 'そうなんですか?' に対応
26          mx.showinfo('ELIZA:', name+'さん。そうなんですか?')
27      else:  # それ以外 セリフ '何か言いましたか？' に対応
28          mx.showinfo('ELIZA:', name+'さん。何か言いましたか？')
29  # 入力された名前を使いメッセージを出力
30  mx.showinfo('ELIZA:', name+'さん。さようなら')
31  root.destroy() # 描画命令を終了
```

発展課題 13.6

プログラム 13.18 を完成させ、乱数を工夫して、確率 1/2 でコンピュータが'rock' を出すように修正しなさい。プログラム 13.18 は、コンピュータがランダムにジャンケンの手を選びます。

プログラム 13.18：ランダムな手を繰り返し選ぶコンピュータとのジャンケン

```
 1  import numpy as np
 2  for step in np.arange(3):
 3      print('Step', step, 'start!')
 4      my_hand = input('my_handの入力: rock, scissors, or, paper : ')
 5      # コンピュータの選択
 6      cpu_select =  np.random.randint(3)
 7      if cpu_select == 0:
 8          cpu_hand = 'paper'
 9      elif cpu_select == 1:
10          cpu_hand = 'scissors'
11      else:
12          cpu_hand = 'rock'
13      print('my_hand:', my_hand, '. cpu_hand:', cpu_hand)
14      # 勝敗の判定
15      if my_hand == cpu_hand:
16          print('Rock, paper, scissors')
17      elif my_hand == 'rock' and cpu_hand == 'scissors':
18          print('You win.')
19      elif my_hand == 'scissors' and cpu_hand == 'paper':
20          print('You win.')
21      elif my_hand == 'paper' and cpu_hand == 'rock':
22          print('You win.')
23      else:
24          print('You lose.')
25  print('Game Over')
```

発展課題 13.7

　プログラム 13.4 では、ファイル名をシーケンスに直接列挙しました。しかし、第 8.2.3 項で学習した listdir 関数のように、CSV ファイルのファイル名の一覧を取得できれば、ファイル名の記述が楽になります。そこでファイルの種類を指定することができる glob 関数を使い、指定したフォルダから取得したファイル名を用いて、試験結果を読み込むプログラム 13.19 を実行しなさい。

　その後、listdir 関数と glob 関数が取得するファイル名の一覧を比較して、違いを述べなさい。listdir 関数と glob 関数はともに、引数にファイルパスを指定すれば、そのファイルパスにあるファイルとフォルダの一覧を取得できます。glob 関数のみ、ファイルパスの中にワイルドカードと呼ばれる ∗ を指定することができます。ここでの ∗ は掛け算の記号ではなく、曖昧な検索を可能とするための任意の文字列を表す記号として利用します。

List 13.xvi

プログラム 13.19：曖昧な検索とファイル一覧の取得

```
1  import time, os, glob # 複数のライブラリを一括で読み込む方法
2  sfs = os.listdir('data//rcard//')
3  print('listdirの結果:', sfs) # CSV 以外のファイルが含まれることがある
4  sfs = glob.glob('data//rcard//*.csv')
5  print('globの結果:', sfs) # CSV のみ含む
6  for sf in sfs:
7      print(sf, 'の読み込み準備', end = '・・・')
8      data = pd.read_csv(sf, index_col = 0)
9      display(data)
10     print('読み込み終了')
```

実行結果（一部省略）

listdir の結果: ['.DS_Store', 'dami.ipynb', '2019_seiseki_1g.csv', '2020_seiseki_2g.csv', '2021_seiseki_3g.csv']

glob の結果: ['data//rcard/2019_seiseki_1g.csv', 'data//rcard/2020_seiseki_2g.csv', 'data//rcard/2021_seiseki_3g.csv'] data//rcard/2019_seiseki_1g.csv の読み込み準備・・・

ID	国語	数学	英語	理科	社会	体育
2019001	36	66	79	8	27	44
...	...	...	...	...	...	...
2019020	52	84	91	84	41	14

読み込み終了
...
data//rcard/2021_seiseki_3g.csv の読み込み準備・・・

ID	国語	数学	英語	理科	社会	体育
2021001	47	0	50	5	40	5
...	...	...	...	...	...	...
2021020	22	84	56	35	24	72

読み込み終了

14 繰り返し文とお絵かき

本章では絵を描きながら繰り返し文の理解を深めます。for 文を使って、お絵かき用のプログラムで遊びながら、**数式をソースコードとして記述する**練習もします。

14.1 繰り返し文と turtle グラフィックス

14.1.1 数式を利用した直線の描画

1 次関数 $y = ax + b$ を用いて、線を描く準備をしましょう。1 次関数は x の値が変化すれば y の値も変化する関係を式で表現します。ここで x と y は数学の変数、a は傾き、b は切片です。1 次関数はコンピュータ上のグラフィックスや、データ分析でのデータからの予測、人工知能でのコンピュータが学習する仕組みなどに幅広く利用されています。

これまで線を描くためには turtle グラフィックスの forward を利用しました。turtle グラフィックスの亀は図 14.1–A のように現在位置を座標の数値 (x 座標と y 座標) で把握しています。その亀に forward(100) と命令を与えると、x 軸の正の方向を向いた亀は『現在の位置から x 軸に沿って、正の方向 (つまり右方向) に +100 移動すればいいんだ』と命令を解釈して図 14.1–B のように移動します。言い換えると、傾き a を 0、切片 b を 0、x を 100 とし $y = ax + b$ から求まる y の値を用いて、亀は (x 座標 100, y 座標 0) に移動します。

それでは関数を利用する代わりに、1 次関数を用いて右斜めに線を引くプログラム 14.1 を作成して実行しましょう。ただし、繰り返す命令や繰り返し回数を増やしたり、繰り返し文をいくつも使うプログラムでは、一つのプログラムを実行してから終了するまでの処理に時間

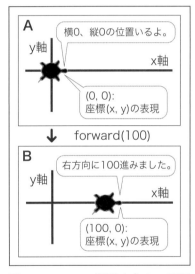

図 14.1　forward 関数と亀の x 座標と y 座標

がかかります。結果のウィンドウが開くまで時間がかかることがあるので、その間に慌てて実行ボタンを何度も押さないように注意しましょう。

解説 14.1　$y = ax + b$ の **forward** と **left** の関係：ここで 1 次関数と turtle グラフィックスの対応関係を整理します。初期位置にいる亀が、右に 1、上に 1 移動する 1 次関数 $y = 1x + 0$ は、$x = 1$ のとき、left(45), forward(1) という命令に対応します。forward(r) の r を亀が進む長さとしたとき、その距離 r は、三平方の定理から $\sqrt{(x^2 + y^2)}$ で求めることができます。そうすると、プログラム 14.1 のように、右向きの亀を (0, 20) から (100, 120) へ移動させるためには、left(45) と forward(np.sqrt(100 ** 2 + 100 ** 2)) と記述すればよいことになります。

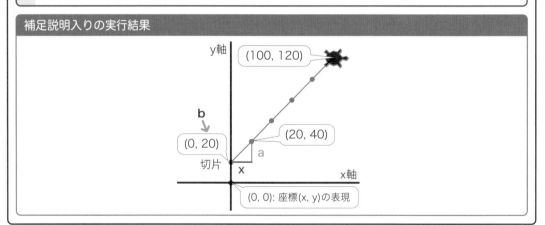

List **14.i**

プログラム 14.1：1次関数を利用した直線の描画

```
1  import numpy as np
2  from turtle import *
3  shape('turtle')
4  speed(10)
5  pencolor('green') # 色を緑に変更
6  penup() # 余計な線を引かないため
7  dot() # (x軸 0, y軸 0)に点を打つ
8
9  a, b = 1, 20 # 傾きと切片の設定
10 goto(0, b) # 切片に亀が移動
11 dot() # 切片に点を打つ
12 pendown() # 始点から線を引き始めるためペンを下げる
13 for x in np.arange(0, 101, 20):
14     # 横にx進み、上にa進む
15     y = a * x + b # y軸の値の計算
16     goto(x, y) # 指定した座標へ移動
17     dot() # 点を打つ
18 done()
```

補足説明入りの実行結果

13行目から17行目が forward 関数の代わりに1次関数を利用して、始点（0, 20）から終点（100, 120）まで、5回に分けて斜めに線を引く命令です。特に16行目は、亀が goto で指定された横軸の x 座標と縦軸の y 座標の位置に移動しながら線を引きます。

この移動のために、**ループ変数 x を x 座標として利用します**。ループを回るたびに x 座標が決まれば、15行目の y = a * x + b で、どの高さまで線を引くのかを計算し、変数 y が y 座標になります。

解説 14.2　全てのプログラムを理解するのは難しい：プログラムのソースコードの量と内容が難しくなると、段々と手が止まり始めます。多くのプログラミング初学者は細かい内容まで理解してからプログラムを作成しようとします。それも大事なことです。しかし、**まずはプログラムを実行してみることです**。その次に、本項の試行錯誤のように**「この部分を変えるとどうなるだろうか」とプログラムをいじりつつ大雑把に理解します**。プログラムの数値を変更してみたり、命令を削除したりすれば、プログラムを理解するヒントになります。また、ここでの試行錯誤の変更例3のように print を入れるのも有効です。このようにプログラムを分解・改造しながら、どこにどんな命令があるのかコメントをつけていきましょう。理解してから作る、という方法もありますが、作りながら経験を重ねて理解する方法も有効です。

シーケンスの 0, 20, 40, 60, 80, 100 の整数値をループ変数 x に代入しながら、処理が進みます。線を引く始点 x = 0 より y = 1 * 0 + 20 となり、亀は x 座標 0, y 座標 20 から線を引き始めます。その後、亀が (0, 20), (20, 40), . . . , (100, 120) と線を描きながら進みます。

プログラム 14.1 が完成したら、次のような変更も行ってみましょう。

変更例 1：傾き 1 を −3 に、切片 20 を −20 に変更して実行してみよう。
変更例 2：シーケンスを np.arange(−120, 121, 40) に変更して実行してみよう。
変更例 3：done() の前に print('x 座標:', x, 'y 座標:', y) を挿入して実行してみよう。

1 次関数の数式をそのまま Python の命令に書き起こしました。**数式の形のまま意味を理解するのが難しい場合でも Python の命令に数式を書き起こせば、コンピュータが具体的な数値を計算**してくれます（解説 14.1 参照）。難しい数式の答えを求める場合、数式を人間が解析的に解くよりも、コンピュータプログラムでグラフィックスの振る舞いから、数式の意味を理解する方が容易なこともあります。

14.1.2 理解度チェック：繰り返し文を用いて書き換える直線の描画

練習問題 14–1

プログラム 14.1 を利用して、x 軸に対して垂直な線を描いてみましょう。

14.1.3 乱数を利用した点の描画

ここでは亀が無作為に移動しながら、毎回ランダムに色を変え、点の描画を繰り返すプログラム 14.2 を作成して実行しましょう。

List **14.ii**

プログラム 14.2：亀のカラースタンプ

```
1  from turtle import *
2  import numpy as np
3  shape('turtle') # ペン先を亀に変更
4  penup() # 点だけを打つ準備
5  speed(10) # 亀の移動を高速に設定
6  colormode(255) # 0から255の256階調に設定
7  for j in np.arange(100): # 亀が次の処理を100回繰り返し
8      # x 軸の数値をランダムに設定
9      x = np.random.randint(0, 255)
10     # y 軸の数値をランダムに設定
11     y = np.random.randint(0, 255)
12     goto(x, y) # 指定したx 軸とy 軸の位置に亀が移動
13     R = np.random.randint(0, 256) # 赤の濃さ
14     G = np.random.randint(0, 256) # 緑の濃さ
15     B = np.random.randint(0, 256) # 青の濃さ
16     pencolor(R, G, B) # 赤、緑、青の順番で指定
17     dot(10) # 点（スタンプ）を押す
18 done() # プログラム終了
```

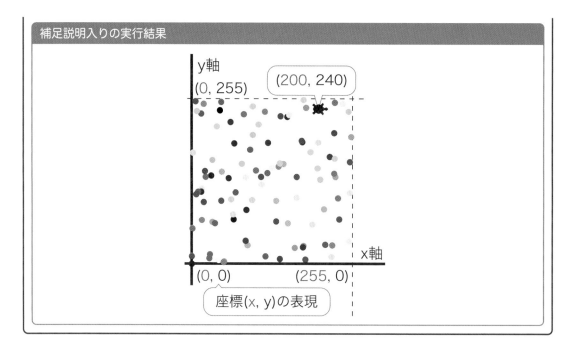

補足説明入りの実行結果

このプログラムの 9 行目と 11 行目は np.random.randint(0, 255) を利用して、0 以上 255 未満の整数値の乱数を生成します。これらの整数値を利用して亀の移動先の位置（x 座標、y 座標）を goto で指定すれば、ランダムに亀を移動させることができます。例えば、(200, 240) の位置に亀を移動するには goto(200, 240) とします。

13 行目から 16 行目は色の指定です。ここでは、 RGB^{アールジービー} という色の三原色 **Red**, **Green**, **Blue** の濃さを 0 から 255 の 256 階調で指定する色の表現方法（補足 14.1 参照）を利用して、赤色の濃さ用の変数 R、緑色の濃さ用の変数 G、青色の濃さ用の変数 B に、それぞれの色の濃さをランダムに変更するようにします。そのため、0 以上 255 以下の整数値の乱数を色に対応する変数 R, G, B に代入します。16 行目の pencolor で、赤、緑、青の階調で色を合成します。pencolor は、pencolor(赤, 緑, 青) のようにして、引数に色の濃さを数値で指定します。

プログラム 14.2 が完成したら、次のような変更を試してみましょう。

変更例 1： 7 行目の 100 を別の数値に変更して実行してみよう。
変更例 2： 9 行目の 255 を別の数値に変更して実行してみよう。
変更例 3： 11 行目の 255 を別の数値に変更して実行してみよう。
変更例 4： 17 行目の 10 を np.random.randint(0, 15) に変更して実行してみよう。

> **補足 14.1　RGB とは**：スマートフォンやノートパソコンなどのディスプレイ上で様々な色を使うためには、色彩の表現方法が必要です。RGB では、コンピュータが赤、緑、青の濃さ（光の強さ）を合成して、ディスプレイ上に表現する色を決めています。人間は目でディスプレイの光の明暗を感じ、その光の強さから脳で色を感じ取ります。RGB では赤、緑、青の光の強さを 0 から 255 の整数値で表現します。RGB の数値 0 は光の強さが最も弱く、数値 255 は光の強さが最も強くなります。例えば、白の指定は、数値 255 を利用して、pencolor(255, 255, 255) と指定します。これとは逆に、黒にするには、白の逆で RGB の各色を数値 0 で pencolor(0, 0, 0) と指定します。同様に、明るい赤は pencolor(255, 0, 0) と指定し、暗い赤は pencolor(100, 0, 0) と指定します。赤と青を混色は紫になるように、明るい紫は pencolor(255, 0, 255)、暗い紫は pencolor(100, 0, 100) と指定します（色の表現方法は文献［32］を参考）。

14.1.4 数式を利用した円の描画

1 次関数と座標を用いて、亀がどのように動いているかわかりましたか？ turtle グラフィックスの circle を 1 次関数の考え方をもとに、for 文で再現しましょう。円を描くために、0 から 360 の整数値をシーケンスに設定して、360 回繰り返し処理をするプログラム 14.3 を作成して実行しましょう。

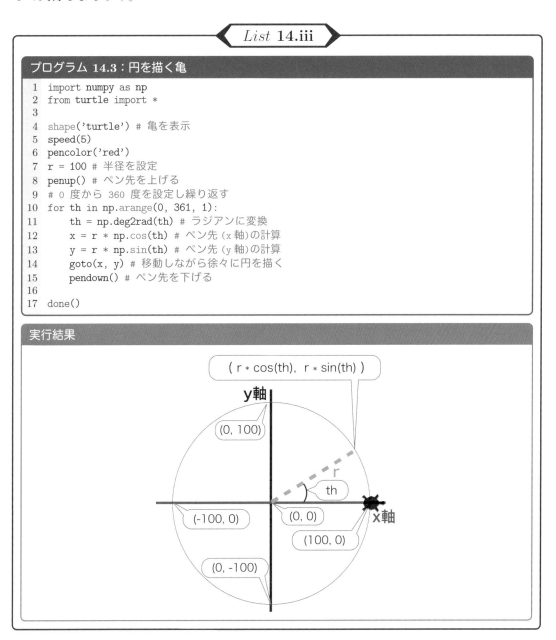

List **14.iii**

プログラム 14.3：円を描く亀

```
1  import numpy as np
2  from turtle import *
3
4  shape('turtle') # 亀を表示
5  speed(5)
6  pencolor('red')
7  r = 100 # 半径を設定
8  penup() # ペン先を上げる
9  # 0 度から 360 度を設定し繰り返す
10 for th in np.arange(0, 361, 1):
11     th = np.deg2rad(th) # ラジアンに変換
12     x = r * np.cos(th) # ペン先 (x 軸)の計算
13     y = r * np.sin(th) # ペン先 (y 軸)の計算
14     goto(x, y) # 移動しながら徐々に円を描く
15     pendown() # ペン先を下げる
16
17 done()
```

実行結果

(r * cos(th), r * sin(th))

y軸

(0, 100)

r

th

(-100, 0)

(0, 0)

x軸

(100, 0)

(0, -100)

円を描くためには、円の半径 r と角度 th を x 座標と y 座標に変換します（解説 14.3 参照）。プログラム 14.3 の 12 行目で x = r * np.cos(th) は $x = r \times \cos(th)$、13 行目で y = r * np.sin(th) は $y = r \times \sin(th)$ に相当する数式を Python の命令に書き換えました。このように数式を利

用すれば、半径と角度を x 座標と y 座標に変換することができます。11 行目では、sin 関数と cos 関数の引数にラジアンを指定しなければならないため、0 度から 360 度を代入する整数値 th を np.deg2rad によりラジアンに変換します。実行結果の亀の位置は、$(100, 0)$, ..., $(0, 100)$, ..., $(-100, 0)$, ..., $(0, -100)$, ..., $(100, 0)$ と変化し、線が引かれます。以上の 10 行目から 15 行目までの命令は turtle グラフィックスの circle に置き換えることができます。

プログラム 14.3 が完成したら、次のように変更してみましょう。

変更例 1：7 行目の r = 100 を r = 200 に変更して実行してみよう。
変更例 2：10 行目の np.arange(0, 361, 1) を np.arange(0, 181, 1) に変更して実行してみよう。
変更例 3：8 行目の penup() を削除して実行してみよう。
変更例 4：16 行目に print('x 座標:', x, 'y 座標:', y) を追加して実行してみよう。
変更例 5：14 行目を goto(x, 0) に変更して実行してみよう。
変更例 6：14 行目を goto(0, y) に変更して実行してみよう。

 解説 14.3　進む方向と長さから座標を計算： 次に原点 $(0, 0)$ を基準に、「右向きの亀は左に 45 度曲がり、その方向へ 100 進む」という情報を座標に変換します。コンピュータの得意な繰り返しを生かして絵を描く考え方は、原理的に全て同じで、以下のとおりです（例、プログラム 14.3 やプログラム 14.4 など）。亀の角度と進む距離を座標に変換するには、度数法の 45 度を弧度法（ラジアンとも呼び、本書では th と表記）に変換します。変換式は (度 × 円周率)/180 です。そうすると度数法の 45 度は $th = 0.7853981633974483$ ラジアンになります。最後に r と th を用いて三角関数で x 座標は $x = r \times \cos(th)$、y 座標は $y = r \times \sin(th)$ から得られます。例えば、left(45)、fowrard(100) と命令を受けた亀は、初期位置 $(0, 0)$ から $(70.71\ 70.71)$ へ移動します（小数点第 3 位で四捨五入）。

14.1.5　繰り返し曲線で描画する模様：バラ曲線

円を描く動作を組み合わせると花の花びらのような模様を描くことができます（補足 14.2 参照）。半径の長さを変更しながら、亀がループで何百回も描画を続けるようにしてみます。プログラム 14.3 の r を r = 50 * np.cos(k * th) と変換して、バラ曲線と呼ばれる花を描くプログラム 14.4 を作成し実行します。

実行結果には 7 行目の k を変えたときの描画例を示すので、いろいろ k を変更して試してみましょう。サンプルのプログラム 14.4 では k = 1 / 8 の模様を描きます。

補足 14.2　バラ曲線とは： バラ曲線はバラの花びらのような曲線です。この曲線は 1720 年頃に数学者によって発見された模様です（文献 [33, 34]）。
自由パラメータ k： コンピュータを利用して、ある現象を模擬的に現出させることをシミュレーションと呼びます。シミュレーションには、バラ曲線の k のように数値を変化させると振る舞いが変化する自由パラメータが設定されていることがあります。次に作成する Maurer Rose （文献 [35]）もプログラムの中に n と d の二つの自由パラメータが設定されています。

List 14.iv

プログラム 14.4：バラ曲線

```
1  from turtle import *
2  import numpy as np
3  import matplotlib.pylab as plt
4  # k = 1 / 8 のバラ曲線を描きたいが、k の分子 p と分母 q の数値で繰り返し回数が異なるため分割
5  p = 1
6  q = 8 # 変数 q は色の指定と繰り返し回数に利用
7  k = p / q  # 花の形状のパラメータを設定
8  cmap = plt.get_cmap('rainbow', (360 * q)) # p * q が偶数の場合
9  speed(0)
10 penup()
11 sized = 50  # 大きさの設定
12 for i in np.arange(0, (360 * q) + 1, 1):
13     r = float(cmap(i)[0]) # 赤の濃さの指定
14     g = float(cmap(i)[1]) # 緑の濃さの指定
15     b = float(cmap(i)[2]) # 青の濃さの指定
16     pencolor(r, g, b) # 色の設定
17     th = np.deg2rad(i) # ラジアンに変換
18     # cos 関数により(0, 0)からの距離 r の値を逐次変更
19     r = sized * np.cos(k * th) # np.cos を np.sin と変更すれば 90 度回転
20     x = r * np.cos(th)
21     y = r * np.sin(th)
22     goto(x, y)
23     pendown()
24 done()
```

実行結果（上記のプログラムでは k が 1/8 のときの模様を一つ出力）

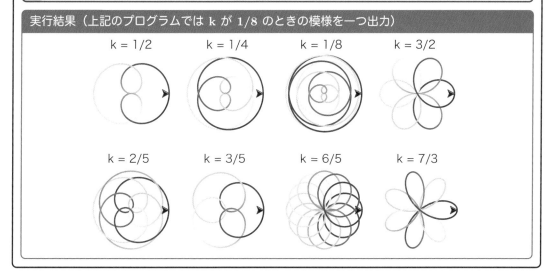

このプログラムの 8 行目で 7 色の色を 360 × q 区間に分けた赤、緑、青の濃さを設定するカラーパレット'rainbow' の準備をします。これは一つのバラ曲線の描画には 360 * q 回の繰り返しが必要なためです。camp(i) の中には色の濃さが、あらかじめ用意された i 番目のパレットが保存されています。3 行目は第 20 章で詳しく解説しますが、ここでは様々な色を利用するためのおまじないと思って実行してください。

プログラム 14.4 は 360 × 8 回繰り返し処理を行います。この繰り返しの中に、19 行目の命令が追加されると、様々な花の模様を描けます。ただし、k を変更する際に k = p / q の p

と q の積が奇数になる場合、8 行目と 12 行目の 360 を 180 に変更する必要があります。

14.1.6　複雑な曲線で描画する模様：Maurer Rose

Maurer Rose はバラ曲線の考え方を発展させて描く幾何学模様です。プログラム 14.4 の $r = sized * np.cos(k * th)$ を $r = sized * np.sin(n * th * d)$ と変更したプログラム 14.5 を作成して実行しましょう。このプログラムの n と d を変更すれば、様々な形を描画できます。これも課題の中で自由パラメータ n と d を変えて試してみましょう。

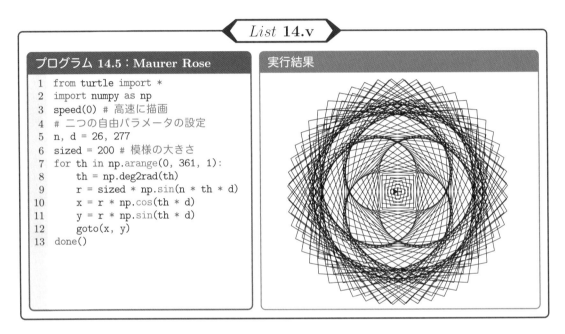

List **14.v**

プログラム 14.5：Maurer Rose

```
1   from turtle import *
2   import numpy as np
3   speed(0) # 高速に描画
4   # 二つの自由パラメータの設定
5   n, d = 26, 277
6   sized = 200 # 模様の大きさ
7   for th in np.arange(0, 361, 1):
8       th = np.deg2rad(th)
9       r = sized * np.sin(n * th * d)
10      x = r * np.cos(th * d)
11      y = r * np.sin(th * d)
12      goto(x, y)
13  done()
```

実行結果

14.2　練習問題の解答例

練習問題 14-1 の解答例

List **14.vi**

プログラム 14.6：x 軸に対して垂直な線の解答例

```
1   from turtle import *
2   shape('turtle')
3   speed(10)
4   pencolor('green')
5   penup()
6   dot() # (x 軸 0，y 軸 0)
7   goto(50,50) # 切片に亀が移動
8   dot() # 切片に点を打つ
9   pendown()
10  goto(50, -100)
11  dot()
12  done()
```

14.3 課題

基礎課題 14.1

実行結果のような渦巻きを描くプログラム 14.7 の空欄を埋めなさい。空欄には渦巻きを描くために、半径 r を繰り返すたび、0.5 ずつ増加させる処理が必要です。

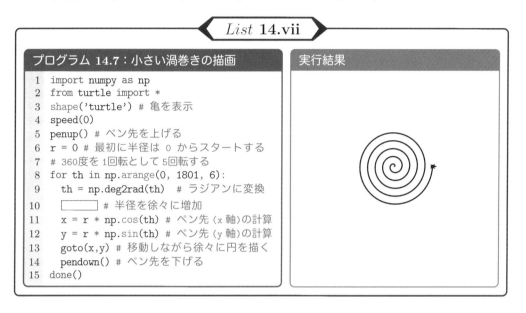

```
List 14.vii
```

プログラム 14.7：小さい渦巻きの描画

```
1   import numpy as np
2   from turtle import *
3   shape('turtle') # 亀を表示
4   speed(0)
5   penup() # ペン先を上げる
6   r = 0 # 最初に半径は 0 からスタートする
7   # 360度を 1回転として 5回転する
8   for th in np.arange(0, 1801, 6):
9       th = np.deg2rad(th)  # ラジアンに変換
10      [      ] # 半径を徐々に増加
11      x = r * np.cos(th) # ペン先 (x軸)の計算
12      y = r * np.sin(th) # ペン先 (y軸)の計算
13      goto(x,y) # 移動しながら徐々に円を描く
14      pendown() # ペン先を下げる
15  done()
```

実行結果

基礎課題 14.2

プログラム 14.4 の k を変化させて、別のグラフィックスを一つ完成させなさい。

基礎課題 14.3

プログラム 14.5 の n と d を変化させて、別のグラフィックスを一つ完成させなさい。

発展課題 14.4

基礎課題 14.1 のプログラムを参考に、図 14.2 を描画しなさい。図 14.2 では亀が 0 度から 360 度の渦を巻く回数を 10 回とする。渦を巻く回数を 10 回にするために、基礎課題 14.1 のプログラムのシーケンス（np.arange(0, 1801, 6)）を変更しなさい。

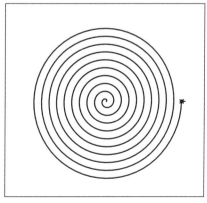

図 14.2　渦巻きの描画

発展課題 14.5

基礎課題 14.1 のプログラムを参考に、図 14.3 を
描画しなさい。図 14.3 を描画するためには、半円を
描くごとにペン先に色をランダムに変更する if 文を
追加する必要があります。ただし、乱数を利用する
ため、図 14.3 と全く同じ配色にはなりません。

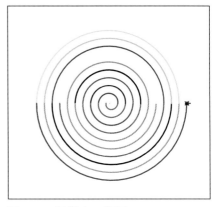

図 14.3　渦巻きの描画

繰り返し処理の工夫に役立つ zip 関数と enumerate 関数

プログラミングに慣れてきた読者なら、複数の変数と繰り返し回数用のループ変数を
同時に扱いたいと思うはずです。それを実現するためには zip と enumerate の二つの
命令をうまく組み合わせます。プログラム 14.8 は zip を利用して、二つの 1 次元配列変
数を for 文の中で一度に扱っています。このように記述することで、複数の変数を順次
処理できます。プログラム 14.9 は enumerate を利用して、一つの変数の中身と繰り返
し回数を同時に扱います。enumerate を利用することで、配列の操作をより容易にしま
す。プログラム 14.10 は zip と enumerate を利用して、二つの変数を一つにまとめなが
ら、繰り返し回数を同時に扱います。

List 14.viii

プログラム 14.8：zip を利用した繰り返し文

```
1  import numpy as np
2  x = np.arange(0, 3)
3  y = np.arange(3, 6)
4  for i in zip(x,y):
5      print(i)
```

実行結果

```
(0, 3)
(1, 4)
(2, 5)
```

プログラム 14.9：enumerate と繰り返し文

```
1  y = np.arange(3, 6)
2  for i, tmp in enumerate(y):
3      print('i: ', i, 'tmp: ', tmp)
```

実行結果

```
i:  0 tmp:  3
i:  1 tmp:  4
i:  2 tmp:  5
```

プログラム 14.10：複数変数と for 文

```
1  x = np.arange(0, 3)
2  y = np.arange(3, 6)
3  for i, tmp in enumerate(zip(x, y)):
4      print('i:',i,'tmp:',tmp,'tmp[0]:',
5      tmp[0], 'tmp[1]:', tmp[1])
```

実行結果

```
i: 0 tmp: (0, 3) tmp[0]: 0 tmp[1]: 3
i: 1 tmp: (1, 4) tmp[0]: 1 tmp[1]: 4
i: 2 tmp: (2, 5) tmp[0]: 2 tmp[1]: 5
```

15 条件式による繰り返し

> while について学びます。while 文は for 文と同じく繰り返し処理に使う命令です。ここでは for 文との違いを理解して学びましょう。

15.1 条件式による繰り返しの利用

本章で学ぶ while 文は for 文と比較すると、繰り返し回数のコントロール方法が異なります。第 10 章と第 13 章で for 文はシーケンスの要素数により、繰り返し回数をコントロールすることを学びました。一方で、while 文では、設定した条件式が True である限り繰り返しを続けます。そのため、繰り返し処理の**停止条件**の設定がポイントになります。そこで、while 文の構文を学びながら、繰り返し処理を意図的に停止する方法を復習しましょう。

15.1.1 条件式による繰り返しの最も単純な構文

条件式による繰り返しの最も単純な構文を、次に示します。

> **構文：while を利用した繰り返し**
>
> while 条件式:
> 　　　　処理 1(繰り返しの中で処理される命令群)

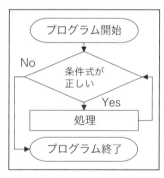

図 15.1　while 文の処理の流れ

この構文は while から始まり、while と「:」の間には第 9 章で学んだ**条件式**を記述します。**処理 1** の破線部分には Tab キーによる**インデント**を挿入します。インデントにより、処理 1 に記述された**複数の命令を繰り返し処理**することができます。このような構文を **while 文**と呼びます。

while 文による繰り返しはフローチャート（図 15.1）の順に命令を処理します。while 文は条件式が正しい（True）か正しくないか（False）で繰り返しの継続を判定するため、まず処理を繰り返す前に、条件式の真偽をチェックします（図 15.1 のひし形）。**条件式が正しいときのみ Yes の方向に進み「処理」を繰り返します。**条件式が正しくないとき、または、繰り返し処理する中で条件式が正しくないとき No の方向に進み、繰り返しを終了します。

15.1.2 無限に続くプログラムの停止方法

while 文を利用したプログラムは条件式の記述次第で、無限に処理を繰り返します。例えば、プログラム 15.1 のように条件式が True の場合です。この場合にはプログラム中の条件

式が False にならず **'処理中' を出力し続けます**（これを無限ループと呼びます）。処理を停止させるためには、実行ボタンの隣にある四角のプログラム停止ボタンを押します（第 2 章の図 2.4 を参照）。

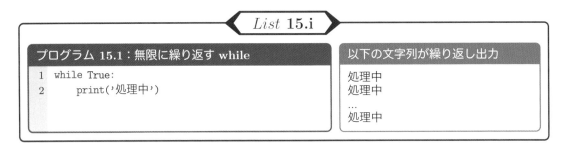

List **15.i**

プログラム 15.1：無限に繰り返す while	以下の文字列が繰り返し出力
```1 while True:``` ```2 print('処理中')```	処理中 処理中 ... 処理中

プログラム 15.1 を実行したら、停止ボタンを押してプログラムを停止させましょう。しばらく経っても In[*] の * が数値になかなか変わらない場合は、Jupyter Notebook の「Kernel」から「Restart & Clear Output」をクリックしましょう（第 21.4 節参照）。

> **補足 15.1　Kernel（カーネル）**：Jupyter Kernel とは、様々なタイプのリクエスト（プログラム実行、コード補完や検査、オブジェクトの保持）の処理と応答の提供を担当するプログラムを指します。ですから、読者の Python のプログラムは、Kernel というプログラムの上で動作していると考えてください。Kernel の「Restart & Clear Output」は Jupyter Notebook のノートブックファイル（○○.ipynb）の全ての処理を停止させ、出力結果や代入などの操作、メモリ上のオブジェクトを全てリセットします。ただしソースコード自体はリセットされません。停止ボタンはノートブックファイル上の一つのセル内の処理を停止させます。

15.1.3　for 文と while 文の違い

for 文と while 文の違いを理解するために、for 文を利用して作成したプログラムを while 文を利用するプログラムに書き換えてみましょう。1 から 100 までの整数値を加算する for 文のプログラム 15.2 を while 文を利用するプログラム 15.3 に書き換えて実行します。

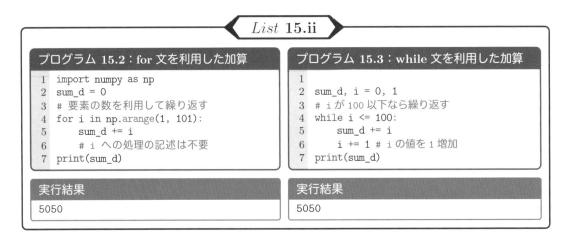

List **15.ii**

プログラム 15.2：for 文を利用した加算	プログラム 15.3：while 文を利用した加算
```1 import numpy as np``` ```2 sum_d = 0``` ```3 # 要素の数を利用して繰り返す``` ```4 for i in np.arange(1, 101):``` ```5 sum_d += i``` ```6 # i への処理の記述は不要``` ```7 print(sum_d)```	```1``` ```2 sum_d, i = 0, 1``` ```3 # i が 100 以下なら繰り返す``` ```4 while i <= 100:``` ```5 sum_d += i``` ```6 i += 1 # i の値を 1 増加``` ```7 print(sum_d)```
実行結果	**実行結果**
5050	5050

プログラム 15.3 の while は i <= 100 が True から False になるまで、すなわち i が 100 を

超えるまで処理を繰り返します。while 文にはプログラム 15.2 のようなループ変数 i があり
ません。代わりに、繰り返しの中で変数 i の値を変化させるために、「i += 1」と記述します。

15.1.4 for 文よりも while 文を使う理由

ここまで読み進めた読者には『両者の書き方は違うけど、機能はほとんど同じで、どこが
違うのだろう？』と疑問を持つかもしれません。for 文か while 文のどちらでプログラムを作
成すればよいかは、ループの終了条件の種類によって決まります。事前にループ回数、また
は、シーケンスに設定する要素が決まっている場合は、for 文を利用します。ループさせる
回数が事前にわからず、プログラムの繰り返し処理が進む中で、何らかのルールを満たした
ときループを終了する場合は、while 文を利用します。

このことを実感するために、for 文では if 文を加えなければならない「1 から i までの整数
値を足し合わせて、その合計が初めて 15 億を超える i を求める」プログラム 15.4 で、while
文を利用してみましょう。

List 15.iii

プログラム 15.4：条件を満たすまで加算処理を繰り返す	実行結果

```
1  sum_d = i = 0.0 # 0.0で初期化
2  while sum_d <= 1500000000.0: # 15億以下なら繰り返し
3      i = i + 1 # 加算回数を増やす
4      sum_d += i # i を加算して合計を計算
5  print(i) #sum_dが初めて 15 億を超えた加算回数
6  print(sum_d) # 1からiまで加算した結果
```

実行結果
```
54772.0
1500013378.0
```

プログラム 15.4 は条件式「合計（変数 sum_d の値）が 15 億以下」が正しい限り繰り返し
加算します。その条件式が False になれば繰り返し処理が終了します。繰り返し後の出力か
ら、1 から 54,772 までの整数値を加算すれば、合計は 15 億を超えることが読み取れます。こ
のように、while 文を利用して、数値シミュレーションを実行した方が素早く答えを求められ
ることもあります。

> 補足 15.2　break や continue：Python には Java などにある do while 文がありません。この実
> 現には break や continue などのプログラムの流れをコントロールする命令を利用します。しかし、
> これらの命令を利用したプログラムは処理の流れが複雑になり、思わぬバグとなる可能性があります。
> 処理の流れが複雑になりすぎたら、プログラムの設計から見直してみるのも一つの方法です。

15.2 誤入力に対処可能な住所検索システムの作成

それでは次に while 文を利用して、誤入力に対処可能な住所検索システムを作成します。
まず、システムに必要な部品（プログラム 15.5 からプログラム 15.7）を作成し、それらの部
品を統合して住所検索システム（プログラム 15.8）を作成します。

解説 15.1　ボトムアップ形式のプログラムの作成手順：大きなシステム（プログラム）を作成する際には、一つの機能を持つ小さなプログラムをいくつも作成し、それらのプログラムを統合しながら、目的とするプログラムを作成します。例えば、本書でも段々と必要な命令（部品）が多くなり、プログラムのソースコードの量が章を進むたびに多くなります。そのようなときは、プログラム 15.8 を作成するように、小さな命令群を作成し、動作確認をして、統合する方法が有効です。このような方法をボトムアップと呼びます。ボトムアップでプログラムを作成すれば、エラーの発見や修正が楽になります。プログラム全体をトップダウンで作成できるプロフェッショナルも一部いますが、一般的には小さな部品としての命令を作成し、その命令の動作にエラーが起きないかを確認しながらプログラムを組み立てます。

15.2.1　繰り返しを用いたデータの抽出

　条件に一致するデータを抽出するプログラムを while 文を利用して作成します。第 12 章の全国 12 万 4,331 件の住所録データ ken_data.csv（文献［29］）を利用して、入力した郵便番号が見つかるまで繰り返し探し続けるプログラム 15.5 を作成して実行しましょう。

《 List 15.iv 》

プログラム 15.5：while 文を利用した住所録データから住所の抽出

```
1  import pandas as pd
2  data = pd.read_csv('data//ken_data.csv',
3      encoding = 'shift_jis', index_col = '郵便番号') # データの読み込み
4  number = input('7桁郵便番号(-は不要)を入力してください:')
5  print('あなたの入力した郵便番号：', number, 'です。')
6  i = 0 # 郵便番号を検索するためにインデックスとして利用
7  while data.index.values[i] != int(number):
8      print('現在', i, '番目を検索中です')
9      i += 1 # データフレームのインデックスを変化させるために i に 1 を加算
10 print('あなたの入力した郵便番号は', i, '番目にありました。') # 640820の結果を出力
11 print('郵便番号', number, 'は', data.iloc[i, :], 'です。')
```

実行結果

```
7 桁郵便番号 (-は不要) を入力してください:640820
あなたの入力した郵便番号： 640820 です。
現在 0 番目を検索中です
現在 1 番目を検索中です
現在 2 番目を検索中です
現在 3 番目を検索中です
あなたの入力した郵便番号は 4 番目にありました。
郵便番号 640820 は 都道府県 北海道
市区町村名 札幌市中央区
町域名 大通西（２０〜２８丁目）
Name: 640820, dtype: object です。
```

　プログラム 15.5 では第 12 章のプログラム 12.9 の data_sub = data.loc[data.index.values == int(number), :] を while 文を利用して書き換えました。その while 文の条件式は「入力した郵便番号とデータフレームのインデックス（郵便番号）が一致しない」です。入力した郵便番号とデータフレームのインデックス（郵便番号）が一致すれば目的のデータを見つけたため、繰り返しは終了します。

15.2.2 標準入力の動作と例外処理

プログラム 15.5 では 7 桁の数値のみの入力を想定していたため、誤入力に対応できません。そこで、誤入力が行われても処理を先に進めるプログラムを作る準備を進めましょう。

まずは入力命令の部品を作成するために試行錯誤してみましょう。あえて、7 桁の数値以外の' 北海道' を入力してプログラム 15.6 を実行しましょう。

List 15.v

プログラム 15.6：input（標準入力）のデータ型とエラー

```
1  number = input('7桁郵便番号(-は不要)を入力してください:')
2  print(type(number)) #  input で得られたオブジェクトの型を確認
3  print(int(number)) # 北海道は数値に変換できないのでエラー
```

実行結果（エラーメッセージの一部を出力）

```
7 桁郵便番号 (-は不要) を入力してください: 北海道
<class 'str'>
ValueError Traceback (most recent call last)
・・・
ValueError: invalid literal for int() with base 10: ' 北海道'
```

プログラム 15.6 は文字列の数値の入力を期待していました。しかし、' 北海道' の入力では、' 北海道' を int 型（数値）へ変換できないためにエラーが発生しました。このままではシステム自体が止まってしまいます。

エラーが起きても、そのエラーに対処するための例外処理を記述する構文が必要です。Python では、そのために **try 文**を利用します。try 文は、if 文のように try 文のブロックに書かれている処理で発生するエラー内容に合わせて、except でエラーに対処します。except 文は except と「:」の間に try 文のブロックで発生したエラーの名前を記述します。

ここでも例えば、誤入力である「北海道」を入力してプログラム 15.7 を実行しましょう。次に適切な入力である「640820」を入力して実行しましょう。

List 15.vi

プログラム 15.7：input（標準入力）のデータ型とエラー対処

```
1  number = input('7桁郵便番号(-は不要)を入力してください:')
2  try: # エラーが起きない場合に限り 、以下の処理を実行
3      print(int(number)) # try 文のブロック
4  except ValueError: # ValueError の際に、以下の処理を実行
5      print('文字ではなく数字を入力してください')
```

実行結果

```
7桁郵便番号 (-は不要)を入力してください:北海道
文字ではなく数字を入力してください
```

プログラム 15.7 は日本語の文字列を入力して、エラーが起きたとしても except のブロックの処理を行うため、処理は止まりません。2 行目から 5 行目は if 文のように『もし標準入力が文字列の数値なら整数型に変換して出力し、そうでなく ValueError が発生したら' 文字ではなく数字を入力してください' を出力しよう』という命令です。利用者は様々な誤入力をする可能性があります。こういうとき if 文では対処しきれないので、try 文で対処します。

15.2.3 例外処理を組み込んだプログラム部品の統合

以上のプログラム 15.5 からプログラム 15.7 の部品を使いながら、誤入力に対処可能な住所検索システムを作成して実行しましょう。プログラム 15.8 を実行したら、標準入力で「北海道」と入力し、誤入力への対応が適切かをチェックし、その次に郵便番号である「640820」を入力して処理を進めましょう。

List 15.vii

プログラム 15.8：正しい郵便番号を入力させるシステム

```
1   flag = True # 正しい入力まではTrue を False に変更しない
2
3   while flag: # flag が True なら不正な入力のため繰り返す
4       # 正しい入力例は「 640820 」や「 9071801 」
5       number = input('7桁郵便番号(-は不要)を入力してください:')
6       try: # エラーが起きるまで下記のブロックを実行
7           print('あなたの入力した郵便番号：', int(number), 'です。')
8           flag = False # 繰り返しを抜けるためFalse に変更
9       except ValueError: # エラーが起きた時点で 、以下のブロックを実行
10          print('文字ではなく数字を入力してください')
11
12  i = 0 # インデックスを参照するための変数を初期化
13  while data.index.values[i] != int(number):
14      print('現在', i, '番目を検索中です')
15      i += 1 # 次のインデックスを参照するために加算
16  # 繰り返し処理が終われば目的の住所を発見
17  print('あなたの入力した郵便番号は', i, '番目にありました。')
18  print('郵便番号', number, 'は', data.iloc[i,:], 'です。')
```

実行結果

```
7 桁郵便番号 (-は不要) を入力してください: 北海道
文字ではなく数字を入力してください
7 桁郵便番号 (-は不要) を入力してください:640820
あなたの入力した郵便番号: 640820 です。
現在 0 番目を検索中です
現在 1 番目を検索中です
現在 2 番目を検索中です
現在 3 番目を検索中です
あなたの入力した郵便番号は 4 番目にありました。
郵便番号 640820 は 都道府県 北海道
市区町村名 札幌市中央区
町域名 大通西（２０～２８丁目）
Name: 640820, dtype: object です。
```

プログラム 15.8 の 1 行目では変数 flag に True を設定します。この設定は北海道などの文字列ではなく数値が入力されるまで繰り返すための工夫です。繰り返し処理を停止させるために変数 flag を利用します（解説 15.2 参照）。

入力内容よりプログラム 15.8 は変数 flag を使って繰り返し処理をコントロールします。入力された内容により 7 行目でエラーが起きた場合は、8 行目は実行されずに、10 行目の処理が行われます。不正な入力が行われると、変数 flag の値はそのまま True のため、5 行目の input が繰り返し行われます。入力内容が数値に変換できる文字列の場合は 8 行目が実行されるため、変数 flag が False になり繰り返し処理を終了します。

12 行目以降のソースコードはプログラム 15.5 と同じように動作します。ただし、このプログラムは読者も気が付いているかもしれませんが、まだ完全ではありません。例えば、8 桁の数値の入力があれば、8 行目で変数 flag が False になり繰り返し処理を終了し、13 行目で 8 桁の郵便番号が存在しないのでエラーが発生します。これは次の第 16 章で修正します。

> **解説 15.2　flag で管理**：大きなシステム（プログラム）を作成する際には、変数 eventID0001_flag のようにどこまでプログラムの処理が行われたかを管理する変数 flag を利用することがあります。例えば、ある処理を開始するには、「ある NPC からそのイベントの告知を聞いた（変数 eventID0001_f_NPC = True）」や「あるアイテムを所持している（変数 eventID0001_f_Item = True）」などの条件を満たさなくては、始められないようなケースです。こうしたとき、eventID0001_flag = eventID0001_f_NPC and eventID0001_f_Item などとすればスマートに処理開始の条件判定ができます。もちろん、flag 管理を使用しないでプログラムを設計することも可能ですが、自由度の高いゲームなどを作成する際には便利です。

15.3　条件を満たすまで繰り返す処理と停止条件の書き方

15.3.1　勝敗判定：勝つまでやめないジャンケン

第 13 章ではジャンケンを一定回数繰り返すプログラムを作成しました。ここでは「相手に勝つまでジャンケンをやめない」という場合を考えてみましょう。ここでは発展課題 13.6 を利用して、my_hand 側が 3 回勝利するまで、ジャンケンを継続するプログラム 15.9 を作成して実行します。

プログラム 15.9 の 4 行目では勝利した回数が 2 以下なら、繰り返すように条件式を設定しています。プレイヤーがコンピュータに勝利した場合は、20 行目と 23 行目、26 行目で win_count に 1 を加算します。この数値が 3 になれば 3 回勝利したと判定されて繰り返しを終了します。

List 15.viii

プログラム 15.9：while 文を用いた勝つまで繰り返すジャンケン

```python
1  import numpy as np
2  win_count = 0 # 読者が勝利した際のカウント
3
4  while win_count <= 2:
5      # 人間のプレイヤーの手の選択
6      my_hand = input('my_handの入力: rock, scissors, or, paper : ')
7      # コンピュータの手の選択
8      cpu_select = np.random.randint(3) # 乱数 0, 1, 2 を生成
9      if cpu_select == 0: # 乱数 0ならば
10         cpu_hand = 'paper' # コンピュータの手はパー
11     elif cpu_select == 1: # 乱数 1ならば
12         cpu_hand = 'scissors' # コンピュータの手はチョキ
13     else: # それ以外ならば
14         cpu_hand = 'rock' # コンピュータの手はグー
15     print('my_hand:', my_hand, '. cpu_hand:', cpu_hand)
16     # 勝敗の判定
17     if my_hand == cpu_hand:
18         print('rock, paper, scissors')
19     elif my_hand == 'rock' and cpu_hand == 'scissors':
20         win_count += 1 # コンピュータに勝利した回数を加算
21         print('You win. win_count', win_count ,'')
22     elif my_hand == 'scissors' and cpu_hand == 'paper':
23         win_count += 1 # コンピュータに勝利した回数を加算
24         print('You win. win_count', win_count ,'')
25     elif my_hand == 'paper' and cpu_hand == 'rock':
26         win_count += 1 # コンピュータに勝利した回数を加算
27         print('You win. win_count', win_count ,'')
28     else:
29         print('You lose.')
30 print('Game Over')
```

実行結果（一部省略）

```
my_hand の入力: rock, scissors, or, paper : rock
my_hand: rock . cpu_hand: scissors
You win. win_count 1
...
my_hand の入力: rock, scissors, or, paper : rock
my_hand: rock . cpu_hand: scissors
You win. win_count 3
Game Over
```

15.3.2 衝突判定：ゴールに到達するまで移動を繰り返す

ここでは turtle グラフィックスの亀が縦線（赤線）を超えたのかを、while 文で判定してみましょう。赤い亀が座標 (200, −50) から (200, 50) の縦線を描き、青い亀が初期位置 (0, 0) から横に進み、線を超えたら停止するプログラム 15.10 を作成して実行しましょう。実行結果にはプログラム 15.10 の実行過程を示します。

List 15.ix

プログラム 15.10：while 文を用いた亀の移動

```
1  from turtle import *
2  penup() # ゴールライン描画準備
3  pencolor('red') # 描画が速すぎる場合は speed(1)を挿入
4  goto(200, -50) # 描画開始位置に移動
5  pendown()
6  left(90) # 上に向き
7  forward(100) # A. ゴールライン描画終了まで処理が終了
8  penup()
9  pencolor('blue')
10 shape('turtle')
11 home() # B. 亀を初期値 (0, 0)に戻す
12 print('現在亀は', position(), 'です')
13 x = xcor() # 現在の亀の x 座標をxcor()で取得して代入
14 y = ycor() # 現在の亀の y 座標をycor()で取得して代入
15 # not(True) は False となる
16 while not(200 < x and -50 < y < 50):
17     forward(10) # C. 線を越えるまで亀が進む
18     dot() # 点をプロット
19     x = xcor() # 移動したので位置情報を更新
20     y = ycor() # 移動したので位置情報を更新
21     print('亀の現在地', position()) # 亀の座標を確認
22 done() # D. 線を越える
```

実行結果（一部省略）

A. ゴールライン描画終了

B. 亀を初期値(0, 0)に戻す

C. 亀が真っ直ぐ進む

D. 線を超えたので終了

　この while 文は条件式「亀の位置（x 座標, y 座標）が一定の範囲内に含まれていない」が True なら処理を繰り返します。while の条件式は、「青の亀の x 座標が縦線（赤線）の x 座標未満、かつ、青の亀の y 座標が −50 超過 50 未満であるか」を判定しています。この条件式に対して not 関数を利用して、亀は縦線（赤線）を越えるまで進行方向に進み続けます。

15.4　課題

基礎課題 15.1

　プログラム 15.11 で繰り返し処理が行われないように空欄を埋めなさい。

プログラム 15.11：無限ループしない設定

```
1  while ┌──────┐:
2      print('loop')
```

基礎課題 15.2

　任意の正の整数 n の階乗（$n!$）を計算するプログラムを作成しなさい。$n!$ は n を正の整数として、$n*(n-1)*\cdots*1$ で計算します。n が 0 から 5 の階乗計算の結果は、1, 1, 2, 6, 24, 120 です。例えば、$5! = 1 * 2 * 3 * 4 * 5 = 120$ となります。階乗計算は factorial 関数でも計算できますが、その関数は利用せず while 文を使って問題を解いてみましょう。

発展課題 15.3

プログラム 15.9 の while 文の条件文は「読者の勝利数が 2 以下」とし、その条件が正しいならば繰り返し処理を続けました。つまり、読者の勝利数が 3 になると、while 文の繰り返し処理は終わります。この課題では、プログラム 15.9 の while 文の条件文を「コンピュータの敗北数が 4 以下」と変更し、その条件が True であれば繰り返し処理が行われるように、プログラム 15.9 を改変しなさい。

発展課題 15.4

プログラム 15.12 は乱数によるシミュレーションにより円周率を求めます。このために、第 14 章の亀がランダムに移動して足跡を残すプログラム 14.2 を応用します。シミュレーションでは、座標（−100, −100）から（100, 100）までの縦横 200 の正方形内を使います。この正方形の内側にランダムに亀の足跡をつけます。そして、半径 100 の円の中に打たれた亀の足跡（赤い丸）の数を変数 in_c に、その円の外に打たれた亀の足跡（青い四角）の数を変数 out_c に保存します。

求める円周率の式は in_c / (in_c + out_c) * 4 です。この式から求めることができる数値は円周率の近似値です。円周率を 3.141592653589793 として、亀のランダムな足跡が円内に落ちる比率から近似値の円周率を計算します。近似値と円周率の差の絶対値（変数 error）が一定以下になるまで、繰り返し処理で亀の足跡を正方形の中にランダムに落とすプログラムを、プログラム 15.12 の空欄を埋めて作りなさい。プログラム 15.12 の epsilon = 1 の実行結果を図 15.2 に、epsilon = 0.001 の実行結果を図 15.3 に示します。

さらにプログラム 15.12 が完成したら、次の問いに答えなさい。

> 問 1： epsilon = 1 の場合の実行結果と epsilon = 0.001 の場合の実行結果を比較しなさい。誤差の許容範囲 epsilon を変えると、なぜ計算回数が違うかを答えなさい。
>
> 問 2： epsilon の値が 1, 0.1, 0.01, 0.001 のとき、それぞれの計算を終えるまでの時間（処理時間）と円周率を求めなさい。例えば、epsilon = 1 の場合の実行結果から処理時間は 0.34 秒と読み取れます。

注意： 乱数を利用したシミュレーションのため、np.random.seed(seed = 1) を設定しています。この命令は実行するたびに、乱数の出方が変わらないようにするためのものです。

図 15.2　epsilon が 1 の場合の実行結果

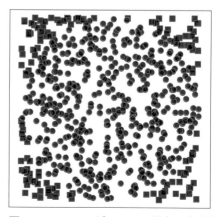

図 15.3　epsilon が 0.001 の場合の実行結果

◀ *List* **15.x** ▶

プログラム 15.12：シミュレーションによる円周率の計算

```python
1  from turtle import *
2  import numpy as np
3  import time
4
5  speed(0) # 亀を高速に移動
6  shapesize(0.3) # ペンサイズを小さめに設定
7  penup() # 亀の足跡だけを打てるように準備
8  np.random.seed(seed = 1) # 再現可能なように設定
9
10 in_c = 0 # 円の内部に点をプロットした回数
11 out_c = 0 # 円の外部に点をプロットした回数
12
13 # シミュレーションの初期設定
14 error = 1000000 # 誤差計算用変数：誤差を大きく設定
15 epsilon = 1 # 誤差の許容範囲を設定する変数
16 start = time.time() # プログラムの開始時刻を保存
17
18 # ヒント：繰り返しの条件式には変数 error と epsilon を利用
19 while [_____]: # 誤差が epsilon を超えるまで繰り返す
20     x = np.random.randint(-100, 100) # 横軸の乱数を設定
21     y = np.random.randint(-100, 100) # 縦軸の乱数を設定
22     goto(x, y) # 亀が x と y の位置に移動する
23
24     # 三平方の定理を利用して、亀が円内に移動したかを判定
25     # 以下の条件式が正しければ円内にプロットする
26     if -10000 <= (x * x + y * y) <= 10000: # 三平方の定理
27         pencolor('red') # 円内のため赤
28         shape('circle') # ペン先を円に
29         stamp() # 赤いスタンプを押す
30         [_____] += 1 # ヒント：円内に点をプロットした数として変数に加算
31     else: # 縦横 100 の正方形内だが、円の外にプロットする
32         pencolor('blue') # 円外のため青
33         shape('square') # ペン先を四角に
34         stamp() # 青いスタンプを押す
35         [_____] += 1 # ヒント：円外に点をプロットした数として変数に加算
36
37     # 「正確な円周率 - 計算中の円周率」の差の絶対値を誤差とする
38     error = abs(np.pi - [_____]) # ヒント：空欄は円周率の近似
39     # np.pi は 3.141592653589793
40
41 done() # 計算を終了して以下で計算結果をまとめて出力
42 print('円周率は', in_c / (in_c + out_c) * 4)
43 print('亀は', (in_c + out_c), '回動きました。')
44 print('亀は計算に', time.time() - start, '秒かかりました。')
```

epsilon が 1 の場合の実行結果

円周率は 4.0
亀は 1 回動きました。
亀は計算に 0.3423879146575928
秒かかりました。

epsilon が 0.001 の場合の実行結果

円周率は 3.141141141141141
亀は 666 回動きました。
亀は計算に 26.9997878074646
秒かかりました。

MEMO

16 多重繰り返しの基礎

> for 文を入れ子構造にして使う多重繰り返しを学びます。これまでは、一つの for 文、または一つの while 文を記述するプログラムを作成しました。本章では for 文の中に for 文を記述する入れ子構造を用いて多重ループするプログラムを作成します。

16.1 多重繰り返し文を用いたプログラム

16.1.1 多重繰り返しと 2 重繰り返しの構文

for 文を使い繰り返し処理される命令群（ブロック）内に、再度 for 文を一つ以上、入れ子構造で記述する構文を**多重ループ**や**多重繰り返し文**と呼びます。特に、for 文を二つ記述する場合を **2 重ループ**や **2 重繰り返し文**と呼びます。

2 重繰り返し文の構文を、次に示します。

構文：2 重繰り返し文

for　ループ変数 1　in　シーケンス 1:
　　処理 1(繰り返しの中で実行される命令群 1)
　　for　ループ変数 2　in　シーケンス 2:
　　　　処理 2(繰り返しの中で実行される命令群 2)

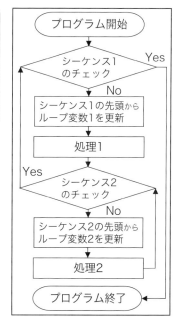

図 16.1　2 重繰り返しの処理の流れ

本章では、多重繰り返しの構文を使う場合、ループ変数名を利用して for 文を指し示します。例えば、構文の 1 行目の for 文を**ループ変数 1 の for 文**と呼びます。構文の 3 行目の for 文を**ループ変数 2 の for 文**と呼びます。

for 文の基本的な記述方法は第 10 章と同じです。ループ変数 2 の for 文は処理 1 と同じ位置に、処理 2 は Tab キーを 2 回挿入してから記述します。これにより、ループ変数 1 の for 文は外側のループとして、処理 1 とともに、内側のループであるループ変数 2 の for 文の処理を、ループを回すたびに繰り返します。

上記の構文のフローチャート（図 16.1）で 2 重ループの流れを追います。プログラム開始後、シーケンス 1 に未使用の値があれば、その値をループ変数 1 に代入して、処理 1 を実行します。その次に、ループ変数 2 の for 文のシーケンス 2 に未使用の値があれば、その値をループ変数 2 に代入し、処理 2 を実行します。シーケンス 2 の中身を全て利用したら、シーケンス 1 のチェックに戻ります。この段階で、シーケンス 2

の全ての値は使用済みから未使用にリセットされます。以上の流れをシーケンス 1 の中身を全て利用するまで繰り返します。多重繰り返しは外側のループであるループ変数 1 のシーケンスごとに、内側のループである変数 2 のシーケンスを全て使い切るまで繰り返します。外側のループ変数 1 の要素を使い切れば、繰り返しを終了します。

多重繰り返しの書き方

プログラミング初学者は多重ループの作成に難しさを感じる傾向があります。そこで第 10.2.2 項の九九の計算例を用いながら、2 重ループを利用しないプログラム 16.1 を先に作成し（解説 16.1 参照）、その後、2 重繰り返しのプログラム 16.2 を作成しましょう。

> **解説 16.1　2 重繰り返しのプログラムの作り方**：多重繰り返しのプログラムを段階的に作成することを考えてみましょう。その際は「for を使わないプログラム」から「for 文を一つ使うプログラム」、「for 文を入れ子構造として使うプログラム」の順に作成します。具体的には、まずプログラム 10.5 のように for 文は利用せず、繰り返す内容の一部を作成します。次にプログラム 10.6 や 16.1 のように、入れ子構造は利用せずに、for 文のプログラムを作成します。最後に、プログラム 16.1 を参考にしながら、2 重ループのプログラム 16.2 を作成します。

第 10.2.2 項では九九の一の段のみを扱いました。解説 16.1 の考えをもとに、多重繰り返しは利用せずに、九九の一の段から九の段まで計算するプログラム 16.1 を作成して実行しましょう。ループ変数 kazu は、一の段の 1 × ○○ や二の段の 2 × ○○ などの○○を置き換えるために利用します。

List 16.i

プログラム 16.1：複数の for 文をそのまま利用した九九の計算

```
 1  import numpy as np
 2  # np.arange(1, 10)の中身は [1, 2, 3, 4, 5, 6, 7, 8, 9]
 3  for kazu in np.arange(1, 10): # 一の段の計算
 4      print('一の段の1 ×', kazu, '=', 1 * kazu, 'です')
 5  for kazu in np.arange(1, 10): # 二の段の計算
 6      print('二の段の2 ×', kazu, '=', 2 * kazu, 'です')
 7  for kazu in np.arange(1, 10): # 三の段の計算
 8      print('三の段の3 ×', kazu, '=', 3 * kazu, 'です')
 9  for kazu in np.arange(1, 10): # 四の段の計算
10      print('四の段の4 ×', kazu, '=', 4 * kazu, 'です')
11  for kazu in np.arange(1, 10): # 五の段の計算
12      print('五の段の5 ×', kazu, '=', 5 * kazu, 'です')
13  for kazu in np.arange(1, 10): # 六の段の計算
14      print('六の段の6 ×', kazu, '=', 6 * kazu, 'です')
15  for kazu in np.arange(1, 10): # 七の段の計算
16      print('七の段の7 ×', kazu, '=', 7 * kazu, 'です')
17  for kazu in np.arange(1, 10): # 八の段の計算
18      print('八の段の8 ×', kazu, '=', 8 * kazu, 'です')
19  for kazu in np.arange(1, 10): # 九の段の計算
20      print('九の段の9 ×', kazu, '=', 9 * kazu, 'です')
```

実行結果（一部省略）

```
一の段の 1 × 1 = 1 です
一の段の 1 × 2 = 2 です
...
九の段の 9 × 9 = 81 です
```

　プログラム 16.1 は同じような命令を何度も実行しています。例えば、「一の段」などの文字列や 1×2 の 1 などの数値を何度も利用します。これらの○○の段の○○を置き換えるために 2 重ループを使って作り直します。新たにループ変数 dan の for 文を追加したプログラムを作成します。

　ただし、ループ変数 kazu とループ変数 dan は整数型のため、九九の出力に漢数字が使えません。九九の出力に漢数字を利用するため、漢数字用の 1 次元配列 kanzi_dan を用意します。その 1 次元配列の要素番号として、プログラム 13.3 のようにループ変数 dan を利用します。

　それではインデントの **Tab キーを押すこと**を忘れずに、外側のループ dan では 1 回、内側のループ kazu の中の処理では 2 回押して、九九の一の段から九の段までを出力するプログラム 16.2 を作成して実行しましょう。

```
Tabキーによる空白を1回挿入
```

List **16.ii**

プログラム 16.2：2 重ループを利用した九九の計算

```python
1  import numpy as np
2  # 計算結果の出力に漢数字を使うために kanzi_dan を作成
3  # 繰り返し処理を簡単にするため、配列の要素番号 0に'零'を用意
4  kanzi_dan = np.array(['零', '一', '二', '三', '四', '五', '六', '七', '八', '九'])
5
6  for dan in np.arange(1, 10): # ○○の段を設定するためのループ
7      print(kanzi_dan[dan], 'の段の計算開始') # kanzi_dan[dan]は'一'から'九'に置き換わる
8
9      for kazu in np.arange(1, 10): # 1×○○から9×○○の○○を置き換えるために利用
10         print(kanzi_dan[dan], 'の段の', dan, '×', kazu, '=', dan * kazu, 'です')
11     print(kanzi_dan[dan], 'の段の計算終了')
12
13 print('九九の計算終了')
14
17
```

```
Tabキーによる空白を2回挿入
```

実行結果 (一部省略)

```
一 の段の計算開始
一 の段の 1 × 1 = 1 です
一 の段の 1 × 2 = 2 です
…
一 の段の 1 × 9 = 9 です
一 の段の計算終了
…
九 の段の計算開始
九 の段の 9 × 1 = 9 です
九 の段の 9 × 2 = 18 です
…
九 の段の 9 × 9 = 81 です
九 の段の計算終了
九九の計算終了
```

プログラム 16.2 の処理の流れを図 16.2 に示します。プログラム 16.2 の処理 1 から処理 9 は図 16.2 の①から⑨に対応します。

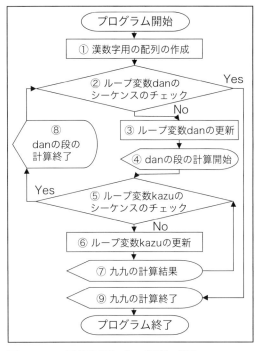

図 16.2　2 重繰り返し文の処理の流れ

処理 1　（4 行目）：出力に一から九の漢数字を利用するため 1 次元配列 kanzi_dan を作成します。

処理 2　（6 行目）：ループ変数 dan のシーケンス [1, 2, . . . , 9] の全ての要素を利用したのかをチェックします。

処理 3：　まだ全ての要素を利用していないため、No 方向に進み、ループ変数 dan に値を代入します。

処理 4　（7 行目）：ループ変数の値を利用して ' 一の段の計算開始 ' を出力します。

処理 5　（9 行目）：ループ変数 kazu のシーケンス [1, 2, . . . , 9] の全ての要素を利用したのかをチェックします。

処理 6：　まだ全ての要素を利用していないため、No 方向に進み、ループ変数 kazu に値を代入します。

処理 7　（10 行目）：ループ変数 dan と kazu の値を利用して ' 一の段の $1 \times 1 = 1$ です。' と出力します。

処理 8：　ループ変数 kazu のシーケンスを全て利用するまで、処理 5 から処理 7 を繰り返し処理します。そのシーケンスを全て利用したら、Yes の方向に進み、' 一の段の計算終了 ' を出力します。

処理 9：　処理 2 から処理 8 の流れを、ループ変数 dan のシーケンスの全ての要素を利用するまで繰り返し、その後は Yes の方に進み、' 九九の計算終了 ' を出力します。

　以上の流れでプログラム 16.2 は、ループ変数 dan の for 文を 9 回繰り返す間、繰り返しごとに内側のループ変数 kazu の for 文を 9 回実行します。そのため、合計 81 回の繰り返しがこの 2 重ループで実行され、九九の計算結果が順に出力されます。最初のプログラム 16.1 に比べて、プログラム 16.2 のソースコードは同じ計算ができるのに、ずっとコンパクトにできました。

16.2　配列と多重繰り返し文

　多重繰り返し文を利用して、配列を自由に扱えるようになると、プログラミングでできることがかなり増えます。まずは、二つのループ変数を利用して 2 次元配列の要素を全て出力するプログラム 16.3 を作成して実行しましょう。ここでは **2 次元配列の行番号としてループ変数 i** と **2 次元配列の列番号としてループ変数 j** を利用します。

List 16.iii

プログラム 16.3：多重ループを利用した配列の出力

```
1  # 2 行 4 列の 2次元配列
2  d = np.array([[33, 44, 55, 66],
3                [199, 231, 333, 751]])
4
5  for i in np.arange(2): # i は行の移動に利用
6      for j in np.arange(4): # j は列の移動に利用
7          print('行(i)=', i, '列(j)=', j,
8          'の要素は', d[i, j])
```

実行結果

```
行 (i) = 0 列 (j) = 0 の要素は 33
行 (i) = 0 列 (j) = 1 の要素は 44
行 (i) = 0 列 (j) = 2 の要素は 55
行 (i) = 0 列 (j) = 3 の要素は 66
行 (i) = 1 列 (j) = 0 の要素は 199
行 (i) = 1 列 (j) = 1 の要素は 231
行 (i) = 1 列 (j) = 2 の要素は 333
行 (i) = 1 列 (j) = 3 の要素は 751
```

プログラム 16.3 は 2 重繰り返しの中で、d の行番号 i = 0、列番号 j = 0 の要素 33 から行番号 i = 1、列番号 j = 3 の要素 751 を出力します。ループ変数 i は 0 と 1 の数値を行番号として利用します。ループ変数 j は 0, 1, 2, 3 の数値を列番号として利用します。ループ処理では、まず i = 0 のとき、ループ変数 j が 0, 1, 2, 3 と変化して、1 回目のループ変数 j の for が終了します。次に i = 1 のとき、ループ変数 j が 0, 1, 2, 3 と変化して、2 回目のループ変数 j の for が終了します。

16.2.1　shape 関数を利用したシーケンスの工夫

プログラム 16.3 では配列のサイズに合わせて np.arange をシーケンスに設定しました。このようなやり方で配列を使うと、配列の行番号 i や列番号 j をいくつまで設定するか、サイズの変更のたびに書き換えなくてはならず不便です。そこでプログラム 16.3 を変更し、2 次元配列の大きさを取得する shape 関数を利用して、シーケンスの記述を行うプログラム 16.4 を作成して実行しましょう。

List 16.iv

プログラム 16.4：多重ループのシーケンスに shape 関数を利用した配列の操作

```
1  for i in np.arange(d.shape[0]): # d.shape[0] は行数
2      for j in np.arange(d.shape[1]): # d.shape[1] は列数
3          print('行(i)=', i, '列(j)=', j, 'の要素は', d[i, j])
```

実行結果

```
行 (i) = 0 列 (j) = 0 の要素は 33
行 (i) = 0 列 (j) = 1 の要素は 44
行 (i) = 0 列 (j) = 2 の要素は 55
行 (i) = 0 列 (j) = 3 の要素は 66
行 (i) = 1 列 (j) = 0 の要素は 199
行 (i) = 1 列 (j) = 1 の要素は 231
行 (i) = 1 列 (j) = 2 の要素は 333
行 (i) = 1 列 (j) = 3 の要素は 751
```

プログラム 16.4 の実行結果はプログラム 16.3 と同じです。1 行目の d.shape[0] は行数、2

行目の d.shape[1] は列数が、shape 関数から得られた行列のサイズ値として入ります。

16.2.2 2 重繰り返しと 2 次元配列を利用した九九の計算

2 次元配列を利用した九九の表を作成します。ここでは、2 重繰り返しの中で、**2 次元配列の要素番号としてループ変数 i と j を使いながら、それらのループ変数の値を掛け算用の数値**としても利用します。この点に注意しながら、九九の表を作成するプログラム 16.5 を作成して実行しましょう。

プログラム 16.5 の 4 行目は $i = 0, j = 0$ のとき、$d[0, 0]$ に $1 * 1$ の結果を代入します。配列の要素番号は 0 から始まるため、それに合わせてループ変数も 0 から始まるようにシーケンス部分を記述します。ここでは、そのまま $i * j$ と記述すると $0 * 0$ となってしまうため、九九の計算は $(i + 1) * (j + 1)$ としています。そうすると $i = 0, j = 1$ のとき、$d[0, 1]$ に $1 * 2$ の計算結果が代入されます。ループの最後で、$i = 8, j = 8$ となるため、$d[8, 8]$ に $9 * 9$ の計算結果が代入されます。

List **16.v**

プログラム 16.5：2 重ループと配列を利用した九九の表

```
1  d = np.ones((9, 9), dtype = 'int') # 9 行 9 列の要素 1 の 2次元配列を生成
2  for i in np.arange(d.shape[0]): # i を i 段としても利用
3      for j in np.arange(d.shape[1]): # i 段にかける数値 j としても利用
4          d[i, j] = (i + 1) * (j + 1)
5
6  print(d)
```

実行結果

```
[[ 1  2  3  4  5  6  7  8  9]
 [ 2  4  6  8 10 12 14 16 18]
 [ 3  6  9 12 15 18 21 24 27]
 [ 4  8 12 16 20 24 28 32 36]
 [ 5 10 15 20 25 30 35 40 45]
 [ 6 12 18 24 30 36 42 48 54]
 [ 7 14 21 28 35 42 49 56 63]
 [ 8 16 24 32 40 48 56 64 72]
 [ 9 18 27 36 45 54 63 72 81]]
```

16.3 課題

基礎課題 16.1

九九の表を作成するプログラム 16.5 は配列の要素番号に合わせてシーケンスを工夫しました。ここでは、九九の計算に合わせてシーケンスを工夫した、プログラム 16.6 の空欄を埋めて九九の表を出力しなさい。

プログラム 16.6：配列の要素番号と九九の表

```
1  d = np.ones((9, 9))
2  for i in np.arange(1, 10):
3      for j in np.arange(1, 10):
4          d[_____, _____] = i *  j
5
6  print(d)
```

発展課題 16.2

プログラム 16.7 の空欄を埋めて合否判定プログラムを完成させなさい。ここでは成績ファイル 1999y_seiseki_5s_g.csv, ..., 2019y_seiseki_5s_g.csv を順番にデータフレームに読み込み、全科目の合計点をカラム「合計」に、合否をカラム「判定」に入れなさい。ただし、合否判定は合計 300 点以上なら合格、それ以外なら不合格とします。処理の終わったデータフレームは 28 行目で保存します。

成績ファイルは、第 13.2 節の seiseki_6s.csv から、国語、数学、英語、理科、社会の 5 教科を抽出し、1 年間（5,500 人分）ごとに分けた 21 個の CSV ファイルです。CSV ファイルは subset フォルダに全て保存されています。

List **16.vi**

プログラム 16.7：ファイル名の一覧取得と成績評価の 2 重ループ

```
1  import pandas as pd
2  import os
3  import glob
4
5  sfs = _____('data//subset//*.csv') # subset フォルダから CSV ファイル名の一覧を取得
6  # CSV ファイル名一覧を出力
7  print('globの結果:', sfs) # ファイル名の表示順は読者によって異なる可能性があるので注意
8
9  for sf in _____: # ファイル名を変えながらファイル一つ一つを読み込むループ
10     print(sf, 'の読み込み準備', end = '・・・') # sf には相対パスを格納済み
11     data = pd.read_csv(sf, index_col = 0) # sf のファイルパスを利用して CSV の読み込み
12     print('読み込み終了')
13     print(sf, 'の成績評価開始', end = '・・・')
14     # ファイルごとに成績を判定するループ
15     for sid in _____: # sid には読み込んだ data のインデックスを逐次代入
16         data.loc[sid, '合計'] = data.loc[sid, '国語':'社会'].sum() # 合計を計算
17         # 合否判定の条件分岐
18         if data.loc[sid, '合計'] >= 300: # 300点以上の場合
19             data.loc[sid, '判定'] = '合格'
20         else: # それ以外の場合
21             data.loc[sid, '判定'] = '不合格'
22     print('成績評価終了')
23
24     # os.path.split はファイルパスを分割し、[1]にはファイル名だけが抽出されている
25     fname = 'data//subset_h//' + os.path.split(sf)[1] # 保存先フォルダを変更する工夫
26     print(fname, 'への書き込み開始', end = '・・・')
27     # 成績評価終了済みの変数data を fname で書き込む
28     data.to_csv(_____, index = True)
29     print('書き込み終了')
30  print('全体の成績評価終了')
```

実行結果（一部省略）

glob の結果: ['data//subset/2008y_seiseki_5s_g.csv', . . . ,
'data//subset/2001y_seiseki_5s_g.csv']
data//subset/2008y_seiseki_5s_g.csv の読み込み準備・・・読み込み終了
data//subset/2008y_seiseki_5s_g.csv の成績評価開始・・・成績評価終了
data//subset_h//2008y_seiseki_5s_g.csv への書き込み開始・・・書き込み終了
. . .
data//subset/2001y_seiseki_5s_g.csv の読み込み準備・・・読み込み終了
data//subset/2001y_seiseki_5s_g.csv の成績評価開始・・・成績評価終了
data//subset_h//2001y_seiseki_5s_g.csv への書き込み開始・・・書き込み終了
全体の成績評価終了

プログラムの作成をより容易にするシーケンスの工夫

　Python において for 文はシーケンスを工夫すれば、プログラムの作成がより容易になります。シーケンスにそのまま 2 次元配列を記述すると、次のように動作します。

List 16.vii

プログラム 16.8：シーケンスの工夫 1

```
1  d = np.array([[1, 2],[3, 4]])
2  for i in d:
3      print(i)
```

変数の初期化の省略形
```
[1 2]
[3 4]
```

　このプログラムでは、2 次元配列の行ごとにループ変数に代入しています。

　プログラム 16.9 のような 2 重ループを記述しなくても、ndenumerate 関数を利用すれば配列の各要素にアクセスすることができます。

List 16.viii

プログラム 16.9：シーケンスの工夫 2

```
1  for i, element in np.ndenumerate(d):
2      print(i, element)
3      print(d[i[0], i[1]])
```

変数の初期化の省略形
```
(0, 0) 1
1
(0, 1) 2
2
(1, 0) 3
3
(1, 1) 4
4
```

　np.ndenumerate は、引数で与えられた 2 次元配列の要素番号を（行番号, 列番号）として i に代入し、その要素は element に代入します。

17 多重繰り返しの応用

> 多重繰り返し文を利用すれば、より複雑な模様を描くことができます。ここでは2重繰り返しから4重繰り返しまでの処理の流れを、turtleグラフィックによる図形描画と繰り返しの対応で、しっかりと理解しましょう。

17.1 多重繰り返しを用いたグラフィックスの作成

17.1.1 2重繰り返しと円の描画

まずは、2重繰り返しで円を敷き詰めるプログラム17.1を作成して実行しましょう。

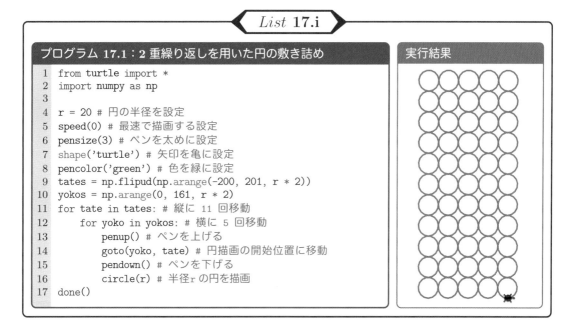

List **17.i**

プログラム 17.1：2重繰り返しを用いた円の敷き詰め

```python
1  from turtle import *
2  import numpy as np
3
4  r = 20 # 円の半径を設定
5  speed(0) # 最速で描画する設定
6  pensize(3) # ペンを太めに設定
7  shape('turtle') # 矢印を亀に設定
8  pencolor('green') # 色を緑に設定
9  tates = np.flipud(np.arange(-200, 201, r * 2))
10 yokos = np.arange(0, 161, r * 2)
11 for tate in tates: # 縦に 11 回移動
12     for yoko in yokos: # 横に 5 回移動
13         penup() # ペンを上げる
14         goto(yoko, tate) # 円描画の開始位置に移動
15         pendown() # ペンを下げる
16         circle(r) # 半径r の円を描画
17 done()
```

実行結果

プログラム17.1の9行目と10行目は左上から右下へ亀が移動しながら、円を描く工夫です。9行目のtatesの要素 [200, 160, . . . , −200] を利用して、亀は上から下へ動きます。10行目のyokosの要素 [0, 40, . . . , 160] を利用して亀は右へ移動します。ここで描画の座標がよくわからないときは、第14章のプログラム14.1へ戻りましょう。

17.1.2 3重繰り返しの構文と四角形タイルの描画

四角形を敷き詰めるプログラム17.2を3重繰り返しを入れて効率的に作成するために、次の3重繰り返しの構文を利用して円を敷き詰めるプログラム17.1を改造します。

```
for　ループ変数1　in　シーケンス1:
    処理1(繰り返しの中で実行される命令群1)
    for　ループ変数2　in　シーケンス2:
        処理2(繰り返しの中で実行される命令群2)
        for　ループ変数3　in　シーケンス3:
            処理3(繰り返しの中で実行される命令群3)
```

　3重繰り返しの構文の記述方法は、第16章の2重繰り返しの構文と基本的に同じです。ループ変数3のfor文はTabキーを2回、処理3はTabキーを3回挿入後に記述します。この記述により、ループ変数2のfor文はループ変数3のfor文を繰り返します。これらを、ループ変数1のfor文は繰り返し処理します。これ以降の繰り返しの構文もTabキーによるインデントを利用しながら、同じようにfor文を追加します。

　プログラム17.2は四角形の内部をランダムに塗りつぶしながら、縦と横に四角形を敷き詰めるプログラムです。

List **17.ii**

プログラム 17.2：多重繰り返しを用いた四角形の敷き詰め

```
1   from turtle import *
2   import numpy as np
3   import matplotlib.pylab as plt
4
5   r = 20 # 長方形の一辺の長さ
6   speed(0)
7   pensize(2)
8   shape('turtle')
9
10  color_n = 10 # 10 種類のカラーパレットを準備する指定
11  # あらかじめ用意された色のセット Set3_r を利用
12  cmap = plt.get_cmap('Set3_r', color_n) # カラーパレットを用意
13
14  # シーケンスの中身が 200, 180, ..., 0, ..., -180, -200 と変化して描画
15  for tate in np.flipud(np.arange(-200, 201, r)): # 縦移動
16      for yoko in np.arange(-200, 201, r): # 横移動
17          rd = np.random.randint(color_n) # 乱数を利用して色を設定
18          # 描画領域を塗りつぶす色を指定 filcolor((赤色の濃さ，緑色の濃さ，青色の濃さ))
19          fillcolor((float(cmap(rd)[0]), float(cmap(rd)[1]), float(cmap(rd)[2])))
20          begin_fill() # 塗りつぶし開始位置
21          penup() # ペンを上げる
22          goto(yoko, tate) # 描画開始位置に移動
23          pendown() # ペンを下げる
24
25          for s in np.arange(4): # 四角形を描画用のループ
26              forward(r)
27              left(90)
28          end_fill() # ここまでに一つの四角形を描画して塗りつぶし
29
30  done() # 記述忘れに注意
```

実行結果

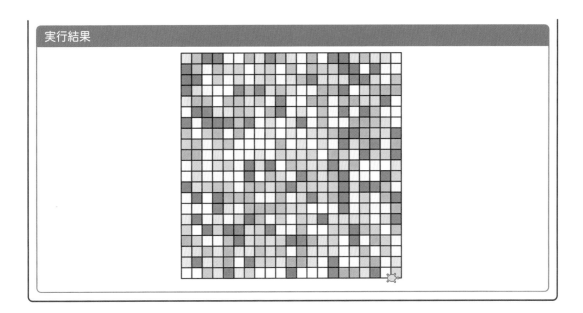

4 重繰り返しと六角形タイルの描画

　三角形の内部をランダムな色で塗りつぶし、縦と横に六角形を敷き詰めるプログラム 17.3 を作成して実行しましょう。このプログラムには、三角形の配色と配置を調整する 3 重ループの内側に、さらに 4 重のループとして三角形を描画するループがあります。最も内側の 4 重のループでは一つの三角形を描画します。この処理を、その一つ外側のループで 6 回繰り返し、ループ変数 tate と yoko のループで縦横に六角形を描画します。

List 17.iii

プログラム 17.3：多重繰り返しを用いた六角形の敷き詰め

```
1   r = 40 # 多重繰り返しを用いた四角形の敷き詰めのプログラムと同じなため import は省略
2   speed(0)
3   pensize(2)
4   shape('turtle')
5   color_n = 10
6   cmap = plt.get_cmap('Set3_r', color_n)
7   for tate in np.flipud(np.arange(-200, 201, np.sqrt(3) * r)): # 縦に 6 回移動
8       for yoko in np.arange(-200, 201,r * 2): # 横に 6 回移動
9           penup()
10          goto(yoko, tate) # 六角形の描画開始位置に移動
11          pendown()
12          for rokkaku in np.arange(6): # 六角形を描画するために三角形を六つ描画
13              rd = np.random.randint(color_n)
14              fillcolor((float(cmap(rd)[0]), float(cmap(rd)[1]), float(cmap(rd)[2])))
15              begin_fill() # end_fill までに一つの三角形を描画
16              for sankaku in np.arange(3): # 一つの三角形の描画用のループ
17                  forward(r)
18                  left(120)
19              end_fill() # 三角形の中を塗りつぶす
20              left(60) # 次の三角形が重ならないように角度を変更
21  done() # 記述忘れに注意
```

実行結果

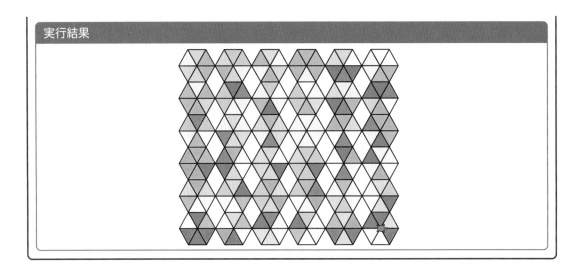

17.1.4　Maurer Rose の描画

これまでのプログラムを利用すれば、様々な模様を敷き詰めることができます。ここでは例として、第 14.1.6 項で作成した Maurer Rose を描画するプログラム 14.5 を改造します。任意に設定可能な自由パラメータ n と d をランダム設定しながら、異なる模様を縦と横に配置して敷き詰めるプログラム 17.4 を作成して実行しましょう。

List 17.iv

プログラム 17.4：多重繰り返しを用いた Maurer Rose の敷き詰め

```
 1  from turtle import *
 2  import matplotlib.pylab as plt
 3  import numpy as np
 4
 5  np.random.seed(6) # この数値 6 を変更すれば異なる描画が可能
 6  sized = 50 # 描画する Maurer Rose の基本となる大きさ
 7  speed(0)
 8  pencolor('orange') # 色をオレンジに設定
 9  pensize(1) # ペンサイズは細めに設定
10
11  for tate in [0, sized * 2, sized * 4]: # 縦移動用
12      for yoko in np.arange(-300, 301, sized * 2): # 横移動用
13          penup() # 描画開始位置までペン先を上げる
14          # 描画する Maurer Rose の種類をランダムに決める
15          n = np.random.randint(30)  # 自由パラメータをランダムに設定
16          d = np.random.randint(300) # 自由パラメータをランダムに設定
17
18          for th in np.arange(0, 361, 1): # この繰り返しで一つの Maurer Rose を描画
19              k = np.deg2rad(th) * d
20              r = sized * np.sin(n * k) # 大きさを調整
21              x = r * np.cos(k) # x 座標の設定
22              y = r * np.sin(k) # y 座標の設定
23              goto(x + yoko, y + tate) # 適宜描画開始位置を調整
24              pendown()
25
26  done() # 描画終了
```

実行結果

17.2 条件式による多重繰り返しを用いたプログラムの改造

これまでに作成したマルバツゲームの発展課題 7.6 のプログラムと、郵便番号を入力するプログラム 15.8 を多重繰り返しを利用して改造しましょう。

17.2.1 コンピュータと対戦するマルバツゲーム

第 7 章の発展課題 7.6 ではマルバツゲームを作成しました。ここでは if 文（第 9 章）とwhile 文（第 15 章）による多重繰り返しを利用して、コンピュータと対戦するマルバツゲームのプログラム 17.5 を作成して実行しましょう。

補足 17.1　ゲームプログラミング：ゲームプログラムを作ることで、様々なプログラミングのテクニックを身につけることができます。本書で作成するマルバツゲームは 2 進数と論理演算を利用すれば、高速なマルバツゲーム（文献 [15]）を作成することもできます。

このマルバツゲームは先手を人間のプレイヤー、後手をコンピュータとして進行します。変数 loop_flag の値が False または変数 step の値が 9 になれば、ゲームを終了します。また勝敗が決定したら、変数 loop_flag の値が Flase になり、繰り返し処理が終わります。変数 step は○か×を入力した場合に 1 加算され、その値が 9 ならば引き分けとします。

ゲームの盤面は 2 次元配列 d で管理します。先手は標準入力により要素番号を入力し、その番号で指定した箇所に○の代わりに 1 を代入します。後手はランダムに×を置ける場所を探して、置ける場合には×の代わりに −1 を代入します。こうしておくことで配列の縦横斜めのいずれかの合計が +3 になればプレイヤーの勝利と判定できますし、逆に合計が −3 ならコンピュータの勝利となります。この勝敗の判定が決まったときに、変数 loop_flag の値を変更します。

List **17.v**

プログラム 17.5：多重繰り返しを用いたマルバツゲーム

```
1  import numpy as np
2  d = np.array([[0, 0, 0], [0, 0, 0], [0, 0, 0]]) # 盤面の代わり
3  print(d) # 1 は○、0は空白、-1は × とする
4  step = 0 # ○か×を置いた回数
5  loop_flag = True # ゲーム終了の管理：終了ならFalse になる
6  while loop_flag and step < 9:
7      put_flag = True # プレイヤーの選択処理開始
8      while put_flag: # プレイヤーの入力が完了するまでループ
9          print('0から2の範囲で入力してください:')
10         tate_index = int(input('○を置く「縦」の位置:'))
11         yoko_index = int(input('○を置く「横」の位置:'))
12         if d[tate_index, yoko_index] == 0: # ○を置く盤面に何もないか
13             d[tate_index, yoko_index] = 1 # 指定箇所に○を置く
14             step += 1 # ゲームの進行をプラス
15             put_flag = False # 入力完了のためFalse へ
16     print(d, 'プレイヤーの手番終了') # 盤面とメッセージの出力
17     # プレイヤーの勝利判定:
18     if d[tate_index, :].sum() == 3 or d[:, yoko_index].sum() == 3 or np.diag(d).sum()
        == 3 or np.diag(np.fliplr(d)).sum() == 3:
19         print('*****プレイヤーの勝利*****')
20         loop_flag = False # プレイヤーが勝利したため、ループを終えるためにFalse を代入
21     elif step == 9:
22         print('-----引き分け-----')
23         loop_flag = False # 引き分けのため、ループを終えるためにFalse を代入
24     else:
25         put_flag = True # コンピュータの選択処理開始。入力が決まるまで True
26         while put_flag and loop_flag:
27             yoko_index = np.random.randint(3) # 横の要素番号
28             tate_index = np.random.randint(3) # 縦の要素番号
29             if d[tate_index,yoko_index] == 0: # 置ける場合
30                 d[tate_index,yoko_index] = -1 # ×を置く
31                 step += 1
32                 put_flag = False # 入力完了のためFalse へ
33         print(d, 'コンピュータの手番終了')
34         # コンピュータの勝利判定（プレイヤーの勝利判定の 3を-3に書き換えた命令）
35         if d[tate_index, :].sum() == 3 or d[:, yoko_index].sum() == 3 or np.diag(d).
            sum() == 3 or np.diag(np.fliplr(d)).sum() == 3:
36             print('~~~~~コンピュータの勝利~~~~~')
37             loop_flag = False # コンピュータが勝利したので、繰り返し終了
38     print('Step', step, '終了')
39 print('Game Over')
```

実行結果（プレイヤーの手番が1回終了まで）

```
[[0 0 0]
 [0 0 0]
 [0 0 0]]
0から2の範囲で入力してください:
○を置く「縦」の位置:1
○を置く「横」の位置:2
[[0 0 0]
 [0 0 1]
 [0 0 0]] プレイヤーの手番終了
```

実行結果（ゲーム終了間際の出力）

```
0から2の範囲で入力してください:
○を置く「縦」の位置:1
○を置く「横」の位置:1
[[ 1  1 -1]
 [-1  1  1]
 [ 1 -1 -1]] プレイヤーの手番終了
-----引き分け-----
Step 9 終了
Game Over
```

17.2.2 正しい郵便番号のみを受け付ける入力システム

これまでに作成した郵便番号入力の第 15.2.3 項のプログラム 15.8 は、日本の郵便番号として登録されている数値の入力を前提としていました。そこで、while 文の内側の処理で、日本の郵便番号ではない数値が入力されたら、再度入力を促す処理を考えます。

while 文を使って正しい郵便番号の入力が得られるまで入力を求め、適切な入力ならば住所を出力するプログラム 17.6 を作成して実行しましょう。プログラム 17.6 は郵便番号として正しい入力が行われるまで、すなわち変数 not_found が False になるまで入力処理を繰り返します。この繰り返しの中で、7 行目の繰り返しを数値が入力されるまで続け、17 行目の while で入力された郵便番号が存在するかをチェックします。

List **17.vi**

プログラム 17.6：while の多重ループを利用した郵便番号入力システム

```
1  import pandas as pd
2  data = pd.read_csv('data//ken_data.csv', encoding = 'shift_jis', index_col='郵便番号')
3  flag = True # 正しい入力まではTrue を False に変更しない
4  not_found = True # 見つかるまで検索する
5
6  while not_found: # 正しい入力が行われるまで繰り返す
7      while flag: # 数値が入力されるまで繰り返す (flag が True なら不正な入力として繰り返す)
8          number = input('7桁郵便番号(-不要)を入力してください:') # 正しい入力例 640820
9          try: # エラーが起こるまで下記のブロックを実行
10             print('あなたの入力した郵便番号：',int(number), 'です。')
11             flag = False # 繰り返しを抜けるためFalse に変更
12         except ValueError: # エラーが起こった時点で以下のブロックを実行
13             print('文字ではなく数字を入力してください')
14
15     # 7桁の数値が日本の郵便番号かをチェック
16     i = 0 # インデックスを参照するために必要な変数
17     while data.index.values[i] != int(number) and i < data.shape[0] -1:
18         i += 1 # 次のインデックスを参照するために加算
19     if data.index.values[i] == int(number):
20         not_found = False # 見つかった！
21     flag = True # 見つからなかった場合、再度検索できるように
22
23 # 繰り返し処理が終われば目的の住所を発見
24 print('あなたの入力した郵便番号は', i, '番目にありました。')
25 print('郵便番号', number, 'は', data.iloc[i,:], 'です。')
```

実行結果

```
7 桁郵便番号 (-不要) を入力してください:6408200
あなたの入力した郵便番号: 6408200 です。
7 桁郵便番号 (-不要) を入力してください:640820
あなたの入力した郵便番号: 640820 です。
あなたの入力した郵便番号は 4 番目にありました。
郵便番号 640820 は 都道府県 北海道
市区町村名 札幌市中央区
町域名 大通西（２０〜２８丁目）
Name: 640820, dtype: object です。
```

　実は、プログラム 17.6 のように繰り返し処理を多用するとプログラムが複雑になります。シンプルに、かつ、想定外の入力で止まらないシステムにするには、エラーの種類に応じて、処理を変える方法もあります。例えば、while 文と try 文を組み合わせてエラーに対処しながら、郵便番号の入力を促すプログラム 17.7 を作成して実行しましょう。

List 17.vii

プログラム 17.7：エラーに対処しながら郵便番号の入力を促す

```
 1  flag = True # 正しい入力まではTrue を False に変更しない
 2  while flag: # flag が True なら不正な入力のため繰り返す
 3      number = input('7桁郵便番号(-不要)を入力してください:') # 正しい入力例 640820
 4      try: # エラーが起こるまで下記のブロックを実行
 5          print('あなたの入力した郵便番号：', int(number), 'です。')
 6          i = data.index.get_loc(int(number))
 7          # get_loc が正しく実行されない限り flag は変更しない
 8          flag = False # 繰り返しを抜けるためFalse に変更
 9      except ValueError: # エラーが起こったら下記のメッセージを出力
10          print('文字ではなく数字を入力してください')
11      except KeyError: # エラーが起こったら下記のメッセージを出力
12          print('正しい数字を入力してください')
13  print('あなたの入力した郵便番号は', i, '番目にありました。')
14  print('郵便番号', number, 'は', data.iloc[i, :], 'です。')
```

実行結果

```
7 桁郵便番号 (-不要) を入力してください:88888888
あなたの入力した郵便番号: 88888888 です。
正しい数字を入力してください
7 桁郵便番号 (-不要) を入力してください:9999
あなたの入力した郵便番号: 9999 です。
正しい数字を入力してください
7 桁郵便番号 (-不要) を入力してください: 北海道
文字ではなく数字を入力してください
7 桁郵便番号 (-不要) を入力してください:640820
あなたの入力した郵便番号: 640820 です。
あなたの入力した郵便番号は 4 番目にありました。
郵便番号 640820 は 都道府県 北海道
市区町村名 札幌市中央区
町域名 大通西（２０〜２８丁目）
Name: 640820, dtype: object です。
```

　指定したインデックスを見つける get_loc のエラーに対して try 文を利用するため、プログラム 17.6 よりもプログラム 17.7 の可読性が高くなります。データフレームに含まれないインデックス名が引数に指定された場合、get_loc は KeyError を出力します。このように誤入力の種別に応じたエラー処理を行えば、10 行目や 12 行目のように try 文を活用することができます。

 解説 17.1　本番はこれから： for 文や if 文を使いこなしてできるようになれば、いよいよ対話的なプログラミングに挑めるようになります。ユーザーの挙動に応じて、対処できるプログラムを作成するには for 文や if 文は欠かせない要素です。

17.3 課題

基礎課題 17.1

ループを使い、図 17.1 と同じ格子の中に円を描くプログラムを作成しなさい。

図 17.1 格子と円

発展課題 17.2

円の描画を工夫して描画する Maurer Rose のプログラムを作成しました。別のパターンとして、プログラム 17.8 では、バタフライ曲線と呼ばれる蝶の形の模様（プログラム改造前の実行結果）を描きます。このプログラムが完成したら、さらにプログラムを変更して、プログラム改造後の実行結果の模様を描けるように、繰り返し文の記述を工夫しなさい。

List 17.viii

プログラム 17.8：バタフライ曲線

```
1   from turtle import *
2   import numpy as np
3   import math
4   speed(0)
5   penup()
6   pencolor('purple') # 色を紫に変更
7   pensize(3)
8   sized = 50 # バタフライ曲線の大きさ
9   for th in np.arange(0, 361, 1): # 一つのバタフライ曲線を描く
10      th = np.deg2rad(th)
11      # 描画する座標（x, y）はsin 関数やcos 関数を利用して計算
12      kyoutuu = (math.e ** np.cos(th) - 2 * np.cos(4 * th) - np.sin(th/12) ** 5) * sized
13      # math.e は ネイピア数という 2.71828… と続く数値
14      x = np.sin(th) * kyoutuu
15      y = np.cos(th) * kyoutuu
16      goto(x, y)
17      pendown()
18  done()
```

プログラム改造前の実行結果　　　　**プログラム改造後の実行結果**

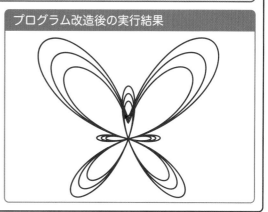

MEMO

18 多重繰り返し文と配列

意図したとおりに配列の要素番号を扱う技量は、様々な応用の基礎になります。ここでは、2次元セルオートマトンによる模様の作成と、その応用であるライフゲームの作成を例に、配列の要素番号の操作を習得します。

18.1　セルオートマトンを用いたシミュレーション

2次元セルオートマトン（文献［36, 37］）とは、2次元配列の各要素を空間内の**状態**と捉え、各セルの状態が隣接するセルとの相互作用の中で、時間的に変化するモデルです。2次元セルオートマトンでは、状態が変化（遷移）する単純なルールを与えて、人工の生命や病気の伝染、山火事などの現象をコンピュータ上で模倣（シミュレーション）します。

 補足 18.1　プログラミングを用いて作成するアート：本書ではプログラミングを学ぶために、turtle グラフィックスを用いて図形を描画しました。文献［38］には、本章で作成する2次元セルオートマトンなどのデジタルアートのプログラムを作成するテクニックが紹介されています（ただし、言語は Processing）。

18.1.1　2次元セルオートマトン

プログラム 18.1 の実行結果の模様を描画するためには、「**初期状態の設定**」、「初期状態の時刻 0 から時刻 $1, 2, \ldots, t, t+1, \ldots,$ のように各時刻ごとにセルの状態を変化させる**遷移ルール**の定義」、「配列の端（境界）での遷移ルール処理の条件（**境界条件**）」の3種類を与えます。

まず初期状態の設定です。初期状態は、50行50列の2次元配列 old_w を作成し、その中心（old_w[25, 25]）の要素のみ数値1として設定し、それ以外の要素は数値0とします。（第5章で触れた初期化を行います）。この初期状態の設定は模様の形状に強く影響します。

次に、隣接するセルがどのような条件を満たせば、セルの要素である数値を変化させるか、また、どのように数値を変化させるかを遷移ルールとして定義します。ある時刻 t で遷移させる一つのセル old_w[i, j] に注目します。このセル old_w[i, j] の値は以下の手続きで更新します。本章では、図 18.1 のように上下左右の言葉を利用します。

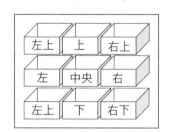

図 18.1　配列の位置

手順1：2次元配列（old_w[i, j]）に隣接する上下左右のセル（old_w[i, j + 1], old_w[i, j−1], old_w[i − 1, j], old_w[i + 1, j]）に保存されている値の合計を計算する。
手順2：手順1で求めた合計を30で割り、その剰余（余り）r を求める。

| 手順3： 手順2で求めた値rを、2次元配列 new_w[i, j] に代入する。

　この更新で、時刻 t で求められた剰余rは old_w[i, j] ではなく、new_w[i, j] に代入していることに注意してください。old_w の各セルに格納されている値は時刻 t での各セルの状態を表します。時刻 $t+1$ に対応する状態の値は、new_w に格納されます。勘のいい読者なら、『この時刻 t を外側のループで繰り返し、時刻 t で配列 old_w[0, 0] から old_w[49, 49] までループで順に計算して得られた new_w を、次の時刻 $t+1$ の old_w に置き換えて使えばよい。そうなると多重ループになるな。』と予想できるでしょう。

　手順1から手順3を具体的に説明するため、初期状態 old_w[1, 2] の要素のみが遷移する様子を図 18.2 に示します。old_w[1, 2] の上は old_w[1 − 1, 2]、下は old_w[1 + 1, 2]、左は old_w[1, 2 − 1]、右は old_w[1, 2 + 1] の要素です。これらの五つの数値の合計に対して、30（変数 mod_para）で割った剰余を求めて、遷移先の new_w[1, 2] の要素とします。この計算は、主にプログラム 18.1 の 19 行目から 24 行目で行います。合計を 30 で割れば、剰余rは 0 から 29 の整数値のいずれかになるので、0 から 29 の 30 階調で各セルの色を指定すれば、グラフィカルに表示できます。

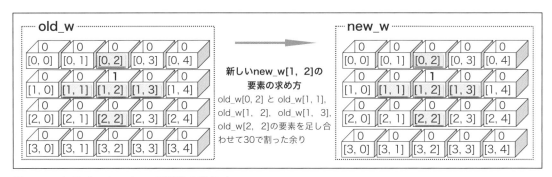

図 18.2　セルオートマトンの遷移の考え方

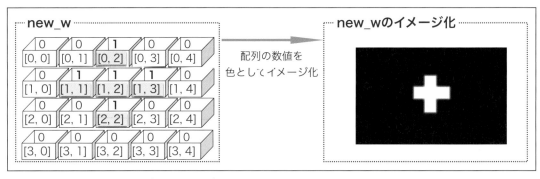

図 18.3　遷移後の配列の要素とイメージ化

　以上の計算を図 18.2 の old_w の全要素に適用すると、次の状態は図 18.3 の new_w になります（読者自身で確認しましょう）。この遷移後に、その状態（new_w）をイメージ化します。この流れを繰り返すことで、*List* 18.i の実行結果のように、2 次元配列の要素が変化

する2次元セルオートマトンを作ることができます。さっそくプログラム 18.1 を作成して実行しましょう（エラーが発生したら補足 18.2 を参照）。

　ここで、以上の処理の中で配列の端をどう処理するか、いわゆる境界条件を説明しておきます。2次元セルオートマトンでは、図 18.4 のように配列の中央（濃い灰色）に対して上下左右（薄い灰色）のいずれかが存在しない上下左右に端のセルが必ず生じます。このような場合は、配列の行の端（列の先頭）と端（列の後尾）と、列の端（行の先頭）と端（行の後尾）が繋がっているとみなして、要素番号を工夫します。つまり、行の端と端、列の端と端が繋がっているように処理すれば端はなくなります。このように行と列の番号を任意に指定するためには、図 18.5 のように行番号 i、列番号 j、配列の大きさ n をそれぞれ工夫して利用します。

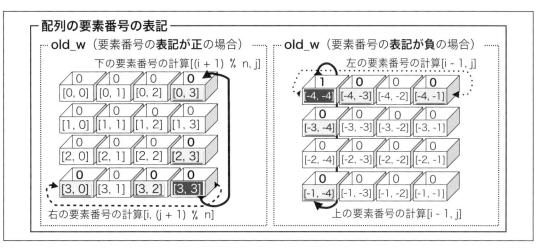

図 18.4　配列の要素番号の上手な扱い方（Python では % は剰余を求める記号）

行番号i と 列番号 j の要素番号の**2種類の表記**の利用。左上から右下の要素番号を以下のように扱えば、中央に対して8方向の配列の要素を演算に利用できます。		
左上 [i - 1, j - 1]	**上** [i - 1, j]	**右上** [i - 1, (j + 1) % n]
左 [i, j - 1]	**中央** [i, j]	**右** [i, (j + 1) % n]
左下 [(i + 1) % n, j - 1]	**下** [(i + 1) % n, j]	**右下** [(i + 1) % n, (j + 1) % n]

図 18.5　配列の行番号と列番号の求め方

　例えば、図 18.4 の要素番号の表記が正の場合、配列 [3, 3] を中央とすると、右の箱は存在しません。右の箱の代わりに、(j + 1) % n から同じ行の列番号が、最も小さい番号を計算します。具体的に、j が 3 であるため (3 + 1) % 4 = 0 となり、右の箱は [3, 0] となります。同じような理由から、下の箱の要素番号は [0, 3] となります。次に説明する負の要素番号を利用すれば、Python ならではの要素番号の指定方法ですが、右の箱の計算は j − (n − 1)、下

の箱の計算は i − (n − 1) とすることもできます。

　別の例として、図 18.4 の要素番号の表記が負の場合、配列 [0, 0] と参照する要素が同じ配列 [−4, −4] を中央とすると、上の箱は存在しません。上の箱の代わりに、同じ列の行番号が最も大きい番号を求めるために i − 1 から計算します。具体的に、i が 0 であるため (0 − 1) = −1 となり、上の箱は [−1, −4] となります。

　プログラム 18.1 を実行すると ca.mp4 が生成されます。プログラム 18.1 が完成したら、n = 400、dpi = 200、遷移回数 1000 回と変更しましょう。その結果の一部を実行結果に掲載します。実行したら再度 ca.mp4 を開いてみましょう。

List 18.i

プログラム 18.1：2 次元セルオートマトンを利用した模様の作成

```
 1  import numpy as np
 2  import matplotlib.pyplot as plt
 3  import matplotlib.animation as ani
 4
 5  # figsize と n の数値を大きくすれば、より鮮明なアニメーションになる
 6  fig = plt.figure(figsize = (2, 2), dpi = 150) # 画像の設定
 7  n = 50 # 画像（配列）の大きさ
 8  mod_para = 30 # モデルのパラメータ（配列の要素は 0 から 29 ）
 9  ims = [] # 描画した画像を 1 枚 1 枚保存する入れ物
10  old_w = np.zeros([n, n]) # n 行 n 列の全の要素が 0 の行列
11  # 行番号と列番号の中央の値のみが 1 の 2 次元配列
12  old_w[int(n/2), int(n/2)] = 1 # 初期状態として中心の要素をを 1 とする（図 19.2 参照）。
        ただし、初期状態は任意に設定が可能で、値が変化すると模様も変化する
13
14  for t in np.arange(100): # 指定した回数分、遷移の繰り返し
15    new_w = np.zeros([n, n]) # 次の状態の入れ物を用意
16    for i in np.arange(n): # 行の移動
17      for j in np.arange(n): # 列の移動
18        # 現在の位置 i と j の上下左右の値を加算する
19        new_w[i, j] = old_w[i, j] # 中央
20        new_w[i, j] += old_w[i - 1, j] # 上の状態
21        new_w[i, j] += old_w[(i + 1) % n, j] # 下の状態
22        new_w[i, j] += old_w[i, j - 1] # 左の状態
23        new_w[i, j] += old_w[i, (j + 1) % n] # 右の状態
24        new_w[i, j] %= mod_para # 剰余を計算
25    # 遷移した状態の各要素を使い 1 枚の画像に変換
26    im = plt.imshow(new_w, cmap = 'RdPu', # 色の指定
27      interpolation = 'nearest', animated = True) # アニメーションの指定
28    ims.append([im]) # im に紐付いている画像 1 枚を追加して、合計 100 枚の画像を ims に保存
29    old_w = new_w.copy() # 遷移した状態を次のステップで利用するため、遷移により作成した画
        像（new_w）を old_w にコピーする
30  # アニメーション作成（ValueError: unknown file extension: .mp4 が発生する場合は補足参照）
31  ani = ani.ArtistAnimation(fig, # 画像の大きさなどを指定
32        ims, # 画像を指定
33        interval = 500, # 画像を切り替えるインターバル
34        blit = True, repeat_delay = 1000)
35  # アニメーション（mp4）として data フォルダに保存
36  ani.save('data//ca.mp4', writer = 'ffmpeg')
37  # 以上のプログラムを実行しただけではアニメーションは再生されない。エクスプローラーから
        ca.mp4 をクリックして開く
```

実行結果（ca.mp4 の一部）

補足 18.2　アニメーション作成に関するエラー：もし Windows 利用者の中で「ValueError: un-known file extension: .mp4」が発生したら、Anaconda Navigater からコマンドプロンプトを開いて、その中で「conda install -c conda-forge ffmpeg」を試しましょう。もし Mac 利用者の中でエラー「MovieWriter ffmpeg unavailable」が発生したら、サポートページを参考にしましょう。

18.1.2 仮想生物の生存シミュレーション

　ここでは2次元セルオートマトンの遷移ルールを図18.6のように変更します。この2次元セルオートマトンを**ライフゲーム**（文献 [37, 39, 40]）と呼びます。ライフゲームとは、ある生物が複数世代にわたり生存できるかのシミュレーションです。ライフゲームでの2次元配列の要素は、ある生物の生死の状態を表します。要素が1の場合はある生物が生存を、逆に0の場合は死亡を意味します。この値（生死の状態）は生物の周りの状況により変化します。

　ライフゲームでは初期状態、遷移ルール、境界条件が第18.1.1項とは異なります。ライフゲームの初期状態は100行100列の2次元配列 old_w を生成し、その要素に確率0.1で1を、確率0.9で0を設定します。遷移ルールは各セルの状態を、セルの中央とその周囲8マス（上下左右、斜め）により変化させます。前項のセルオートマトンは周囲4マスの相互作用でしたが、ライフゲームでは図18.5や図18.6のように8マスを隣接セルとします。

　ライフゲームのルールの中で、注目している生物（2次元配列の一つの要素）の生死は、その生物の生死と周囲8マスの生物の生死により決まります。注目している生物（old_w の中央のセル）は、隣接する八つのセルの状態に応じて、ルールAの誕生、ルールBの生存、ルールCの過疎化または過密化による死亡の3種類が適用されます。これらのルールを適用した世代交代の様子を図18.6に示します。

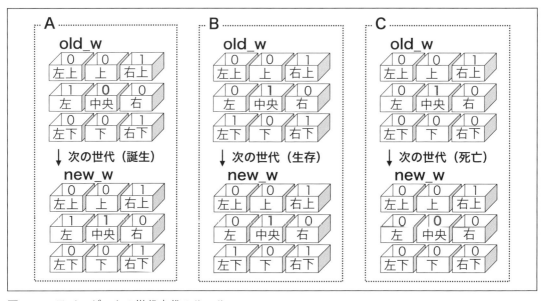

図 18.6　ライフゲームの世代交代のルール

ルールA（誕生）：死亡また誕生前の生物（要素0）は、周囲に3匹の生物が存在していれば、次の世代で誕生（要素1）します（図18.6–A）。

ルールB（生存）：生存している生物（要素1）は、周囲に2匹以上3匹以内の生物が生存していると、次の世代でも生存（要素1）します（図18.6–B）。

ルールC（死亡）：ルールAとB以外に該当します。生死の状態にかかわらず、生物は、周囲に1匹以下、または、4匹以上の生物が生存していると、次の世代では死亡します（図18.6–C）。

それでは、ライフゲームのプログラム 18.2 を作成して実行しましょう。ただし、乱数を用いるため、プログラム 18.2 の実行結果と読者の実行結果は違う場合があります。

List **18.ii**

プログラム 18.2：ライフゲーム

```
1  import numpy as np
2  import matplotlib.pyplot as plt
3  import matplotlib.animation as ani
4
5  fig = plt.figure(figsize = (5, 5), dpi = 150) # 画像の解像度の設定
6  n = 100 # 画像（配列）の大きさの指定：ライフゲームの世界の大きさ
7  ims = [] # 描画した画像を1枚1枚保存する入れ物（1枚が一世代に対応）
8  np.random.seed(0) # 数値 0 を変更します
9  # 初期状態の作成: 確率 0.1 で 1、確率 0.9 で 0 を old_w の要素に設定
10 old_w = np.random.binomial(1, 0.1, (n, n))
11 plt.tick_params(length = 0, labelbottom = False,labelleft = False) # 枠を非表示に設定
12
13 for t in np.arange(100): # 世代交代の回数
14     new_w = np.zeros([n, n]) # 次の状態の入れ物を用意
15     for i in np.arange(n): # 2次元配列の行の移動
16         for j in np.arange(n): # 2次元配列の列の移動
17             # 合計 s に 上下左右、左上、右上、左下、右下の値を加算
18             s = old_w[i - 1, j] # 上
19             s += old_w[(i + 1) % n, j] # 下
20             s += old_w[i, j - 1] # 左
21             s += old_w[i, (j + 1) % n] # 右
22             s += old_w[i - 1, j - 1] # 左上
23             s += old_w[i - 1, (j + 1) % n] # 右上
24             s += old_w[(i + 1) % n, j - 1] # 左下
25             s += old_w[(i + 1) % n, (j + 1) % n] # 右下
26             # 合計 s から old_w[i, j] の生物の次世代での生死を判定
27             if old_w[i, j] == 0 and 3 == s: # ルールA
28                 new_w[i, j] = 1 # 適度な生物数のため、次は誕生
29             elif old_w[i, j] == 1 and 2 <= s <= 3: # ルールB
30                 new_w[i, j] = 1 # 適度な生物数のため、次も生存
31             elif old_w[i, j] == 1 and s <= 1 or 4 <= s: # ルールC
32                 new_w[i, j] = 0 # 過疎化または過密化により、次は死亡
33     # 一世代分の世代交代（全要素にルールを一度適用）が終了したため描画
34     im = plt.imshow(new_w, cmap = 'RdPu', interpolation = 'none', animated = True)
35     ims.append([im]) # 画像をims に保存
36     old_w = new_w.copy() # 一つ前の状態として遷移した状態を次のステップで利用する準備
37
38 ani = ani.ArtistAnimation(fig, ims, interval = 500, blit = True, repeat_delay = 1000)
39 ani.save('lifegame.mp4', writer = 'ffmpeg')
```

実行結果（cellular_automaton.mp4 の前半）

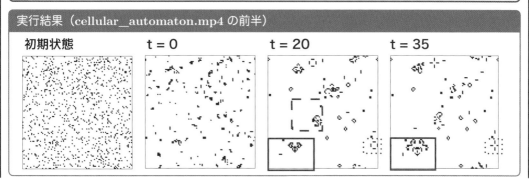

初期状態　　　　t = 0　　　　t = 20　　　　t = 35

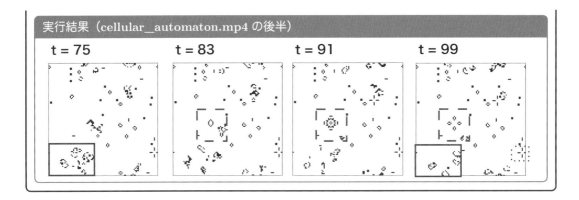

実行結果（cellular_automaton.mp4 の後半）

t = 75　　t = 83　　t = 91　　t = 99

　ライフゲームでは様々なパターンを実行結果から発見できます。例えば、点線の部分は世代交代が進んでも円と + のような形を永遠に繰り返します。実線の部分は途中まで不思議な模様の塊ができますが、次第に解散していく様子が見えます。破線の部分は最初何もありませんが、他の生物が移動してきて不思議な模様を形成後、花びらの模様に落ち着きます。

18.2　数値計算とシミュレーション

18.2.1　マンデルブロ集合の描画とアニメーション作成

　フラクタル図形の代表的なマンデルブロ集合（補足 18.3 参照）を描画するプログラム 18.3 を作成して実行しましょう。ここでは、初期状態として 2 次元配列 Z の全ての要素に初期値 0 を設定します。その後、Z と C の要素に $-1.8 - 1.2i$ から $0.6 + 1.2i$ の複素数をそれぞれ設定し、変数 Z の値を更新する 24 行目で $Z_{t+1} = Z_t + C$ を、繰り返し計算することで不思議な模様が描けます。楽しみましょう。

　補足 18.3　マンデルブロ集合とフラクタル図形：マンデルブロ集合（Mandelbrot set）は描画した図形の拡大を続けても複雑な図形がみられるフラクタル図形の一種です。一般的には画像を拡大すればするほど、その画像は平滑化され、各点の色情報だけになります。例えば人の顔写真を拡大し続けると色だけになります。それとは異なりフラクタル図形はもとになる数学的なモデルが、図形の部分と全体が無限に相似する、という自己相似の性質を持っています。プログラム 18.3 は、自己相似という性質をシミュレートします。自己相似性の身近な例は雲です。大きな入道雲から部分的に雲を切り取ると全体に相似した形になっています。さらに端の方の雲も小さな雲でモコモコしている姿は変わりません（文献 [39]）。これをコンピュータで実現する代表的な例が、プログラム 18.3 やプログラム 18.5 です。このような図形に興味のある読者は文献 [36, 39, 41] などを参考にしましょう。特に文献 [42, 43] では、多種多様な模様とそれらの描画に必要な説明が掲載されています。

　Python では複素数の虚数部分を i ではなく j で表記する点に注意しましょう。このため、プログラム 18.3 の 14 行目のように、Z[tate, yoko] = real_d + imag_d * 1i ではなく、Z[tate, yoko] = real_d + imag_d * 1j と記述します。

> *List* **18.iii**

プログラム 18.3：マンデルブロ集合を描画するプログラム

```python
1  import numpy as np
2  import matplotlib.pyplot as plt
3  import matplotlib.animation as ani
4
5  fig = plt.figure(figsize = (5, 5), dpi = 150) # 画像の設定
6  plt.tick_params(length = 0, labelbottom = False, labelleft = False) # 枠を非表示に設定
7  m = 500 # 画像の細かさ
8  real = np.linspace(-1.8, 0.6, m) # 横軸に対応
9  imag = np.linspace(-1.2, 1.2, m) # 縦軸に対応
10 Z = np.zeros([m, m], dtype = 'complex') # 描画もととなる値の計算用
11
12 for tate, imag_d in enumerate(imag):
13     for yoko, real_d in enumerate(real):
14         Z[tate, yoko] = real_d + imag_d * 1j # 複素数に変換 ( Python では j と記述 )
15 c = Z.copy() # 変数 Z に加える値が変わると模様が変化する
16
17 imgd = np.zeros([m, m]) # 描画する値を保存する配列
18 ims = [] # 描画した画像を 1 枚 1 枚保存する入れ物
19 # マンデルブロ集合を計算し、その計算結果 Z を参考にしながら描画用の配列imgd を作成
20 for t in np.arange(1, 201): # 200枚分描画するための繰り返し
21     for tate in np.arange(m): # 縦軸分繰り返し
22         for yoko in np.arange(m):  # 横軸分繰り返し
23             if abs(Z[tate, yoko]) <= 2: # 複素数の絶対値が 2以下なら 、 Z を更新
24                 Z[tate, yoko] = Z[tate, yoko] ** 2 + c[tate, yoko] # Z の更新
25                 imgd[tate, yoko] = t # 2 を超える前のタイミングで t を代入
26                 # t の値によって色が変化する
27
28     im = plt.imshow(imgd, # imgd の代わりに abs(Z) も利用可能
29         cmap = 'cubehelix', # 色のパターンはここで変更可能
30         interpolation = 'nearest', # 画像 ( セルとセル間 ) の補完方法
31         animated = True)
32     ims.append([im])# アニメーションに画像を追加
33
34 # アニメーションの保存
35 ani = ani.ArtistAnimation(fig, ims, interval = 500, blit = True, repeat_delay = 1000)
36 ani.save('Mandelbrot_set.mp4', writer = 'ffmpeg')
```

実行結果（Mandelbrot__set.mp4 を再生する際の流れ）

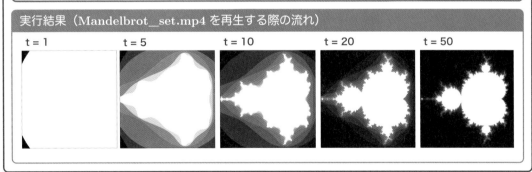

t = 1　　t = 5　　t = 10　　t = 20　　t = 50

18.2.2　　アニメーションの拡大

　マンデルブロ集合は拡大すればするほど奇妙な模様が浮かんできます。画像を拡大するためには、プログラム 18.3 の 8 行目と 9 行目の描画範囲の幅を変更します。8 行目の実数部（x

軸）の範囲は -1.8 以上 0.6 未満から 0.2 以上 0.5 未満に変更します。9 行目の虚数部（y 軸）の範囲は -1.2 以上 1.2 未満から -0.15 以上 0.15 未満に変更してみます。

　プログラム 18.3 の 8 行目と 9 行目をプログラム 18.4 のように変更して実行しましょう。そのプログラムを実行後、プログラム 18.5 は実行結果の図 B を保存します。図 B の保存後、図 C を描画するためには、実数部（x 軸）の範囲を 0.28 以上 0.3 未満（np.linspace(0.28, 0.3, m)）、虚数部（y 軸）の範囲を -0.03 以上 -0.01 未満（np.linspace(-0.03, -0.01, m)）に変更して再度実行します。

List 18.iv

プログラム 18.4：8 行目と 9 行目の変更内容

```
1  real = np.linspace(0.2, 0.5, m) # 8行目に対応
2  imag = np.linspace(-0.15, 0.15, m) # 9行目に対応
```

プログラム 18.5：拡大したマンデルブロ集合の保存

```
1  # 画像の大きさと枠の設定
2  fig = plt.figure(figsize = (5, 5), dpi = 150)
3  plt.tick_params(length = 0, labelbottom = False, labelleft = False)
4
5  # 等高線を描画する contourf でマンデルブロ集合を描画
6  plt.contourf(real, # x 軸に対応
7      imag, # y 軸に対応
8      imgd, # x 軸と y 軸に対応する値
9      cmap = 'cubehelix', # 色の指定
10     levels = 50) # この値が大きくなれば等高線の数が増加
11     # より鮮明な画像を描画するには levels の値を大きく設定
12 plt.savefig('m2.pdf')
13 # levels の値が大きいと pdf のファイルサイズが大きくなりすぎるので注意
```

補足説明入りの実行結果

A real = np.linspace(-1.8, 0.6, m)
imag = np.linspace(-1.2, 1.2, m)

B real = np.linspace(0.2, 0.5, m)
imag = np.linspace(-0.15, 0.15, m)

C real = np.linspace(0.28, 0.30, m)
imag = np.linspace(-0.03, -0.01, m)

18.3 課題

基礎課題 18.1

プログラム 18.1 の中心を 1 とする初期状態（old_w[int(n/2), int(n/2)] = 1）を、四隅を 1 とする初期状態（old_w[0, 0] = 1, old_w[0, n−1] = 1, old_w[n−1, 0] = 1, old_w[n−1, n−1] = 1）に変更しなさい。中心を 1 とする初期状態と四隅を 1 とする初期状態では、模様の広がり方に、どのような違いが現れるのかを答えなさい。

基礎課題 18.2

初期状態を変化させて時刻 t が 3,000 になるまでシミュレーションを実施した場合、初期状態から一定の周期を繰り返す状態に至るまでの時間を調べなさい。

プログラム 18.2 の 13 行目では時刻 t を 0 から 99 まで繰り返しました。シミュレーションの時刻 t はモデル内での時間の推移を表します。現実世界のライフゲームのような状況では、モデル化する対象次第でこの単位時間が、1 秒や 1 分、1 時間といった具体的な時間長に対応します。

しかし、ライフゲームの状態は、初期状態の設定により、時間とともに一定の変化のみを繰り返す状態（**周期状態**）になることがあります。周期状態の 1 例は、時間が経っても、同じ変化を繰り返す図 18.7–A と図 18.7–B のような状態です。そこで初期状態を、配列の要素 1（生存している生物）の密度が高い状態から低い状態へ変化するように、プログラム 18.2 の 10 行目の np.random.binomial(1, 0.1, (n, n)) の 0.1 を、0.1, 0.5, 0.7, 0.9 と変更して 4 種類のシミュレーションを実施しなさい。ただし、このシミュレーションは実行終了まで、かなり時間がかかります。

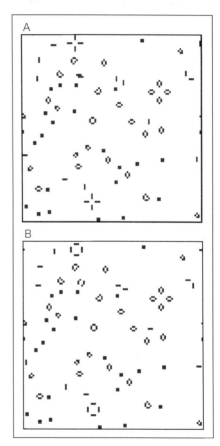

図 18.7　周期的な状態の 1 例

基礎課題 18.3

プログラム 18.5 の実行結果 A の破線部分に合わせて拡大した図 18.8–A と、点線部分に合わせて拡大した図 18.8–B を描きなさい。図 18.8–A を描くため、縦軸と横軸をそれぞれ、real = np.linspace(-1.8, -1.7, m) と imag = np.linspace(-0.05, 0.05, m) に設定しなさい。また図 18.8–B を描くため縦軸と横軸をそれぞれ、real = np.linspace(-0.79, -0.73, m) と imag = np.linspace(0.125, 0.175, m) に設定しなさい。

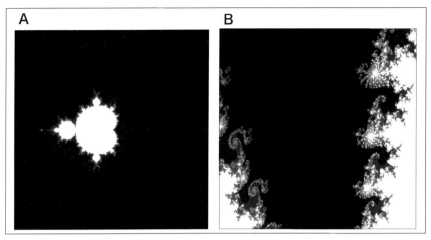

図 18.8　（A）小さいマンデルブロ集合、（B）タツノオトシゴの模様

基礎課題 18.4

　基礎課題 18.3 と同様な方法で、図 18.9 と同じ図形を描きなさい。各模様を描くために必要な変数 real と変数 imag は、模様の下部の np.linspace の指定を参考にしなさい。

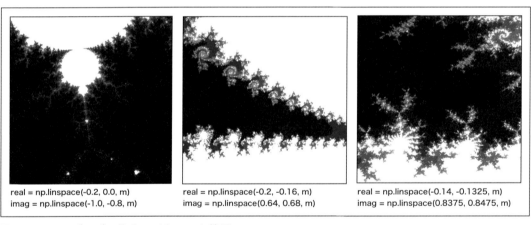

real = np.linspace(-0.2, 0.0, m)
imag = np.linspace(-1.0, -0.8, m)

real = np.linspace(-0.2, -0.16, m)
imag = np.linspace(0.64, 0.68, m)

real = np.linspace(-0.14, -0.1325, m)
imag = np.linspace(0.8375, 0.8475, m)

図 18.9　マンデルブロ集合のパターンと範囲

発展課題 18.5

　事前に初期状態の設定を工夫して、ランダムな初期状態では発見することが難しいパターンをいくつか作成しなさい。

　主なライフゲームのパターンの種類は、「周期的な変化による移動する状態」、「一定時間経過後に変化しなくなる状態」、「固定状態」、「周期的な状態」、「増殖する状態」の 5 種類があります。ライフゲームの初期状態を変化させるおもしろさは、現実の初期状態を何らかのシナリオに基づき決定し、それにより生成されるパターンの違いを観察し、その背後に起きているメカニズムを考える点です。

　プログラム 18.6 は、表計算上で作成した初期状態（lifegame.xlsx）を読み込み、遷移ルールを繰り返します。この実行結果には五つの特徴があります。図 18.10-A は、周期的な変化が物

体の移動に見える状態です（宇宙船と呼ばれます）。図 18.10–B は、一定時間経過後に状態が固定される状態です。図 18.10–C は、前の状態が存在しない、すなわち初期状態として意図的に作成されない限り観測できない特殊な状態です。図 18.10–D は、最初から最後まで動かない固定状態です。図 18.10–E は、常に周期的な変化をする状態が含まれています。

　作成されたアニメーションは、読者が知る様々な現象と類似するかもしれません。こうした動きを作り出すメカニズムは、どんな用途に応用可能かを答えなさい。

プログラム 18.6：初期状態を指定するライフゲーム

```
 1  import numpy as np, pandas as pd, matplotlib.pyplot as plt, matplotlib.animation as ani
 2  ims = []
 3  fig = plt.figure(figsize = (5, 5), dpi = 150)
 4  plt.tick_params(length = 0, labelbottom = False, labelleft = False)
 5  # 変更点（初期状態の読み込み）：表計算ソフトで編集したものをそのまま読み込めるように工夫
 6  old_w = pd.read_excel('data//cells//cell-list.xlsx',
 7          header = None, index_col = None) # カラム名もインデックス名も読み込まない設定
 8  old_w = old_w.values
 9  n = old_w.shape[0]
10  for t in np.arange(500):
11      new_w = np.zeros([n, n])
12      for i in np.arange(n):
13          for j in np.arange(n):
14              s = old_w[i - 1, j] # 上
15              s += old_w[(i + 1) % n, j] # 下
16              s += old_w[i, j - 1] # 左
17              s += old_w[i, (j + 1) % n] # 右
18              s += old_w[i - 1, j - 1] # 左上
19              s += old_w[i - 1, (j + 1) % n] # 右上
20              s += old_w[(i + 1) % n, j - 1] # 左下
21              s += old_w[(i + 1) % n, (j + 1) % n] # 右下
22              if old_w[i, j] == 0 and 3 == s: # ルール A
23                  new_w[i, j] = 1
24              elif old_w[i, j] == 1 and 2 <= s <= 3: # ルール B
25                  new_w[i, j] = 1
26              elif old_w[i, j] == 1 and s <= 1 or 4 <= s: # ルール C
27                  new_w[i, j] = 0
28      im = plt.imshow(new_w,cmap = 'RdPu',interpolation = 'none', animated = True)
29      ims.append([im])
30      old_w = new_w.copy()
31  ani = ani.ArtistAnimation(fig, ims, interval = 500, blit = True, repeat_delay = 1000)
32  ani.save('data//cell-list.mp4', writer = 'ffmpeg')
```

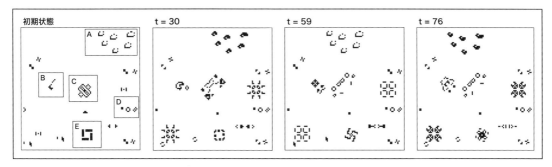

図 18.10　初期状態（lifegame.xlsx）から遷移する過程

発展課題 18.6

　発展課題 18.5 の lifegame.xlsx の代わりに、celllist-glider-gun.xlsx を初期状態として用いた図 18.11 の結果を得られるようにプログラム 18.6 を改造しなさい。この実行結果では増殖する状態の塊（図 18.11–F）を初期状態として与え、それらが小さなグライダーと呼ばれる塊（図 18.11–G）を次々に増やします。時間が経過すると、まるで、病巣から次第に細菌が増殖して、しばらくすると、ある形に収束するようにも見えます。実行結果を確認したら、読者自身で celllist-glider-gun.xlsx に数値 1 または数値 0 を追加・修正したオリジナルの初期状態で、おもしろい模様に変化するものを見つけるのもよいでしょう。

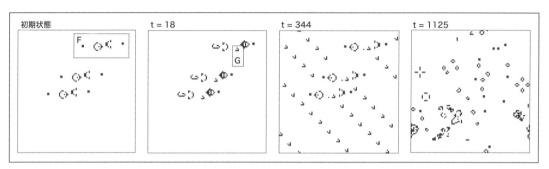

図 18.11　初期状態（celllist-glider-gun.xlsx）から遷移する過程

発展課題 18.7

　プログラム 18.3 を改造して、図 18.12–A と図 18.12–B を描きなさい。図 18.12–A の描画にはプログラム 18.3 の 8 行目を real = np.linspace(−1.8, 1.6, m) 、15 行目を c = −0.778 + 0.136j、24 行目を Z[tate, yoko] = Z[tate, yoko] ** 2 + c と変更しなさい。図 18.12–B の描画には、色の指定'cubehelix' を'pink' と変更してから実行しなさい。

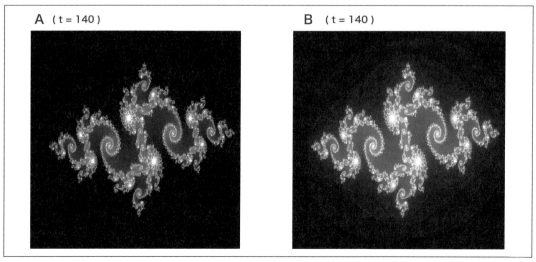

図 18.12　マンデルブロ集合の別パターン（ジュリア集合）

19 ____ データ分析 1：基本統計量と度数

　本章ではいよいよデータ分析の基礎を取り上げます。ここではプログラミングの基礎知識を活用して大規模なデータを扱うプログラムを作成します。データ分析の手始めは、データの平均や分散などの基本統計量や度数分布などによるデータ全体像の把握です。Python にはすでにデータ分析に用いる便利な関数がありますが、ここでは、あえて便利な機能は利用せずに、これまでのプログラミングの基礎知識を活用して作成します（Python 以外の言語を使うときに、必要なスキルだからです）。これらを終えたら、Python ならではの便利な関数を紹介します。

19.1　プログラミングを利用したデータ分析

　本章では 1 万 5,000 人のアンケート回答者の**デモグラフィックデータ**（回答者の年齢や性別などの人口統計学的属性）を処理します。このデータを使って 1 万 5,000 人の回答者が、どんな人たちなのかを分析します。

　具体的にデータを使い、次の手順でプログラムを作成してみましょう。

step 1： データの読み込み	step 6： 分位数の計算
step 2： 回答者の人数調査	step 7： 度数を計算
step 3： 男女別の人数をカウント	step 8： step 2 から step 7 の内容を Python の便利な機能で実現
step 4： 平均値と分散の計算	
step 5： 最大値と最小値の計算	step 9： 理解度チェックの演習

19.1.1　データの読み込みによるデータフレーム構築

　本章で扱うデータは第 8.3.3 項で保存してるので、すでに data フォルダにダウンロード済みです。デモグラフィックデータの demographic.xlsx ファイルをデータフレームとして読み込むプログラム 19.1 を作成して実行しましょう。

◁ *List* **19.i** ▷

プログラム 19.1：デモグラフィックデータの読み込み

```
1  import pandas as pd
2  import numpy as np
3  # データの読み込み
4  data = pd.read_excel('data//demographic.xlsx',
     index_col = 'ID')
5  display(data) # データ全体を出力
6  print(data.columns) # カラム名を出力
```

実行結果（一部省略）

```
           年齢    性別
ID
1          45     1
2          48     2
...
15000       9     1

15000 rows × 2 columns
Index(['年齢', '性別'], dtype=
'object')
```

　4 行目の read_excel は「.xlsx」のファイルをデータフレームとして読み込みます。6 行目の出力から、カラム名「年齢」は 0 列目、カラム名「性別」は 1 列目に保存されていることがわかります。

19.1.2 **回答者の人数調査**

　変数 data に含まれる回答者数を知るために、二つの方法で回答者の人数を求めるプログラム 19.2 を作成して実行しましょう。

◀ List 19.ii ▶

プログラム 19.2：回答者数カウント	実行結果
1 `print(len(data)) # 方法1` 2 `print(data.shape) # 方法2`	15000 (15000, 2)

　人数を調査するためには len 関数または shape 関数を使います。len 関数はインデックス名の数、即ち人数をカウントします。shape 関数はインデックス名の数（人数）とカラム名の数（各列の数）を計算します。

19.1.3 **男女別回答者数の計算**

　この調査データの回答者数が 1 万 5,000 人であることがわかったので、次に**男女別、年齢別の回答者数を調べましょう**。まずは性別で回答者をカウントしましょう。回答者の性別はカラム名「性別」にあります。カラム名「性別」の値は男性を数値 1 に、女性を数値 2 としています。以上を参考にプログラム 19.3 を作成して実行しましょう。

◀ List 19.iii ▶

プログラム 19.3：性別ごとに人数をカウント

```
 1  male = 0 # 男性の人数を代入する変数に初期値 0 を代入する
 2  female = 0 # 女性の人数を代入する変数に初期値 0 を代入する
 3
 4  # ID を利用して男女別の人数カウントを開始するために回答者分の繰り返し
 5  for i in data.index: # i は ID 1 から 15000 まで変化
 6      if data.at[i, '性別'] == 1: # ID i の人が 1（男性）のとき
 7          male = male + 1 # male に 1 を加える（男性の人数が 1 増加）
 8      else: # それ以外。すなわち、ID i の人が 2（女性）のとき
 9          female = female + 1 # femaleに 1 を加える（女性の人数が 1 増加）
10  # カウントの結果である男性人数と女性人数を表示
11  print('男性:', male, '女性:', female, '合計人数:', male + female)
```

実行結果

男性: 6762 女性: 8238 合計人数: 15000

プログラム 19.3 では、ループ変数 i にデータフレームの ID を代入しながら、回答者ごとに data.at[i,'性別'] から性別を特定し、対応する性別のカウント用変数（male または female）に人数を 1 増加させます。

> **解説 19.1　誤りチェック：** プログラム 19.3 の 11 行目では合計人数を求めて、最初に調べた回答者数と一致するかを確認します。この例では、len(data) と male + female が同じ値であれば、カウントミスや性別のデータの記入ミスがないことを確認できます。回答者数が多数のデータなどでは、データに欠損や記入ミスなどを全て目視ではチェックできない場合もあるので、こうしたちょっとした確認を入れておくことが、データの欠損のような予想外の誤りの検出に有効です。

19.1.4　男性と女性の平均年齢を計算

回答者の年齢を性別で分析しましょう。回答者の年齢のカラム名は「年齢」にあります。性別と同じように、for 文と if 文を利用して 1 万 5,000 人分の男女別の平均年齢を計算します。平均年齢を知るために、男性の年齢の総合計（male_age）と女性の年齢の総合計（female_age）を求めます。これらを先に調べた性別人数（male, female）で割ります。

男女別の平均年齢を計算するプログラム 19.4 を作成して実行しましょう。

$$\textit{List } \textbf{19.iv}$$

プログラム 19.4：平均年齢計算

```
1  male_age = 0 # 男性の年齢を加える変数（全男性の合計年齢）
2  female_age = 0 # 女性の年齢を加える変数（全女性の合計年齢）
3
4  for i in data.index:
5      if data.at[i,'性別'] == 1: # ID i の人が男性のとき
6          # 男性の年齢の合計にID i の年齢を加算
7          male_age = male_age + data.at[i,'年齢']
8      else: # ID i が女性のとき
9          # 女性の年齢の合計にID i の年齢を加算
10         female_age = female_age + data.at[i,'年齢']
11 # 年齢の総合計を人数で割り、男性と女性の平均年齢を計算
12 print('男性の平均年齢:', male_age / male,' 女性の平均年齢:', female_age / female)
```

実行結果

男性の平均年齢: 33.004436557231585 女性の平均年齢: 33.093712066035444

プログラム 19.4 で、次の式 19.1 に従って平均年齢 $\overline{x}$ を計算しました。式 19.1 では男性 1 の年齢、男性 2 の年齢、…、男性 m の年齢を $x_1, x_2, \ldots, x_m$ と表記します。プログラムでは i 番目が男性なら x_i はソースコードの data.at[i,'年齢'] に対応します。m は男性の回答者数です。

$$\overline{x} = \frac{1}{m}(x_1 + x_2 + \cdots + x_m) = \frac{1}{m}\sum_{i=1}^{m} x_i \tag{19.1}$$

この $\sum_{i=1}^{m} x_i$ で x_1 から x_m まで m 人の年齢を加算します。簡単に言い換えると、$\sum_{i=1}^{m} x_i$

は男性 1 の年齢から男性 m の年齢までを足し合わせることを意味します。

$\sum$ は多くの場合、for 文を利用したプログラムで実現できます（sum 関数で代用も可能）。具体的には $\sum_{i=1}^{m}$ は i を 1 ずつ増加させながら「i が $1 \sim m$」になるまで加算を「繰り返す」という記号なので、この繰り返しが 4 行目の for 文に置き換わります。$x_1 + \cdots + x_m$ を意味する $\sum_{i=1}^{m} x_i$ は、male_age = male_age + x_1, ..., male_age = male_age + x_m として、7 行目の命令 male_age = male_age + data.at[i,' 年齢'] に対応します。式 19.1 の $\frac{1}{m}$ は 12 行目で計算します。このように、**与えられた式をプログラムとして表現することは、プログラミングでとても大事な技能**です。

19.1.5 男女別年齢の分散と標準偏差の計算

男女別の平均年齢から、男女とも平均 33 歳の集団であることがわかりました。次に回答者の年齢分布の平均からの散らばり具合を調べるために、男女別の年齢の分散と標準偏差（分散の平方根（sqrt））を計算します。

分散の計算は男女別に、次の手順をプログラム 19.5 の 9 行目と 11 行目で繰り返します。

手順 1：「個人の年齢」と「性別ごとの年齢の平均値」の差を求める。
手順 2：手順 1 で算出した値を 2 乗し、その値を、分散を求める変数に加える。

この繰り返しを終えて、12 行目と 13 行目で途中計算の結果をデータ数で割れば、分散を計算できます。この流れを実現するプログラム 19.5 を作成して実行しましょう。

List **19.v**

プログラム 19.5：男性と女性の年齢の分散と標準偏差を計算

```
1  ave_male_age = male_age / male # 男性の平均年齢
2  ave_female_age = female_age / female # 女性の平均年齢
3  var_male = 0 # 男性の年齢の分散を求める変数
4  var_female = 0 # 女性の年齢の分散を求める変数
5
6  for i in data.index:
7      if data.at[i, '性別'] == 1: # ID i の人が男性(1)なら
8          # 男性の個々の年齢と平均年齢の差の 2 乗を加算
9          var_male += (data.at[i, '年齢'] - ave_male_age) ** 2
10     else: # ID i の人が女性(2)なら、女性の個々の年齢と平均年齢の差の 2 乗を加算
11         var_female += (data.at[i, '年齢'] - ave_female_age) ** 2
12 var_male /= male # 9 行目で計算した差の 2 乗の合計 / 人数 = 男性の年齢の分散
13 var_female /= female # 11 行目で計算した差の 2 乗の合計 / 人数 = 男性の年齢の分散
14 # 標準偏差は分散 (var_male または var_female)の平方根
15 print('男性の分散:',var_male, '標準偏差', np.sqrt(var_male))
16 print('女性の分散:',var_female, '標準偏差', np.sqrt(var_female))
```

実行結果

```
男性の分散: 350.68942131075005 標準偏差 18.726703428813895
女性の分散: 347.6865324453761 標準偏差 18.6463544009379
```

このプログラムの 9, 11, 12, 13 行目では代入と演算の省略形を利用しています。+= は右辺の値を左辺に加算しながら代入します。例えば、9 行目は var_male = var_male + (data.at[i, ' 年齢'] − ave_male_age) ∗∗ 2 の省略形です。

プログラムの中でも計算した分散の計算は、以下の順番で計算します。

step 1：各データと平均値の差を求める。
step 2：step1 で算出した値をそれぞれ全て 2 乗する。
step 3：step2 で算出した値を全て足す。
step 4：step3 で算出した値をデータ数で割る（＝分散）。

この流れを分散の数式で表すと、以下の式 19.2 のとおりです。

$$v = \frac{1}{m}((x_1 - \overline{x})^2 + (x_2 - \overline{x})^2 + \cdots + (x_m - \overline{x})^2) = \frac{1}{m}\sum_{i=1}^{m}(x_i - \overline{x})^2 \tag{19.2}$$

式 19.2 は一見難しく見えますが、プログラムでは次のように対応します。$\sum_{i=1}^{m}$ は 6 行目の for 文に置き換わります。$(x_i - \overline{x})^2$ は 9 行目の var_male に男性の個別の年齢から年齢の平均値を引く箇所に該当します。$\frac{1}{m}$ のように m で割る作業は 12 行目に該当します。以上の処理で分散が求まります。最後に求めた分散の平方根を求める sqrt 関数を利用すれば、標準偏差が求まります（15 行目と 16 行目）。

19.1.6　男女の年齢の最大値と最小値の計算

男女の年齢はおよその平均値 33 と標準偏差 18 です。これは回答者の 68% は 15 歳（平均値 33− 標準偏差 18）から 51 歳（平均値 33 ＋ 標準偏差 18）の範囲に入る、ということを意味します（補足 19.1 参照）。さらに、回答者年齢の分布を最大値と最小値から探ってみましょう。

補足 19.1　なぜ平均値と分散を計算するの？：すでに pandas を学んでいるため、なぜ、わざわざ平均値や分散を組み込み関数を使わず数式を用いて計算するのか、と疑問に思う読者も多いでしょう。平均値や分散はデータの性質を探るときに基本となる統計量です。組み込み関数を使えば便利ですが、自分で作れば、基本統計量をより柔軟に応用できます。本章の平均値や分散など統計学をきちんと勉強したい読者は、文献［44, 45］を参考にしましょう。高校数学の復習は文献［46］がオススメです。
平均値と標準偏差が与えるデータの目安：この目安は、でたらめに回答者が抽出され、十分な人数がいるなら年齢の分布は正規分布という確率分布に従う（文献［44］）ということを仮定しています。この仮定が成り立つなら、平均値と標準偏差から対象の回答者集団の約 68% は平均値 ± 標準偏差の範囲に分布し、約 95% は平均値 ± 標準偏差 ×2、集団の 99.7% は平均値 ± 標準偏差 ×3 の範囲に分布する、という目安があります。

これまでに計算した平均値と標準偏差と、これから計算する最小値、25% 点、中央値（50% 点）、75% 点、最大値を含めた 7 種類の数値を**基本統計量**と呼びます。最小値から最大値の計算ではデータを並び替えます。データの並び替え後に、まずは最小値と最大値を計算するプログラム 19.6 を作成して実行しましょう。

List **19.vi**

プログラム 19.6：回答者の年齢の基本統計量を計算 1

```
1  df_s = data.sort_values('年齢') # 昇順（小さい順）に並び替え
2  print('min:',df_s.iloc[0, 0]) # 年齢の 0 番目
3  print('max:',df_s.iloc[len(data) - 1, 0]) # 年齢の 14999 番目
```

実行結果

```
min: 1
max: 65
```

　1 行目で年齢を昇順に並び替えています。この並び替えた順番を利用して、次のように最小値と最大値を求めています。**最小値（min）** はデータの中で最も小さい値であり、df_s の 0 番目に相当します。**最大値（max）** はデータの中で最も大きな値であり、df_s の 14999 番目に相当します。プログラムの中ではデータを 0 から数えるため len(data) から 1 を引きます。

　df.max() と df.min() を利用すれば、最大値と最小値を求めることができます。このような Python の便利な機能（関数）を少しずつ使いながら、25% 点、中央値（50% 点）、75% 点を求めましょう。データの中で最小値から 25% の位置にある数値が **25% 点**、50% の位置にある数値が**中央値**、75% の位置にある数値が **75% 点**です。

19.1.7　男女の年齢の中央値と 25% 点、75% 点の計算

　プログラム 19.6 で利用した変数 df_s の中央値（第二四分位数、50 パーセンタイルとも呼ぶ）を求めるプログラム 19.7 を作成して実行しましょう。

List **19.vii**

プログラム 19.7：回答者の年齢の基本統計量を計算 2

```
1  n = len(df_s) # データの数
2  q = (n - 1) * 50 / 100 # 整数と小数部分の計算のために用意
3  i = int(q) # 整数に変換して整数部分を求める
4  dp = q - i # 実数から整数部分を除き小数部分を求める
5  # 「i 番目の年齢 + 小数部分（i + 1 番目の年齢 - i 番目の年齢）」
6  q50 - df_s.iloc[i, 0] + dp * (df_s.iloc[i + 1, 0] - df_s.iloc[i, 0])
7  print('50%点の位置:',i ,'小数:',dp ,'中央値:', q50)
```

実行結果

```
50%点の位置: 7499 小数: 0.5 中央値: 33.0
```

　中央値などの p% 点は「i 番目の年齢 $+ dp$（$i+1$ 番目の年齢 $- i$ 番目の年齢)」と計算します。i と dp は p% の位置を求める $(n-1)p\,/\,100$ の整数部分 i と小数部分 dp です。2 行目で整数部分 i と小数部分 dp を求めるため、$(15000 - 1) * 50\,/\,100 = 7499.5$ を求めます。3 行目で整数部分 i の 7499 と 4 行目で小数部分 dp の 0.5 が求まります。この二つの数値を利用して、6 行目で 50% 点は 7499 番目の 33 歳 $+ 0.50 *$（7500 番目の 33 歳 $-$ 7499 番目の 33 歳）$= 33.0$ と計算します。

次に、並び替えを含めて $p\%$ 点を計算する quantile 関数の利用により、25% 点と 75% 点を計算するプログラム 19.8 を作成して実行しましょう。

List 19.viii

プログラム 19.8：回答者の年齢の基本統計量を計算 3	実行結果
1 `print('25%点は',data['年齢'].quantile(0.25))` 2 `print('75%点は',data['年齢'].quantile(0.75))`	25%点は 17.0 75%点は 49.0

以上の基本統計量から回答者の年齢層分布について概要を知ることができます。

19.1.8 理解度チェック：基本統計量の計算

練習問題 19–1

変数 df として、$x_1 = 5$, $x_2 = 6$, $x_3 = 7$ が与えられるものとします。この平均値と分散を求めるプログラム 19.9 の空欄を埋めて完成させましょう。また実行結果から、次の数式の空欄に具体的な数値を埋めましょう。

List 19.ix

プログラム 19.9：平均値と分散の計算	実行結果
1 `df = pd.DataFrame({'ren':np.arange(5, 8)})` 2 `display(df)` 3 `goukei = 0 # 合計を入れる変数` 4 `var = 0 # 分散を入れる変数` 5 `for k in df.index: # 合計を計算` 6 `    goukei = [____] + df.at[____, ____]` 7 `ave = [____] / df.size # 平均値の計算` 8 `for j in df.index: # 個別の数値と平均値の差の 2 乗` 9 `    var = [____] + (df.at[____, ____] - [____]) ** 2` 10 `var = [____] / df.size # 分散を計算` 11 `print('平均値:',[____], ',分散:',[____])`	ren 0 5 1 6 2 7 平均値: 6.0 分散:0.666666

$$\mathrm{ave} = \frac{1}{n}(x_1 + x_2 + x_3) = \frac{1}{\Box}(\Box + \Box + \Box) = 6 \tag{19.3}$$

$$\mathrm{var} = \frac{1}{n}((x_1 - \overline{x})^2 + (x_2 - \overline{x})^2 + (x_3 - \overline{x})^2) \tag{19.4}$$

$$= \frac{1}{\Box}((\Box)^2 + (\Box)^2 + (\Box)^2) = \Box \tag{19.5}$$

練習問題 19–2

変数 df_ren の最小値、25% 点、中央値、75% 点、最大値を求めるプログラム 19.10 の空欄を埋めて完成させましょう。

List 19.x

プログラム 19.10：最小値から最大値までの計算

```
1  df_ren = pd.DataFrame({'ren':np.arange(10, 20)})
2  df_rens = df_ren.sort_values('ren') # 並び替え
3  print('min:', ⬜⬜⬜, '便利な関数:', ⬜⬜⬜.min())
4  print('max:', ⬜⬜⬜, '便利な関数:', df_ren['ren'].⬜⬜⬜)
5  q = ⬜⬜⬜ # 実数値を求める
6  i = int(q) # 整数部分
7  dp = q - i # 小数部分
8  q25 = ⬜⬜⬜ + dp * (⬜⬜⬜ - ⬜⬜⬜)
9  print('25%点の位置:', i, '小数:', dp, '25%点:', q25)
10 print('50%点は', df_ren['ren'].⬜⬜, '75%点は', ⬜⬜)
```

実行結果

```
min: 10 便利な関数: 10
max: 19 便利な関数: 19
25%点の位置: 2 小数: 0.25 25%点: 12.25
50%点は 14.5 75%点は 16.75
```

19.1.9 回答者の階級別年齢分布の計算

　次に、10 歳刻みの階級に分けて、回答者の年齢別の人数を調べます。一定の範囲内に含むデータの個数を**度数**、その範囲を**階級**と呼びます。階級は x 超過 y 以下を (x, y] と表記します。例えば、0 超過 10 以下は、1, 2, ..., 10 の範囲のため (0, 10] と表記します。回答者の年齢別の人数の度数は (0, 10], (10, 20], ..., (60, 70] の階級でカウントします。

　ここでは、各階級の指定に年齢を 10 で除した商の整数部分を利用します。例えば、24 を 10 で割ると商は 2 です。この商をデータフレームのインデックスの指定に利用し、age_df.iat[2, 0] とすれば 20 代の階級に入る人数を 1 人増やせます。こうして年齢区分別に人数をカウントします。年齢区分は age_df.iat[0, 0] に (0, 10], ..., age_df.iat[6, 0] に (60, 70] の階級別に保存します。ただし 0 超過 10 以下の階級に合わせるために、データフレームのインデックスは (年齢 − 1) / 10 となります。例えば、年齢が 30 の場合は (30 − 1) / 10 = 2.9 となり、int(2.9) は 2 になるため、(20, 30] の age_df.iat[2, 0] の人数を 1 人増やします。

　以上の内容のプログラム 19.11 を作成して実行しましょう。

List 19.xi

プログラム 19.11：回答者の年齢の度数を計算

```
1  age_df = pd.DataFrame(np.zeros(7)) # (0,10], ..., (60,70] の度数の保存先を用意
2  age_df.columns = ['度数'] # カラム名を変更
3  for i in data.index:
4      age = int((data.at[i, '年齢'] - 1) / 10)
5      age_df.iat[age, 0] += 1
6  age_df.index = ['(0, 10]', '(10, 20]', '(20, 30]',
7                  '(30, 40]', '(40, 50]', '(50, 60]', '(60, 70]']
8  print(age_df)
```

```
実行結果
          度数
(0, 10]    2290.0
(10, 20]   2275.0
(20, 30]   2328.0
(30, 40]   2302.0
(40, 50]   2370.0
(50, 60]   2327.0
(60, 70]   1108.0
```

　実行結果から、0 歳超過 10 歳以下は 2290 人，...，60 歳超過 70 歳以下は 1108 人と分かれて広がっている（分布している）ことがわかります。

19.1.10　Python の機能を利用した分析

　これまでのデータ分析は、学習したプログラミングの知識を活用するために Python の便利な機能を利用しませんでした。pandas の関数を利用すれば、カウントや基本統計量、度数を *List* 19.xii のように簡単に計算できます。

List 19.xii

プログラム 19.12：性別のカウント

```
1  # 性別ごとにカウントする
2  print(data['性別'].value_counts())
3  # 1 は男性の人数、2 は女性の人数
```

実行結果
```
2    8238
1    6762
Name: 性別, dtype: int64
```

プログラム 19.13：describe による基本統計量

```
1   # 年齢ごとの基本統計量を計算する
2   print(data['年齢'].describe())
3   # 実行結果は次のように対応する
4   # count は data 内の人数
5   # mean は平均
6   # std は標準偏差（不偏）
7   # min は最小値, max は最大値
8   # 25%は 25%点
9   # 50%は中央値
10  # 75%は 75%点
```

実行結果
```
count    15000.000000
mean        33.053467
std         18.683294
min          1.000000
25%         17.000000
50%         33.000000
75%         49.000000
max         65.000000
Name: 年齢, dtype: float64
```

プログラム 19.14：cut による度数計測

```
1  # bins の数値を境に年齢を分割
2  age = pd.cut(data['年齢'], bins = [0, 10,
     20, 30, 40, 50, 60, 70])
3
4  # 度数の計算
5  p_data = age.value_counts()
6  print(p_data) # カウントした度数を出力
7  # 実行結果の出力順番は環境により異なる場合
     がある
```

実行結果
```
(0, 10]    2290
(10, 20]   2275
(20, 30]   2328
(30, 40]   2302
(40, 50]   2370
(50, 60]   2327
(60, 70]   1108
Name: 年齢, dtype: int64
```

　ただし、多数のデータからオリジナルの条件で分類や抽出をしながら、データ分析を行う際には、 *List* 19.xii で利用した関数の自作方法を知っていれば、自分なりのプログラムを自在に作れます。こうしたとき、本章で学んだ内容は役立つでしょう。

解説 19.2　最小値 1： 基本統計量を計算した多くの読者は、プログラム 19.6 の時点で「アンケート調査なのに年齢の最小値が 1」の結果がオカシイと思ったかもしれません。それは本章のデータは著者が乱数を利用して作成した仮想データだからです。平均年齢や年齢分布などの実際のデータを扱うとき、読者も直感を働かせば不自然なデータやデータ収集時の偏りなどを早めに把握できます。

補足 19.2　pandas の分散とパーセンタイルの注意事項： describe 関数により出力される std は不変標準偏差です。不変分散は var()、分散は var(ddof = False)、不変標準偏差は std()、標準偏差は std(ddof = False) をそれぞれ利用すれば計算できます。パーセンタイルには様々な計算方法があります。pandas では quantile(0.25, interpolation = 'linear') と指定すれば describe 関数と quantile 関数の出力は同じになります。その他にも interpolation には'lower' などを指定できます（文献［47］参照）。

▊19.2▊ 試験結果の分析演習

　ここでは、ある中学校 1132 名の生徒の 8 教科（国語、数学、英語、理科、社会、音楽、体育、技術家庭）からなる試験結果 seiseki_8s.csv の基本統計量を求めましょう。

▊19.2.1▊ データの読み込み

　8 教科の試験結果のデータを読み込み、出力する列数と行数、有効桁数を調節するプログラム 19.15 を作成して実行しましょう。

◆ *List* 19.xiii ◆

プログラム 19.15：8 教科のデータの読み込み

```
1  import pandas as pd
2  df = pd.read_csv('data//seiseki_8s.csv', index_col = 'ID')
3  # Jupyter Notebook 上で表示するサイズを設定
4  pd.set_option('display.max_columns', 9) # 列数を 9 に制限
5  pd.set_option('display.max_rows', 4) # 行数を 4 に制限
6  display(df)
```

実行結果（一部省略）

ID	国語	数学	英語	理科	社会	音楽	体育	技術家庭
10001	75	55	72	48	74	39	62	37
...	...	...	...	...	...	...	...	...
11132	70	34	57	50	81	40	35	49

　プログラム 19.15 の 4 行目では出力する列数を 9 列、5 行目では出力する行数を 4 行に調

整しました。画面に収まらないときは、プログラム 19.15 のような調整をします。

19.2.2 基本統計量の算出

プログラム 19.15 の変数 df の 8 教科の教科ごとの基本統計量を計算するプログラム 19.16 を作成して実行しましょう。

List 19.xiv

プログラム 19.16：8 教科のデータの基本統計量

```
1  pd.options.display.precision = 2 # 小数点の有効桁数を 2 桁へ
2  pd.set_option('display.max_rows', 8) # 表示する行数を 8 に 変更
3  display(df.describe()) # カウントを含めた基本統計量を算出
```

実行結果

	国語	数学	英語	理科	社会	音楽	体育	技術家庭
count	1132.00	1132.00	1132.00	1132.00	1132.00	1132.00	1132.00	1132.00
mean	70.44	48.64	62.35	49.07	69.53	47.83	65.94	55.40
std	8.15	16.71	10.93	13.61	8.80	14.69	11.39	14.45
min	40.00	0.00	30.00	10.00	40.00	0.00	30.00	10.00
25%	65.00	38.00	55.00	40.00	64.00	38.00	59.00	46.00
50%	70.00	48.00	62.00	49.00	69.00	48.00	66.00	56.00
75%	76.00	59.25	70.00	59.00	75.00	57.00	74.00	66.00
max	100.00	100.00	100.00	100.00	100.00	100.00	100.00	100.00

プログラム 19.16 では複数のカラム（各教科）の基本統計量を一度に確認できます。基本統計量の出力は小数点第 2 位で十分なため、1 行目で数値の有効桁数を 2 桁に変更しました。

プログラム 19.16 で求めた教科ごとの基本統計量から読み取れることを考えましょう。平均値を見ると、国語、英語、社会の平均点は 70 点台から 60 点台ですが、数学と理科の平均点が 40 点台です。一見すると文科系科目が得意な生徒のように見えます。

国語の点数は標準偏差が比較的小さく、「平均値」と「25% 点、中央値、75% 点」に大きな差はなく、得点分布が高得点側にあることが読み取れます。また、25% 点と 75% 点から、中央値と平均値の ±5 点以内に半数の生徒が分布していることがわかります（言い換えると、75% の生徒が 65 点以上）。最小値が 40 点であることを考えると、テストがやや簡単だったのかもしれません。

19.2.3 理解度チェック：基本統計量からの読み取り

練習問題 19–3

音楽の点数の基本統計量から読み取れることをまとめましょう。

19.2.4　データの抽出

　次は教科ごとの分析から、生徒単位の分析に進みましょう。ここでは query 関数を利用します。この関数を使えば、様々な条件のフィルターを使いデータを直感的に抽出することができます。

> **解説 19.3　query 関数の設定記述ミスに注意：** query 関数の引数の設定では SyntaxError: Python keyword not valid identifier in numexpr query に遭遇することがあります。よく起こるミスは「<=」を「=<」と書き間違えるようなケースです。同様に、引数の設定時にカラム名を間違えると UndefinedVariableError: name '数' is not defined が発生します。「'」の間に表示された文字列に入力ミスがないかをよく確認しましょう。

　例えば、国語は得意だけど、数学は不得意な生徒として、国語の点数が 90 点以上、かつ、数学の点数が 20 点以下の生徒を抽出するプログラム 19.17 を作成して実行しましょう。

List 19.xv

プログラム 19.17：国語と数学の点数で抽出

```
1  df.query('国語 >= 90 and 数学 <= 20')
```

実行結果

ID	国語	数学	英語	理科	社会	音楽	体育	技術家庭
10004	90	2	69	35	66	47	98	43
10608	100	19	58	49	63	82	71	77

　実行結果から、国語は得意だけど、数学は不得意な生徒が 2 名在籍していることがわかります。query 関数は if 文の条件式を文字列として与えると、その文字列の条件でデータを抽出できます。

　次に基本統計量を参考に、緊急に指導を要する生徒を見つけ出すプログラムを作成します。ここでは緊急な対応を要する生徒を、5 教科（国語、英語、数学、理科、社会）の点数全てで 25% 点の値未満を取っている生徒とします。query 関数により、データを抽出するプログラム 19.18 を作成して実行しましょう。

　プログラム 19.18 の出力は Empty DataFrame となります。これは全ての科目で 25% 点の値未満の生徒は存在しないことを意味します。

List 19.xvi

プログラム 19.18：試験結果のデータを抽出する query 関数の利用

```
1  print(df.query('国語 < 65 and 数学 < 38 and 英語< 55 and 理科 < 40 and 社会 < 64'))
```

```
実行結果
Empty DataFrame
Columns: [国語，数学，英語，理科，社会，音楽，体育，技術家庭]
Index: []
```

次に、賞を与える成績優秀者を見つけるプログラムを作成します。ここでは各教科の点数が基本統計量の 75% 点の値以上である生徒を、成績優秀者とします。該当する生徒を抽出するプログラム 19.19 を作成して実行しましょう。

List 19.xvii

プログラム 19.19：query 関数を利用した成績優秀者の抽出（8 教科）

```
1  print(df.query('国語 >= 76 and 数学 >= 59 and 英語 >= 70 and 理科 >= 59 and 社会 >= 75
     and 音楽 >=57 and 体育 >=74 and 技術家庭 >=66'))
```

```
実行結果
Empty DataFrame
Columns: [国語，数学，英語，理科，社会，音楽，体育，技術家庭]
Index: []
```

プログラム 19.19 も Empty DataFrame と出力しているため、8 教科全てにおいて 75% 点の値を超える生徒は存在しないことがわかりました。プログラム 19.18 とプログラム 19.19 の実行結果から、8 教科全ての成績が極端に良い生徒も悪い生徒もいないことがわかります。

そこで、少し条件を緩和して 5 教科において上位 75% 点を超える生徒を調べます。該当する生徒を抽出するプログラム 19.20 を作成して実行しましょう。

List 19.xviii

プログラム 19.20：query 関数を利用した成績優秀者の抽出（5 教科）

```
1  print(df.query('国語 >= 76 and 数学 >= 59 and 英語 >= 70 and 理科 >=
     59 and 社会 >= 75'))
```

```
実行結果
       国語  数学  英語  理科  社会  音楽  体育  技術家庭
ID
10436  81  61  71  72  85  53  67     38
10711  77  59  79  65  75  41  66     41
10882  80  62  73  59  77  59  51     65
```

プログラム 19.20 では、成績優秀者が 3 人存在することがわかりました。

19.2.5　報告用のデータ作成

　これまでに計算した内容を表計算ソフトで読み取れる形に出力します。表計算ソフトの
シートを分けながら、一つのファイルとしてまとめるためには with 文を利用します。with
文はファイル操作に必要な一連の処理をまとめて記述できる便利な命令です（解説 19.4 参
照）。実行前に openpyxl ライブラリを pip によりインストールしましょう（付録 C を参照）。

> **解説 19.4　データフレームを表計算ソフト用に出力**：表計算ソフト用にシートは分けずに df を出
> 力するだけなら、df.to_excel(' ファイル名') と記述します。しかし、プログラム 19.21 のように、複
> 数のシートに分けてデータを出力する際には、with 文とともに ExcelWriter で指定した書き込み先の
> 情報を利用しながら、df.to_excel(書き込み先の情報, シート名) の形式を利用します。ファイルパスで
> 指定したファイル名で、データフレームを出力する pd.ExcelWriter(filepass) を w として省略しています。

> **補足 19.3　便利なライブラリ**：pandas には様々な関連するライブラリがあります。例えば、pdf
> 形式で送られてきたデータを CSV に変換したい場合、 from tabula import wrapper を使うと解決で
> きることがあります。また、表計算ソフトにデータを出力するのではなく、LaTeX 形式に変換したい
> 場合は to_latex が便利です。さらに表計算ソフトを読み込み pdf 形式の表として出力するためには
> from fpdf import FPDF などが利用できます。本章では中学校の試験結果を分析しました。もし学年別やクラ
> ス別に分析したいと思ったときは、236 ページの groupby 関数を試してみましょう。

List 19.xix

プログラム 19.21：報告用のデータ作成

```
1  filepass = 'data//pandas_seiseki.xlsx' # 保存先のファイルパス
2  # 表計算ソフトに書き込むデータを計算
3  dodf = df.sum(axis = 1).sort_values(ascending = False) # 全科目の各生徒の合計点を算
       出してから降順に並び替えて代入
4  sumdf = df.sum(axis = 1).describe() # 合計点の各統計量
5  odf = df.query('国語 >= 76 and 数学 >= 59 and 英語 >= 70 and 理科 >= 59 and 社会 >=
       75') # 5教科成績優秀者の抽出
6  # ファイルパスで指定した書き込み命令を w と略記して利用する
7  with pd.ExcelWriter(filepass) as w:
8      df.to_excel(w, sheet_name = '試験結果') # シート名「試験結果」に df を書き込む
9      # シート名「降順済試験結果」に dodf を書き込む
10     dodf.to_excel(w, sheet_name = '降順済試験結果')
11     # シート名「合計の基本統計量」に sumdf を書き込む
12     sumdf.to_excel(w, sheet_name = '合計の基本統計量')
13     # シート名「優秀な生徒」に odf を書き込む
14     odf.to_excel(w, sheet_name = '優秀な生徒')
```

　プログラム 19.21 は、pysrc フォルダにある data フォルダの中に「pandas_seiseki.xlsx」を
作成します。このファイルを表計算ソフトで開き確認してみましょう。

　基本統計量によるデータ全体像の把握（プログラム 19.16）や、成績優秀者の抽出（プログ
ラム 19.20）、報告用のデータ作成（プログラム 19.21）の三つのプログラムを作成しました。
これらのプログラムを再利用すれば、中間試験と期末試験のたびに、ファイル名を変更して、

実行ボタンを押せば同じような分析ができます。このように、**再利用可能**な便利な機能をプログラミングで自在に作れることが、プログラミングを学ぶ大事な理由です。

19.3 練習問題の解答例

練習問題 19–1 の解答例

List 19.xx

プログラム 19.22：平均値と分散の計算の解答例

```
1  df = pd.DataFrame({'ren':np.arange(5, 8)})
2  display(df)
3  goukei = 0 # 合計を入れる変数
4  var = 0 # 分散を入れる変数
5  for k in df.index: # 平均値を求めるために合計を算出
6      goukei = goukei + df.at[k, 'ren']
7  ave = goukei / df.size # 平均値の計算
8  for j in df.index: # 分散の計算のための繰り返し
9      var = var + (df.at[j, 'ren'] - ave) ** 2
10 var = var / df.size # 分散を計算
11 print('平均値:', ave, '分散:', var)
```

実行結果
```
     ren
0    5
1    6
2    7
平均値: 6.0
分散:0.666666
```

$$ave = \frac{1}{3}(5 + 6 + 7) = 6 \tag{19.6}$$

$$var = \frac{1}{3}((5 - 6)^2 + (6 - 6)^2 + (7 - 6)^2) = 0.666666 \tag{19.7}$$

練習問題 19–2 の解答例

List 19.xxi

プログラム 19.23：最小値から最大値までの計算の解答例

```
1  df_ren = pd.DataFrame({'ren':np.arange(10, 20)})
2  df_rens = df_ren.sort_values('ren') # 並び替え
3  print('min:', df_rens.iloc[0, 0], '便利な関数:', df_ren['ren'].min()) # 最小値
4  print('max:', df_rens.iloc[len(df_rens) - 1, 0], '便利な関数:', df_ren['ren'].max())
5  q = (len(df_rens) - 1) * 25 / 100  # 実数値を求める
6  i = int(q) # 整数部分
7  dp = q - i # 小数部分
8  q25 = df_rens.iloc[i, 0] + dp * (df_rens.iloc[i + 1, 0] - df_rens.iloc[i, 0])
9  print('25%点の位置:', i , '小数:', dp, '25%点:',q25)
10 print('50%点は', df_ren['ren'].quantile(0.50), '75%点は', df_ren['ren'].quantile(0.75))
```

実行結果
```
min: 10 便利な関数: 10
max: 19 便利な関数: 19
25%点の位置: 2 小数: 0.25 25%点: 12.25
50%点は 14.5 75%点は 16.75
```

練習問題 19–3 の解答例

音楽の平均値は 47.83 であり、8 教科の中で最も低いため、音楽の点数は平均的に低いことが読み取れます。一方で、音楽の標準偏差が最も高く、点数にバラツキがあることがわかります。そのため、音楽には高得点を取る生徒もいますが、ほぼ生徒の多くが 60 点未満であるといえます。

19.4 課題

基礎課題 19.1

List 19.iv から *List* 19.viii までに計算した基本統計量をまとめなさい。

基礎課題 19.2

List 19.viii までのプログラムを活用して、男性のみの変数を作成してから、男性の基本統計量を求めなさい。男性のみのデータは man_data = data.loc[data[' 性別'] == 1, :] のように抽出します。

基礎課題 19.3

基礎課題 19.2 と同様に、女性のみの変数を作成してから、女性の基本統計量を求めなさい。女性のみのデータは woman_data = data.loc[data[' 性別'] == 2, :] のように抽出します。

基礎課題 19.4

List 19.xii で学んだ pandas の関数を利用して、基礎課題 19.2 と基礎課題 19.3 と同様に、男性のみの変数と女性のみの変数を作成してから、男性の基本統計量と女性の基本統計量を求めなさい。基礎課題 19.2 と基礎課題 19.3 の各統計量が、基礎課題 19.4 と一致することを確かめなさい。

発展課題 19.5

中学生の 8 教科の試験結果データ（第 19.2 節参照）には、科目で平均点に違いがあるように見えます。科目ごとの平均点の違いを考えたとき、生徒の各教科の試験結果を比較するにはデータを標準化した、いわゆる**偏差値**を使います。偏差値を計算するプログラム 19.24 の空欄を埋めて完成させなさい。7 行目では偏差値を計算するために各生徒の点数を、次のように変換します。

$$i \text{ 科目の生徒 } j \text{ の偏差値} = \frac{x_{i,j} - \overline{x}_i}{std_i} \times 10 + 50 \tag{19.8}$$

ここで $x_{i,j}$ は科目 i の生徒 j の点数、$\overline{x}_i$ は科目 i の平均点、std_i は科目 i の標準偏差です。式 19.8 の 10 と 50 は、50 点を中心に 50 ± 10 の生徒が約 68% 占めるような偏差値を作成するための数値です。以上を参考に、プログラム 19.24 の空欄を埋めて完成したら、学籍番号 11068 の生徒はどんな生徒かを答えなさい。

List 19.xxii

プログラム 19.24：偏差値の計算

```
1  import pandas as pd
2  df = pd.read_csv('data//seiseki_8s.csv', index_col = 'ID')
3  dfh = df.copy() # もとのデータが変更されないようにデータを複製
4  for i in dfh.columns: # カラム名を利用して 8 回繰り返し
5      x = dfh.loc[:, i] # 科目 i における全生徒の点数を x とする
6      # 平均 50、標準偏差 10 の偏差値を計算
7      dfh.loc[:, i] = (               -               ) / (               ) * 10 + 50
8  print(dfh.loc[11068, :]) # 指定生徒の試験結果
```

実行結果

```
国語 73.99
数学 56.20
英語 57.92
理科 56.56
社会 73.26
音楽 65.09
体育 43.91
技術家庭 52.49
Name: 11068, dtype: float64
```

発展課題 19.6

　国語、数学、英語の 3 教科が 80 点以上の生徒を抽出するプログラム 19.25 の空欄を埋めなさい。また、その生徒の偏差値を求めるプログラム 19.26 の空欄を埋めて完成させ、この生徒の最も得意な（偏差値の最も高い）教科と最も不得意な（偏差値の最も低い）教科を調べなさい。

List 19.xxiii

プログラム 19.25：教科の得意不得意

```
1  df = pd.read_csv('data//seiseki_8s.csv', index_col = 'ID')
2  df.query(               )
```

実行結果

ID	国語	数学	英語	理科	社会	音楽	体育	技術家庭
10863	85	86	81	40	53	43	78	70

プログラム 19.26：偏差値と教科の得意不得意

```
1  dfh = df.copy()
2  for i in dfh.columns:
3      # 偏差値を計算
4      dfh.loc[:, i] =               
5  print(dfh.loc[10863, :])
```

実行結果

```
国語 67.860590
数学 72.356878
英語 67.069888
理科 43.335844
社会 31.209242
音楽 46.712377
体育 60.587376
技術家庭 60.107343
Name: 10863, dtype: float64
```

補足 19.4　単純作業は Python にやらせよう：Python を利用する利点の一つは、コンピュータに退屈な作業を任せて、人にしかできない作業に時間を割けるようになることです。例えば、試験結果をまとめる作業に数日間かけるくらいなら、生徒のフォローに時間をあてた方が良いでしょう。そういった自動化できる作業などに興味があれば、次のコラムや文献［48］などが参考になります。

項目ごとにデータを一括処理する groupby 関数

中学校の 1 学年 10 クラスの試験結果を 3 学年分まとめたデータ（seiseki_3_10.csv）の基本統計量を求めるプログラム 19.27 を作成して実行しましょう。

List 19.xxiv

プログラム 19.27：学年、クラスごとの試験結果の groupby による基本統計量

```
1  df = pd.read_csv('data//seiseki_3_10.csv', index_col = 'ID')
2  pd.set_option('display.max_columns', 8) # 表示内容を 8 列に制限
3  pd.set_option('display.max_rows', 64) # 表示内容を 64 行に制限
4  pd.options.display.precision = 2
5  new_df = df.groupby(['学年', 'クラス']).describe().T # 見やすさのため転置
6  display(new_df) # 制限がなければ 64 行 × 30 列のデータフレームの出力
```

実行結果（一部省略）

| | | 学年 1 | | | | ... | 3 | | | |
		クラス A	B	C	D	...	G	H	I	J
国語	count	25	18	28	34	...	20	23	57	26
	mean	67.76	66.17	65.54	67.38	...	69.45	75.13	74.54	76.81
	std	9.91	13.34	12.8	10.63	...	11.61	10.77	9.16	10.91
	min	50	40	44	45	...	54	50	55	52
	0.25	63	59.25	56	61	...	60.5	68.5	69	68.25
	0.5	68	70.5	65	66.5	...	67	77	73	78.5
	0.75	73	77	72.25	73.75	...	76.25	80.5	81	84
	max	97	84	100	92	...	99	98	100	99
	...	...	...	...	...	...	...	...	...	...
技術家庭	count	25	18	28	34	...	20	23	57	26
	mean	46.52	43.17	50.96	50.38	...	60.5	56.61	58.6	53.12
	std	15.31	15.55	13.85	17.18	...	17.25	16.05	19.67	16.16
	min	23	13	21	16	...	36	25	10	22
	0.25	36	31.75	42.5	38.5	...	44.75	48	45	43.5
	0.5	47	41.5	52	54	...	60.5	58	59	52
	0.75	55	55.75	63	62.75	...	73	66.5	72	65.5
	max	74	70	74	77	...	93	93	99	84

groupby 関数は「df.groupby(). 関数名」と記述します。groupby 関数は丸括弧内のグループごとに、グループが書かれた順番に、二つ目の「.」の後ろの関数を適用します。例えば、df.groupby(['学年', 'クラス']).describe() は、学年ごとに各クラスの試験結果の基本統計量を求めますが、df.groupby(['クラス', '学年']).describe() は、クラスごとに各学年の試験結果の基本統計量を求めます。

20 　　　　　　データ分析 2：データの可視化

> データの可視化について学びます。Jupyter Notebook 上で数字や文字以上に、データから情報を得るためにはデータの可視化の技能が必要になります。データの可視化はデータの全体像を把握し、他者に効率よく分析結果を示すだけでなく、データの誤りの発見にも役立ちます。本章では簡単に高品質なグラフを描く機能を提供する matplotlib を利用して、データの可視化の基本的な方法をいくつか試します。

20.1 　matplotlib を用いた可視化

前章までは、データを分析した結果を数値のみで出力しました。しかし、数値だけでは、平均値などの指標を計算した段階でもともとのデータよりも情報が失われ、十分に伝わらないことがあります。それに加えて、近年では大規模なデータをより素早く、かつ、わかりやすく情報を伝える作図技術の重要性が増しています。そこで本章では、データを可視化するため、matplotlibを用いて作図します。

20.1.1 　作図の注意点

Python の matplotlib は、レポートや論文などでグラフを利用する際に、高品質な作図用の機能を提供します。matplotlib の利用方法は多岐にわたるため、本章では全てを紹介できません（補足 20.1 参照）。本章では読者がインターネット上で、作図に関わる様々なプログラムを参考にするときに、自分のコードを作りやすいように matplotlib の基本的な使い方を学びます。

> 補足 20.1　可視化の例：インターネット上には matplotlib の様々な使い方が掲載されています。例えば、matplotlib の Examples（文献［49］）には、データの可視化の様々な例とプログラムが掲載されています。また、同サイトの Pyplot function overview（文献［50］）や How-To（文献［51］）などの参照をお勧めします。また、プログラム 20.1 の 1 行目の %matplotlib inline は Jupyter Notebook 内で描画したグラフの表示をサポートする命令です。先頭に % がつく行は Jupyter Notebook（IPython）用の特殊な命令を意味します。これについては文献［52］を参考にしましょう。

20.1.2 　折れ線グラフの作成

作図には「import matplotlib.pyplot as plt」が必要になります。これまで同様に「plt」は matplotlib ライブラリが持っている機能（関数）を「plt. 関数名」として呼び出します。matplotlib のデフォルト設定の plot を利用して、作図するプログラム 20.1 を作成して実行しましょう。

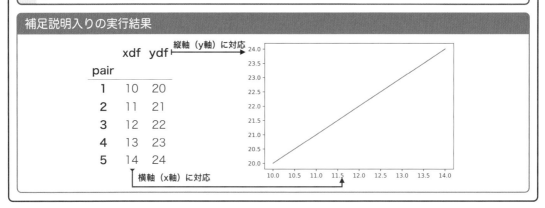

このプログラムは実行結果の折れ線グラフを描画して Jupyter Notebook 上に表示します。5 行目から 7 行目は「10 から 14 の整数値を持つカラム xdf」と「20 から 24 の整数値を持つカラム ydf」を含むデータフレームを生成します。このデータフレームを変数 df に代入し、10 行目で変数 df を利用して **plot 関数でグラフを描画**します。変数 df には pair 1 ～ pair 5 までの座標 (x, y) が入ります。例えば、pair 2 の座標は $x = 11$, $y = 21$ です。

plot 関数は 1 番目の引数に指定した'xdf' を df のカラム名「xdf」と解釈し、2 番目の引数に指定した'ydf' を df のカラム名「ydf」と解釈します。plot 関数はカラム名「xdf」の値をグラフの x 軸（横軸）に、カラム名「ydf」の値をグラフの y 軸（縦軸）に対応させるように、横軸（x 軸）、縦軸（y 軸）を引き、対応する数値を軸ラベルに表示します。plot 関数は 3 番目の引数 data に指定した df を、pair 1 ～ pair 5 までをプロットするデータと解釈します。ここでは、インデックスのペアごとに座標点をプロットし、点と点の間は線で補完します。

20.1.3　線の種類の設定

デフォルト設定の plot 関数で描くグラフには様々なカラー指定ができます。ここでは、グラフの線の色（color）とマーカーの種類（marker）、線の種類（linestyle）、凡例（legend）を指定するプログラム 20.2 を作成して実行しましょう。

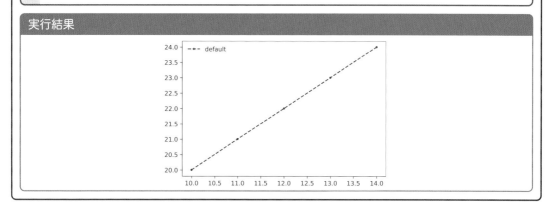

List 20.ii

プログラム 20.2：グラフのオプション設定の変更

```
1  plt.plot('xdf', 'ydf', data = df, # データの指定
2      color = 'r', # 線の色を赤に指定
3      marker = '.', # ペアの位置に描画する点をドットに指定
4      linestyle = '--', # 線の種類を破線に指定
5      label = 'default') # 線の名前をdefault にして凡例を設定
6  plt.legend(loc = 'best') # 凡例をちょうど良い場所に描画
7  plt.show() # Jupyter Notebook に描画
```

実行結果

　プログラム 20.2 は実行結果のグラフを描画します。plot 関数の引数には「線の色を赤にする color = 'red'」や「マーカーを・にする marker = '.'」、「線の種類を破線にする linestyle = 'dashed'」、「線の名前と種類を表す凡例（default）をつける label = 'default'」を指定します。6 行目の loc = 'best' は、グラフに合わせて適切な位置に凡例（補足 20.2 参照）を自動的に描きます。

　補足 20.2　凡例：凡例とはグラフ上の記号（例えば、線の色や種類など）を解説した箇条書きのリストです。凡例の位置は best 以外にも 'upper right', 'upper center', 'upper left', 'lower right', 'lower center', 'lower left', 'center left', 'center right', 'center', 'right' があります。いずれかを利用する場合は loc = 'best' の'best' の代わりに凡例の位置を指定します。

　color, marker, linestyle に利用する記号の省略形を用いて図 20.1 に示します（文献 [53, 54, 56] を参考に作成）。例えば、color = 'red' は color = 'r'、linestyle = 'dashed' は linestyle = '--' と省略できます。

20.1.4　理解度チェック：プロットの装飾

練習問題 20–1：装飾の変更

　図 20.1 を参考に、プログラム 20.2 で作成したグラフを、次のように変更しましょう。

グラフ 1：色を緑、線の種類を実線、マーカーを星に変更しましょう。
グラフ 2：色をシアン、マーカーのみ、マーカーを上三角に変更しましょう。

color		linestyle		marker					
記号	説明	記号	説明	記号	描画例	記号	描画例	記号	描画例
b	青	-	実線	.	●	o	●	1	Y
c	シアン	--	破線	v	▼	s	■	2	⅄
g	緑	-.	一点鎖線	^	▲	p	⬟	3	⊰
k	黒	:	点線	<	◀	*	★	4	⊱
m	マゼンタ	None	なし	>	▶	h	⬢	8	⬣
r	赤	' '	なし	+	＋	H	⬣	x	✕
w	白	''	なし					D	◆
y	黄								

図 20.1　プロットの装飾

20.1.5　グラフの枠の設定

　次に、グラフのフォントサイズや、作図範囲、目盛りの間隔、ラベル、タイトルを設定するプログラム 20.3 を作成して実行しましょう。

　プログラム 20.3 は実行結果のように作図します。3 行目と 5 行目は、Jupyter Notebook 上の各セル共通の作図設定 rcParms を変更しています（補足 20.3 参照）。3 行目はフォントサイズを 15 に変更します。5 行目はグラフの大きさ横 5 インチ、縦 2.5 インチに変更します。rcParms は plt.plot の前に記述します。rcParms は現在作業している Jupyter Notebook のカーネル（第 21.4 節参照と補足 15.1 参照）を再起動するまで、3 行目と 5 行目までで行った設定を保持します。そのため、この設定は別のセルで plt.plot を実行するときにも利用されます。

List **20.iii**

プログラム 20.3：枠のオプション設定の変更

```
1  df = pd.DataFrame({'xdf':np.arange(10), 'ydf':np.arange(10)})
2  # 各セル共通の作図の設定 rcParams は アールシーパラムスと読む
3  plt.rcParams['font.size'] = 15 # フォントサイズの設定
4  # グラフのサイズ（単位インチ）[横の長さ, 縦の長さ]
5  plt.rcParams['figure.figsize'] = [5, 5/2]
6  # グラフの描画（色を赤、マーカーを'.'、線の種類を破線）
7  plt.plot('xdf', 'ydf', color = 'r', marker = '.', linestyle = '--', data = df,
8          label = 'changed')
9  plt.legend(loc = 'best')
10 # グラフの枠（目盛り）の各種設定
11 plt.xlim(-1, 11) # x 軸の制限
12 plt.ylim(-1, 11) # y 軸の制限
13 # 各軸の目盛りの数値を別の文字列に置き換える
14 plt.xticks([0, 4, 8, 10], ['Zero', 'Four', 'Eight', 'Ten'])
15 plt.yticks([0, 4, 8, 10], ['A', 'B', 'C', 'D'], rotation = 90)
16 plt.xlabel('x-axis') # x 軸を説明する文字列を加える
17 plt.ylabel('y-axis') # y 軸を説明する文字列を加える
18 plt.title('Title') # グラフ上部に表示するタイトル設定
19 plt.show() # 上記の描画したものを可視化
```

実行結果

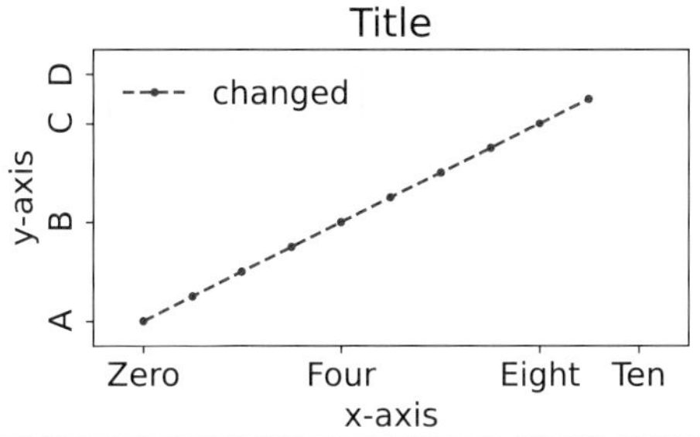

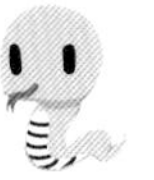

補足 20.3 rcParams の設定：rcParams は、非常に多くの値を設定することができます。x 軸や y 軸のフォントサイズを変更するためには axes.labelsize, xtick.labelsize, ytick.labelsize を利用します。その一覧は文献［51］にあります。

11 行目と 12 行目はグラフの目盛りを表示する範囲を設定します。xlim は x 軸の範囲を設定します。xlim の引数の 1 番目には x 軸の表示範囲の最小値、2 番目には最大値を指定します。ylim は xlim 同様に y 軸の範囲を設定します。

14 行目では x 軸の目盛りの間隔を変更して、数値を文字列に置き換えます。xticks の引数の 1 番目には、変更したい x 軸の目盛りの値（0, 4, 8, 10）を指定し、2 番目にはその目盛りに置き換える値（'Zero', 'Four', 'Eight', 'Ten'）を指定します。15 行目は x 軸同様に y 軸の目盛りを設定します。y 軸には指定した値の表示角度を調節する rotation を利用します。

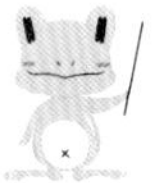

解説 20.1 作図の方針（ラベル）：グラフの説明には、まず x 軸と y 軸を説明するラベルを設定します。ただし plt.xticks([]) により目盛りを非表示にして、あえてラベルをつけない設定も可能です。
タイトル：グラフのタイトルはグラフ内には記載せず、レポートや論文内にグラフを読み込んでから、編集で追加することもあります。
フォントのサイズ：発表で利用するスライドの場合は 20 ポイント前後のフォントサイズを利用します。
グラフのサイズ：グラフのサイズも用途に応じて変更します。例えば、相関係数を計算する際には、5 行目の [5, 5/2] を [5, 5] と変更して、グラフを正方形に調整すると良いでしょう（第 20.1.7 項で試します）。

20.1.6 グラフの保存

作図のオプションを用いれば、より細かい調整をした作図が可能になりました。ここでは、savefig 関数を利用して、プログラム 20.3 で描いたグラフを pdf 形式で保存しましょう。プログラム 20.3 の 19 行目の plt.show() をプログラム 20.4 のように変更して実行しましょう。

List **20.iv**

プログラム 20.4：グラフの保存

```
plt.savefig('first_fig.pdf', bbox_inches = 'tight')
```

plt.savefig は引数で指定したファイル名と、そのファイル形式でグラフを保存します。カレントディレクトリから、first_fig.pdf を探し出し、ダブルクリックして開いてみましょう。なお、png 形式の画像ファイルとしてグラフを保存するためには、'first_fig.pdf' の '.pdf' の代わりに、'.png' と指定します。

> **解説 20.2　グラフ保存の注意**：グラフ保存時に頻繁に目にする誤りとして、plt.show() の次の行に plt.savefig('first_fig.pdf') を記述するミスがあります。このような記述順にすると、プログラムが想定通り動作しません。plt.savefig() は plt.show() より前の行に記述してください。また、plt.savefig を実行したけど、画面には何も表示されない、と困惑する読者もいます。**plt.savefig はグラフを保存する命令**です。保存されているかは、保存先フォルダを確認してください。bbox_inches = 'tight' はグラフを保存したとき、余分な余白を詰めながら、グラフの枠内に軸のラベルなどの一部が表示されないことを避けるためのオプションです。

20.1.7 理解度チェック：グラフの作成と保存

練習問題 20-2：グラフの各種設定

プログラム 20.5 の空欄を埋めて、実行結果と同じグラフを描画しましょう。グラフの色はシアン、フォントサイズは 12、グラフのサイズは縦横それぞれ 5 インチとします。グラフは正方形になるように xlim と ylim を適切に設定しましょう。また、グラフは png 形式で保存するとします。プログラム 20.5 には線の太さとマーカーの大きさを変更する命令の記述があります。これらの命令の適切な説明を空欄に入れましょう。

List 20.v

プログラム 20.5：折れ線グラフの各種設定

```
1  df = pd.DataFrame({'xdf':np.arange(10), # 0, 1, ..., 9
2      'ydf':np.arange(-10,0)}) # -10, -9, ..., -1
3
4  plt.rcParams['font.size'] = [    ] # フォントの設定
5  plt.rcParams['figure.figsize'] = [    ], [    ]
6  plt.rcParams['lines.linewidth'] = 2 # [    ]
7  plt.rcParams['lines.markersize'] = 15 # [    ]
8
9  plt.plot('xdf', 'ydf', [    ], data = df, label = 'test_data')
10
11 plt.legend(loc = 'upper left') # 左上に描画
12 plt.xlim(-1, [    ]) # x 軸の制限
13 plt.ylim(-11, [    ]) # y 軸の制限
14 plt.xticks([0, 5, 10], [    ], rotation = [    ]) # 目盛りの置換
15 plt.yticks([    ], ['Zero', 'N-Five', 'N-Ten'], rotation = 45)
16 plt.xlabel([    ]) # x 軸の説明を加える
17 plt.ylabel([    ]) # y 軸の説明を加える
18 plt.title([    ]) # タイトル設定
19
20 plt.savefig('first_png.[    ]', bbox_inches = 'tight') # png として保存
```

実行結果

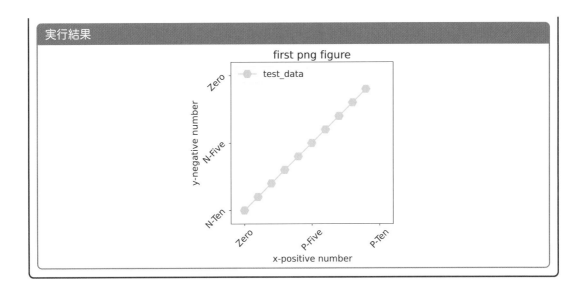

20.1.8 グラフの重ね合わせ

　データ分析の結果を表示するとき、複数のグラフを重ね合わせて表示したいときがあります。まず、前章で利用した 8 教科の試験結果 seiseki_8s.csv を読み込むプログラム 20.6 を作成して実行します。プログラム 20.6 で NameError が起こる読者は付録 C を参考に日本語を表示する japanize_matplotlib をインストールしましょう。プログラム 20.6 を実行後、グラフを重ね合わせるプログラム 20.7 を作成して実行しましょう。

List **20.vi**

プログラム 20.6：プロットの重ね合わせ：データの読み込み

```
1  import japanize_matplotlib # 日本語を表示するライブラリ
2  df = pd.read_csv('data//seiseki_8s.csv', index_col = 'ID')
```

プログラム 20.7：プロットの重ね合わせ

```
1  # マーカーの大きさを指定する
2  plt.rcParams['lines.markersize'] = 8
3  # x軸に国語と y軸に英語の点数の散布図
4  plt.plot('国語', '英語', color = 'g',
5      marker = '+', linestyle = '',
6      data = df, label = '国語-英語',
7      alpha = 0.3) # 半透明な緑色の +マーカー
8  # x軸に数学と y軸に理科の点数散布図
9  plt.plot('数学', '理科', color = 'r',
10     marker = 'x', linestyle = '',
11     data = df, label = '数学-理科',
12     alpha = 0.3) # 半透明な赤色のx マーカー
13 plt.legend(loc = 'best')
14
15 plt.show()
```

実行結果

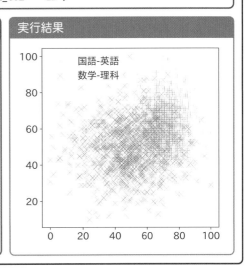

　プログラム 20.7 では「国語の点数を x 軸に、英語の点数を y 軸に設定したグラフ」と「数学の点数を x 軸に、理科の点数を y 軸に設定したグラフ」を重ね合わせて描画します。グラフを重ね合わせるためには、同じセルの中でそのまま plot を実行します。

> **解説 20.3　SyntaxError positional argument follows keyword argument**：プログラム 20.7 の 4 行目から 7 行目を plt.plot(' 国語',color = 'g', ' 英語', marker = '+', linestyle = '', data = df, label = ' 国語-英語', alpha = 0.3) のように、引数の順番を入れ替えると SyntaxError が起こります。引数の順番に気をつけましょう。

　List 20.vi の実行結果のグラフを**散布図**と呼びます。この散布図から、前章で分析したように、国語と英語の試験では点数が高めに散布され、数学と理科の試験では点数が低めに散布されていることが読み取れます。

> **補足 20.4　日本語のフォント**：matplotlib の命令で日本語を利用したグラフを描画する方法はいくつかあります。フォントの種類を指定するには、rcParams で plt.rcParams['font.family'] = 'sans-serif' と plt.rcParams['font.sans-serif'] = 'MS Gothic' を指定します（文献 [55]）。Mac の場合は'MS Gothic' の代わりに'Hiragino Maru Gothic Pro' を指定します。rcParams でフォントを指定する際、japanize_matplotlib などのインストールやインポートは不要です。

20.1.9　理解度チェック：グラフの重ね合わせ

練習問題 20–3：国語と音楽の追加

　プログラム 20.7 の実行結果に国語と音楽の点数の散布図を重ね合わせるプログラム 20.8 の空欄を埋めなさい。音楽と英語の点数の分布に違いがあれば述べなさい。

List **20.vii**

プログラム 20.8：教科ごとの散布図の重ね合わせ

```
1  plt.plot(_____, _____, color = 'g',
2      marker = '+', linestyle = '',
3      data = df, alpha = 0.3,
4      label = '国語-英語')
5  plt.plot(_____, _____, color = 'r',
6      marker = 'x', linestyle = '',
7      data = df, alpha = 0.3,
8      label = '数学-理科')
9  plt.plot(_____, _____, color = 'b',
10     marker = '3', linestyle = '',
11     data = df, alpha = 0.3,
12     label = '国語-音楽')
13 plt.legend(loc = 'best')
14 plt.show()
```

実行結果

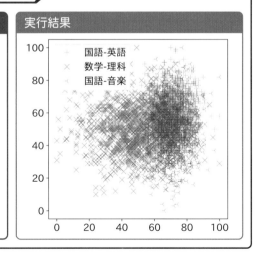

20.2 pandas のプロット

matplotlib では、様々な細かい設定ができることを学びました。実は、データフレームの記述の仕方を工夫すると細かい設定を相当省略しても綺麗にグラフを描画できます。df.plot() を利用してイギリスの四半期ごとのガス使用量を描画するプログラム 20.9 を作成して実行しましょう。

List **20.viii**

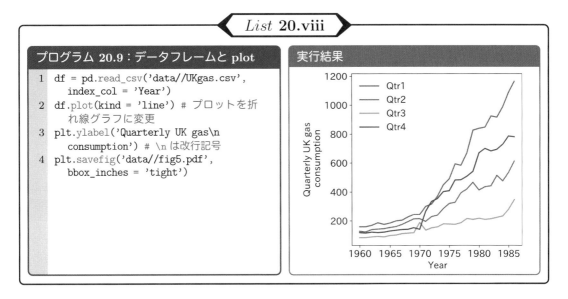

プログラム 20.9：データフレームと plot

```
1  df = pd.read_csv('data//UKgas.csv',
       index_col = 'Year')
2  df.plot(kind = 'line') # プロットを折
       れ線グラフに変更
3  plt.ylabel('Quarterly UK gas\n
       consumption') # \n は改行記号
4  plt.savefig('data//fig5.pdf',
       bbox_inches = 'tight')
```

実行結果

プログラム 20.9 は表 20.1 のデータフレームからグラフを描画します。表 20.1 に変数 df の 1960 年から 1986 年のイギリスの四半期ごとのガス使用量（文献 [57]）を示します。四半期は Qtr1 から Qtr4 までをカラム名で表します。このデータは時間的な変化を表す**時系列データ**です。

表 20.1　26 年間分の四半期ごとのガス使用量

Year	Qtr1	Qtr2	Qtr3	Qtr4
1960	160.10	129.70	84.80	120.10
1961	160.10	124.90	84.80	116.90
…	…	…	…	…
1986	1163.90	613.10	347.40	782.80

2 行目の df.plot はインデックスの要素を x 軸に、そのインデックスに対応するカラムの値を y 軸に描画します。各カラムの値は識別可能になるように色分けや、凡例、x 軸のラベルも自動的に設定されます。y 軸のラベルはプログラム内に記述します。

20.2.1　異なるグラフの種類と描画スタイルの設定方法

これまでの plot 関数は kind に'line' を指定したため、**折れ線グラフ**を描画しました。ここでは、引数 kind を工夫し、イギリスのガス使用量の時系列データの**棒グラフ**（barh）と**積み上げ棒グラフ**、**ヒストグラム**（hist）、**密度プロット**（density）、**箱ひげ図**（box）の 5 種類のグラフを描きます。

それでは、引数 kind に barh を指定して棒グラフを描画するプログラム 20.10 と、棒グラ

フの積み上げを許可する引数 stacked を True に指定して積み上げ棒グラフを描くプログラム 20.11 を作成して実行しましょう。

プログラム 20.10 では ggplot スタイルを利用します。matplotlib のグラフの描画には、あらかじめ、グラフの大きさや色の種類などを定めたスタイルがあります。それを変更するには、plt.style.use 関数の引数に dark_background, grayscale, ggplot などを指定します。

List 20.ix

プログラム 20.10：棒グラフ

```
1  # 描画のスタイルを設定
2  plt.style.use('ggplot')
3  # 描画する大きさを設定
4  plt.rcParams['figure.figsize'] = [5/2,5]
5  # 棒グラフを指定して描画
6  df.plot(kind = 'barh')
7  plt.xlabel('consumption')
8  # pdf 形式として棒グラフを保存
9  plt.savefig('data//barh.pdf',
     bbox_inches = 'tight')
```

プログラム 20.11：積み上げ棒グラフ

```
1  # style.use の有効範囲は rcParams と同じ。
2  # プログラム 20.10 を実行すれば、プログ
     ラム 20.11 でも ggplot スタイルが適用。
3
4  df.plot(kind = 'barh',
5   stacked = True, # 積み上げ
6   cmap = 'Blues') # 青を指定
7  plt.xlabel('consumption')
8  plt.savefig('data//barh_stacked.pdf',
     bbox_inches = 'tight')
```

実行結果（barh.pdf）

実行結果（barh_stacked.pdf）

プログラム 20.10 の実行結果は、年ごと（y 軸）のイギリスの四半期ごとのガス使用量（x 軸）として、ガス使用量の大小を長方形の棒で表したグラフを描画したものです。棒グラフでは年ごと、四半期ごとのガス使用量のデータの推移や比較を行えます。例えば、この棒グラフから、ガスの使用量が年々増え続け、Qtr1 の期間は他の期間よりも使用量が多いことが読み取れます。

プログラム 20.11 では、x 軸方向に棒を積み上げた棒グラフを描画します。この積み上げ

棒グラフは各年のガス使用量と推移を把握し、四半期の各時期の比率も把握しやすいグラフです。例えば、全ての期間においてガスの使用量が増加するとともに、Qtr1 と Qtr4 は増加量が多いことが読み取れます。

 補足 20.5　グラフのサイズ：紙面の関係で、本章のグラフは、比較的小さいサイズで掲載しています。グラフを大きくしたい読者は、df.plot の前に **plt.rcParams['figure.figsize'] = [10, 10]** を記述します。

20.2.2　ヒストグラムの描画と密度プロットの描画

引数 kind に hist を指定し、ヒストグラム（度数分布）を描くプログラム 20.12 を作成して実行しましょう。

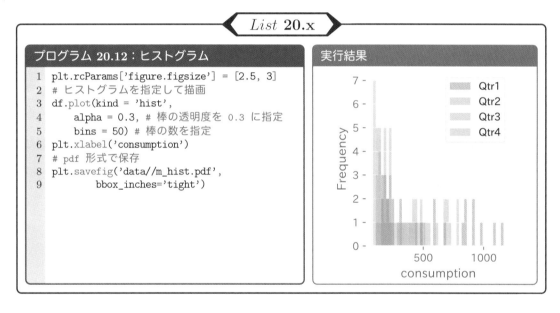

List **20.x**

プログラム 20.12：ヒストグラム

```
1  plt.rcParams['figure.figsize'] = [2.5, 3]
2  # ヒストグラムを指定して描画
3  df.plot(kind = 'hist',
4      alpha = 0.3, # 棒の透明度を 0.3 に指定
5      bins = 50) # 棒の数を指定
6  plt.xlabel('consumption')
7  # pdf 形式で保存
8  plt.savefig('data//m_hist.pdf',
9          bbox_inches='tight')
```

実行結果

このプログラムは四半期のガス使用量（x 軸）の頻度（y 軸）のヒストグラムを描画します。ヒストグラムは分割した区間の度数を表すグラフです。引数 bins にはヒストグラムの棒の数を指定します。例えば、bins = 50 を設定した plot は、ガス使用量の階級の幅が等しくなるように階級の数を 50 に設定し、50 本の棒で度数を表してヒストグラムとして描画します（度数や階級は第 19.1.9 項参照）。

次に、引数 kind に density を指定し、密度プロットを描くプログラム 20.13 を作成して実行しましょう。「ModuleNotFoundError: No module named 'scipy'」が出たら、付録の第 21.2 節を参考に 'scipy'（サイパイ）をインストールしましょう。

プログラム 20.13 は四半期のガス使用量（x 軸）の密度（y 軸）の密度プロットを描画します。ヒストグラムの度数の分布は bins の設定によって印象が異なります。そのため、誤解を与えないヒストグラムとして平滑なヒストグラム（密度プロット）を利用します。密度プロットから、ガス使用量 200 前後の世帯が多いことがわかります。ただし、密度プロットに

は分布を滑らかに表示するため、x 軸の範囲外の分布も描いてしまう、といった問題があります。

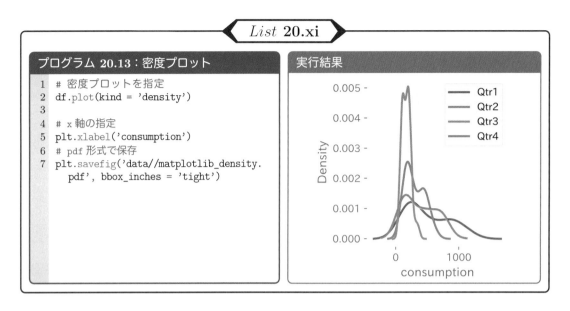

List **20.xi**

プログラム 20.13：密度プロット

```
1  # 密度プロットを指定
2  df.plot(kind = 'density')
3
4  # x 軸の指定
5  plt.xlabel('consumption')
6  # pdf 形式で保存
7  plt.savefig('data//matplotlib_density.
     pdf', bbox_inches = 'tight')
```

実行結果

 補足 20.6　x 軸と y 軸の入れ替え：x 軸と y 軸を入れ替えて描画することもできます。例えば、df.plot(kind = 'グラフの種類', x = 'x 軸に指定するカラム名') とすれば、それ以外のカラム名の値は y 軸に描画されます。その際、df = pd.read_csv('data//UKgas.csv') とデータを読み込む方が手軽に入れ替えができます。棒グラフなら、'barh' の代わりに'bar' とすれば x 軸と y 軸が入れ替わります。

20.2.3　箱ひげ図の描画

引数 kind に box を指定し、箱ひげ図を描くプログラム 20.14 を作成して実行しましょう。

List **20.xii**

プログラム 20.14：箱ひげ図を描画

```
1  plt.rcParams['figure.figsize'] = [4, 2]
2  df.plot(kind = 'box') # 箱ひげ図を指定して描画
3  plt.savefig('data//box.pdf', bbox_inches = 'tight')
```

補足説明入りの実行結果

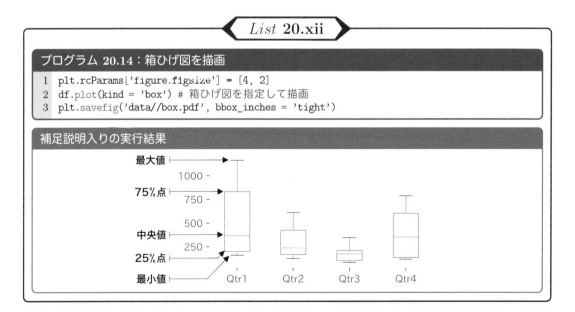

このプログラムは四半期（x 軸）のガス使用量（y 軸）を、箱ひげ図として描画します。箱ひげ図を使うと、前章で学んだ最小値、25% 点、中央値、75% 点、最大値の五つの統計量を一度にグラフの中に表示することができます（補足 20.7 参照）。

実行結果のそれぞれの箱ひげ図には五つの横線があります。x 軸のラベルに最も近い横線は最小値です。x 軸のラベルから最も遠い横線は最大値です。これらはひげと呼びます。最小値のひげの次の横線は 25% 点、その次の横線は中央値、その次の横線は 75% 点です。

箱ひげ図を使えば、データの分布範囲と、分布範囲の中での頻度情報を視覚化できます。例えば、Qtr1 のガス使用量は中央値の横線（中央値）とその上の横線（75% 点）の間の距離が開いているため、年代ごとに大きく異なることを示唆します。Qtr3 のガス使用量はバラツキも少なく、ガスをあまり利用しない時期であることを示唆します。

> **補足 20.7　matplotlib で描画する箱ひげ図の最大値と最小値、外れ値**：箱ひげ図の最大値は 75% 点 + 1.5 × (75% 点 − 25% 点) 以下のデータしかなければ、そのままデータから最大値を計算します。しかし、その範囲を超過するデータがある場合には、その値は外れ値として扱われ、最大値のひげよりも上の位置に丸い点をプロットします。箱ひげ図の最小値は 25% 点 − 1.5 × (75% 点 − 25% 点) 以上のデータしかなければ、そのままデータから最小値を計算します。しかし、その範囲未満のデータがある場合には、その値は外れ値として扱われ、最小値のひげよりも下の位置に丸い点をプロットします。データの性質上、外れ値を扱わない場合は whis = 3 と大きめの値を設定すれば、最大値のひげを 75% 点 + 3.0 × (75% 点 − 25% 点)、最小値のひげを 25% 点 − 3.0 × (75% 点 − 25% 点) と計算します。

20.2.4　理解度チェック：試験結果の各種グラフ

練習問題 20–4：試験結果の箱ひげ図とヒストグラム

List 20.xiii のプログラムの空欄を埋めて、前章で利用した 8 教科の試験結果 seiseki_8s.csv の箱ひげ図を描画しましょう。そのデータの 3 教科（国語、数学、英語）の点数のヒストグラムを描画しましょう。また、それらのグラフから読み取れることを考えましょう。

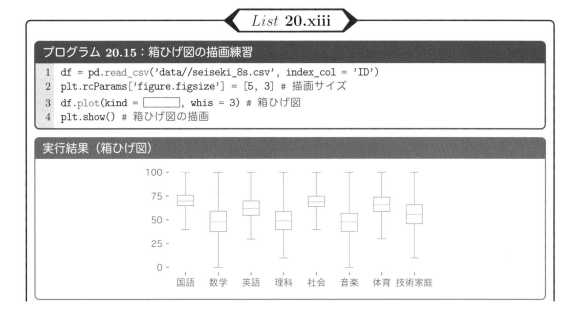

List **20.xiii**

プログラム 20.15：箱ひげ図の描画練習

```
1  df = pd.read_csv('data//seiseki_8s.csv', index_col = 'ID')
2  plt.rcParams['figure.figsize'] = [5, 3] # 描画サイズ
3  df.plot(kind = [      ], whis = 3) # 箱ひげ図
4  plt.show() # 箱ひげ図の描画
```

実行結果（箱ひげ図）

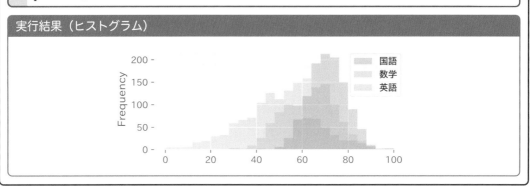

プログラム 20.16：ヒストグラムの描画練習

```
1  df.loc[:, '国語':'英語'].plot(kind = _____, # ヒストグラムの指定
2      alpha = 0.2, bins = 25) # 棒の透明度と棒の数を指定
3  plt.show() # ヒストグラムの描画
```

実行結果（ヒストグラム）

20.2.5 複数のグラフ描画

　練習問題 20-4 では試験結果の箱ひげ図とヒストグラムを描画しました。しかし、カラム名が多い場合には、一つの枠内で複数のグラフを描くと、サイズが小さくなるため、見にくくなります。この問題を解決する方法として、カラムごとに別々のグラフを、まとめて描画するように引数を工夫します。8 教科の試験結果 seiseki_8s.csv のカラムごとに箱ひげ図を描画するプログラム 20.17、ヒストグラムを描画するプログラム 20.18 を作成して実行しましょう。

　引数 subplots に True を指定すると、plot 関数はカラム名ごとにグラフを描画します。カラム名ごとにグラフを描画する際に、引数 layout = (x, y) はグラフを x 行 y 列に分けます。x と y に指定する数値は、x × y の値が描画するグラフの数以上になるように設定する必要があります。各グラフの x 軸の目盛りを揃えるには sharex を True に設定します。同様に、sharey は各グラフの y 軸の目盛りを揃えます。

List 20.xiv

プログラム 20.17：箱ひげ図のサブプロット

```
1  df = pd.read_csv('data//seiseki_8s.csv',index_col = 'ID')
2
3  plt.style.use('ggplot') # 描画のスタイルを設定
4  plt.rcParams['xtick.color'] = 'black' # x 軸の目盛りの色を黒に変更
5  plt.rcParams['ytick.color'] = 'black' # y 軸の目盛りの色を黒に変更
6  plt.rcParams['figure.figsize'] = [10, 4] # 描画サイズ
7
8  df.plot(kind = 'box', whis = 3, # 外れ値と計算されないように箱ひげ図を設定
9          subplots = True, # カラム名ごとにグラフを作成
10         layout = (2, 4), # 8枚のグラフを 2 行 4 列に分けて描画
11         sharex = True, sharey = True) # x 軸と y 軸の値を揃える
12 plt.show()
```

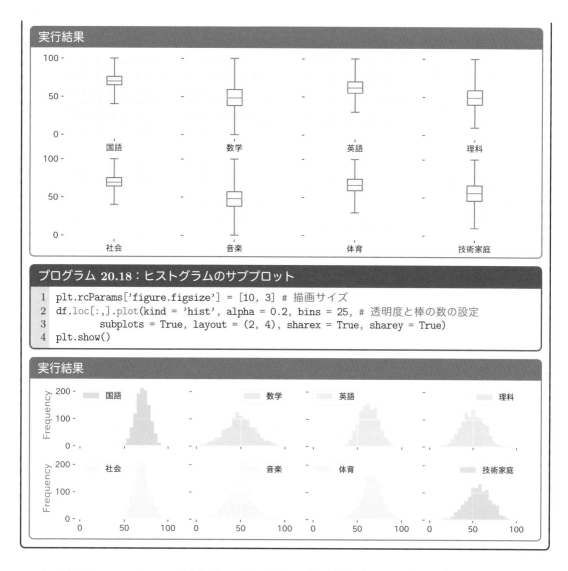

```
1  plt.rcParams['figure.figsize'] = [10, 3] # 描画サイズ
2  df.loc[:,].plot(kind = 'hist', alpha = 0.2, bins = 25, # 透明度と棒の数の設定
3       subplots = True, layout = (2, 4), sharex = True, sharey = True)
4  plt.show()
```

プログラム 20.17 と 20.18 は合計 16 枚のグラフを描きます。これらのグラフから国語と社会の点数、数学と音楽の点数、英語と体育の点数、理科と技術家庭の点数は、点数の分布に類似する傾向がみられることがわかります。

20.2.6　seaborn を用いた相関係数とヒートマップ

各教科の相関関係を調べ、数値を色の濃淡で表すヒートマップを描画します。相関関係は、二つの変量の間の「一方の値が増加すれば他方の値も増加、または減少する傾向」という関係を指します。相関関係の強さは、−1.0 から 1.0 の相関係数で表します。例えば、数学の点数が上がれば、理科の点数も上がる関係は正の相関関係と呼びます。逆に、国語の点数が上がれば、数学の点数が下がる関係は負の相関関係と呼びます。相関係数が 1.0 に近いほど強い正の相関関係、0 に近ければ無相関、−1.0 に近いほど強い負の相関関係があるといいます。

各教科の間に相関関係を持つ試験結果（corr_8s.csv）を利用して、相関関係のヒートマップを描画するプログラム 20.19 を作成して実行しましょう。「ModuleNotFoundError: No module named 'seaborn'」が出たら、第 21.2 節を参考に **seaborn** をインストールしましょう。

> **補足 20.8　より高度な描画機能とさらに便利な Python の命令**：これまでに便利な描画機能を利用してきました。しかし、作図経験の少ない読者には、matplotlib による作図のどこが高品質なのか、疑問に思うかもしれません。そこでより高機能な描画機能を望む読者に向けて、プログラム 20.19 と発展課題 20.6 で紹介します。また Python には、対話的にデータを分析する pandas-profiling（文献 [58]）や、Pivottablejs（文献 [59]）、Nteract（文献 [60]）などのライブラリがあります。ここまで読み進めた読者は、例えば、「pip install pandas-profiling」により pandas-profiling ライブラリをインストールして「import pandas_profiling as pdp」と「pdp.ProfileReport(df)」の命令を実行すれば、第 19 章と第 20 章の分析を対話的に行えます。また matplotlib には、Science Plots があります。これは科学誌向けのグラフを描画する際に利用します。利用方法は「pip install SciencePlots」を利用し Science Plots をインストールして、プログラム内に「plt.style.use('science')」を記述します（文献 [61] を参考）

プログラム 20.19 の実行結果の点線部分は、数学と国語の点数が負の相関関係（相関係数 –0.63）を示しています。ヒートマップは対角線に対して対称に配置されるので、対角線をはさんで二つの点線の矩形内に負の相関係数 –0.63 がそれぞれ入っています。二つの破線の矩形内には、数学と理科の正の相関関係（相関係数 0.69）が描かれています。このように、相関係数でヒートマップを作成すれば、全体像を色の濃淡で把握できます。

List **20.xv**

プログラム 20.19：ヒートマップ

```
1  import seaborn as sns # ヒートマップを描くために利用
2  df = pd.read_csv('data//corr_8s.csv',index_col = 'ID')
3  plt.rcParams['figure.figsize'] = [6, 4]
4  sns.heatmap(df.corr(), annot = True, # 各教科の相関係数を計算し、各セルに相関係数を描画
5      vmin = -1.0, vmax = 1.0, # カラーマップの最小値と最大値の設定
6      cmap = 'coolwarm', # 相関係数の値が高ければ濃い赤とし、低ければ濃い青とする
7      fmt = '1.2f') # 小数点第 2 位まで表示
8  plt.savefig('data//heatmap.pdf', bbox_inches = 'tight')
```

実行結果（補足説明入り）

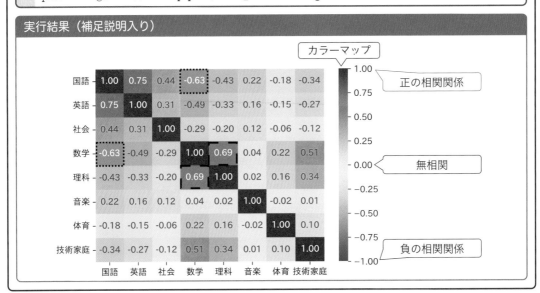

20.3 練習問題の解答例

練習問題 20–1：装飾の変更の解答例

List 20.xvi

プログラム 20.20：折れ線グラフの装飾変更の解答例 1

```
1  import pandas as pd, numpy as np, matplotlib.pyplot as plt
2  df = pd.DataFrame({'xdf':np.arange(10, 15), 'ydf':np.arange(20, 25)},
3      index = np.arange(1,6))
4  plt.plot('xdf', 'ydf', data = df, linestyle = '-', color = 'g',
5      marker = '*', label = 'default')
6  plt.legend(loc = 'best')
7  plt.show() # 色を緑、線の種類を実線、マーカーを星に変更したグラフ1を描画
```

List 20.xvii

プログラム 20.21：折れ線グラフの装飾変更の解答例 2

```
1  plt.plot('xdf', 'ydf', data = df, linestyle = '', color = 'c', marker = '^',
       label = 'default')
2  plt.legend(loc = 'best') # 凡例をちょうど良い場所に描画
3  plt.show() # 色をシアン、線なし、マーカーを上三角に変更したグラフ2を描画
```

練習問題 20–2：折れ線グラフの各種設定の解答例

List 20.xviii

プログラム 20.22：折れ線グラフの各種設定の解答例

```
1  df = pd.DataFrame({'xdf':np.arange(10), 'ydf':np.arange(-10,0)})
2
3  plt.rcParams['font.size'] = 15 # フォントの設定
4  plt.rcParams['figure.figsize'] = [5,5] # サイズ（インチ）
5  plt.rcParams['lines.linewidth'] = 2 # 線の太さ設定
6  plt.rcParams['lines.markersize'] = 15 # マーカーの大きさ
7
8  # グラフの描画
9  plt.plot('xdf', 'ydf', color = 'c', marker = 'h', linestyle = '-',
10     data = df, label = 'test_data')
11
12 plt.legend(loc = 'upper left') # 左上に描画
13 plt.xlim(-1, 11) # x軸の制限 グラフの枠（目盛り）の各種設定
14 plt.ylim(-11, 1) # y軸の制限
15 # 各軸の目盛りの数値を別の文字列に置き換える
16 plt.xticks([0, 5, 10], ['Zero', 'P-Five', 'P-Ten'], rotation = 45)
17 plt.yticks([0, -5, -10], ['Zero', 'N-Five', 'N-Ten'], rotation = 45)
18
19 plt.xlabel('x-positive number') # x軸の説明を加える
20 plt.ylabel('y-negative number') # y軸の説明を加える
21 plt.title('first png figure') # タイトル設定
22
23 plt.savefig('first_png.png', bbox_inches = 'tight')
```

練習問題 20–3：国語と音楽を追加した解答例

List 20.xix

プログラム 20.23：教科ごとの散布図の重ね合わせの解答例

```
1  plt.plot('国語', '英語', color = 'g', marker = '+', linestyle = '',
2          data = df, label = '国語-英語', alpha = 0.3)
3  plt.plot('数学', '理科', color = 'r', marker = 'x', linestyle = '',
4          data = df, label = '数学-理科', alpha = 0.3)
5  plt.plot('国語', '音楽', color = 'b', marker = '3', linestyle = '',
6          data = df, label = '国語-音楽', alpha = 0.3)
7  plt.legend(loc = 'best')
8  plt.show()
```

　英語と音楽の点数は、国語の点数を x 軸としたため、y 軸のどの位置に分布しているかを比較することができます。これまで基本統計量で分析してきたとおり、英語の点数は音楽の点数よりも平均的に高いことが、グラフからも読み取れます。

練習問題 20–4：試験結果の箱ひげ図とヒストグラムの解答例

List 20.xx

プログラム 20.24：箱ひげ図の解答例

```
1  df = pd.read_csv('data//seiseki_8s.csv', index_col = 'ID')
2  plt.rcParams['figure.figsize'] = [5, 3] # 描画サイズ
3  df.plot(kind = 'box', whis = 3) # 箱ひげ図
4  plt.show()
```

プログラム 20.25：ヒストグラムの解答例

```
1  df.loc[:, '国語':'英語'].plot(kind = 'hist', alpha = 0.2, bins = 25)
2  plt.show() # ヒストグラムの描画
```

　箱ひげ図から、教科によってバラツキが異なることがわかります。例えば、国語、英語、社会、体育の点数のバラツキは、数学、理科、音楽、技術家庭よりも小さいことがわかります。国語は最も中央値が高く平均的に点数が高い科目であることや、音楽は最も点数が平均的に低い科目であることもわかります。ヒストグラムからは、箱ひげ図で読み取ったような教科の点数のバラツキが、より視覚的に分布の形としてわかります。

20.4 課題

基礎課題 20.1

List 20.xxi の「エラーを修正した場合の実行結果」が得られるようにプログラム 20.26 を修正しなさい。プログラム 20.26 を実行すると、「エラーが起こる場合の実行結果」のように「ValueError: Shape of passed values is (6, 2), indices imply (5, 2)」が発生します。

ヒント：df1 のカラム名'xdf' の値は 10, 11, 12, 13, 14, 15 です。df1 のカラム名'ydf' の値は 20, 21, 22, 23, 24 です。df1 のカラム名'xdf' の要素数とカラム名'ydf' の値の数が異なるため、カラム名'xdf' の値を一つ減らせばエラーを解消できます。

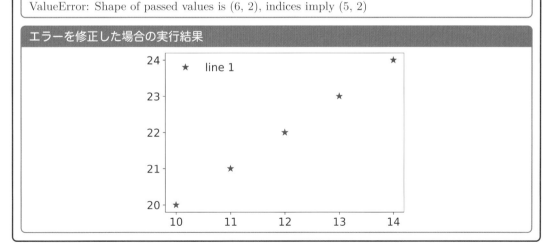

List **20.xxi**

プログラム 20.26：星の描画と折れ線グラフ

```
1  import numpy as np, pandas as pd, matplotlib.pyplot as plt
2  plt.rcParams['font.size'] = 15 # フォントの設定
3  plt.rcParams['lines.linewidth'] = 2
4  plt.rcParams['lines.markersize'] = 10
5
6  # 星型のマーカーのグラフのデータ
7  df1 = pd.DataFrame({'xdf':np.arange(10, 16), #  x軸のデータ(この行を修正)
8      'ydf':np.arange(20, 25)},
9      index = np.arange(1, 6))
10
11 # 星型のマーカーを利用して、グラフを描画
12 plt.plot('xdf', 'ydf', color = 'b', marker = '*', linestyle = '',
13     data = df1, label = 'line 1')
14 plt.legend(loc = 'best')
15 plt.show() # 上記の描画したものを可視化
```

エラーが起こる場合の実行結果

ValueError Traceback (most recent call last)
...
ValueError: Shape of passed values is (6, 2), indices imply (5, 2)

エラーを修正した場合の実行結果

基礎課題 20.2

プログラム 20.27 の空欄を埋めて、実行結果と同じグラフを描きなさい。

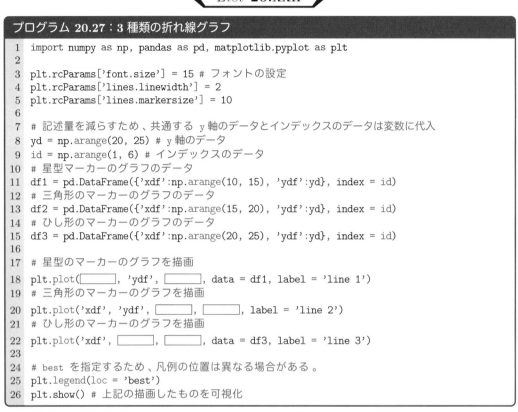

```
1  import numpy as np, pandas as pd, matplotlib.pyplot as plt
2
3  plt.rcParams['font.size'] = 15 # フォントの設定
4  plt.rcParams['lines.linewidth'] = 2
5  plt.rcParams['lines.markersize'] = 10
6
7  # 記述量を減らすため、共通する y 軸のデータとインデックスのデータは変数に代入
8  yd = np.arange(20, 25) # y 軸のデータ
9  id = np.arange(1, 6) # インデックスのデータ
10 # 星型マーカーのグラフのデータ
11 df1 = pd.DataFrame({'xdf':np.arange(10, 15), 'ydf':yd}, index = id)
12 # 三角形のマーカーのグラフのデータ
13 df2 = pd.DataFrame({'xdf':np.arange(15, 20), 'ydf':yd}, index = id)
14 # ひし形のマーカーのグラフのデータ
15 df3 = pd.DataFrame({'xdf':np.arange(20, 25), 'ydf':yd}, index = id)
16
17 # 星型のマーカーのグラフを描画
18 plt.plot(_____, 'ydf', _____, data = df1, label = 'line 1')
19 # 三角形のマーカーのグラフを描画
20 plt.plot('xdf', 'ydf', _____, _____, label = 'line 2')
21 # ひし形のマーカーのグラフを描画
22 plt.plot('xdf', _____, _____, data = df3, label = 'line 3')
23
24 # best を指定するため、凡例の位置は異なる場合がある。
25 plt.legend(loc = 'best')
26 plt.show() # 上記の描画したものを可視化
```

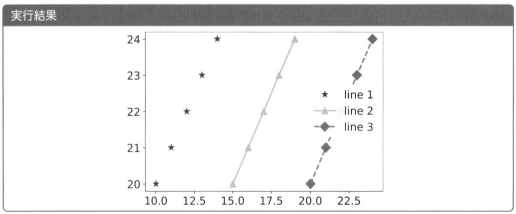

基礎課題 20.3

グラフはデータフレームを使わずに、plt.plot(1 次元配列, 1 次元配列) とすれば 1 次元配列から作図することができます。1 次元配列を二つ作成して、プログラム 20.1 の実行結果と同じグラフを描きなさい。

発展課題 20.4

　3種類のアヤメの花のデータ iris.csv を利用して、図 20.2 を作図しなさい。iris.csv の ID（花の固体番号の列）をインデックスとして読み込み、次の五つのカラムを含むデータフレームを利用しなさい。

　各カラムには Sepal.Length（ガクの長さ）、Sepal.Width（ガクの幅）、Petal.Length（花びらの長さ）、Petal.Width（花びらの幅）の4種類の数値（cm 単位）が格納されています。また Species（花の種類）には、setosa, versicolor, virginica の3種類があります。

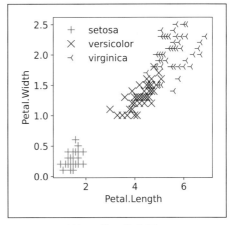

図 20.2　3種類の花の散布図

発展課題 20.5

　発展課題 20.4 のデータを利用して、図 20.3–A から D を作図しなさい。

　図 20.3–A は x 軸に固体番号、y 軸に花びらの長さと幅（cm）、ガクの長さと幅（cm）を指定した散布図です。図 20.3–B は図 20.3–A と同じ x 軸と y 軸を指定した棒グラフです。図 20.3–C は x 軸に花びらの長さと幅、ガクの長さと幅を指定した密度プロットです。図 20.3–D は x 軸に

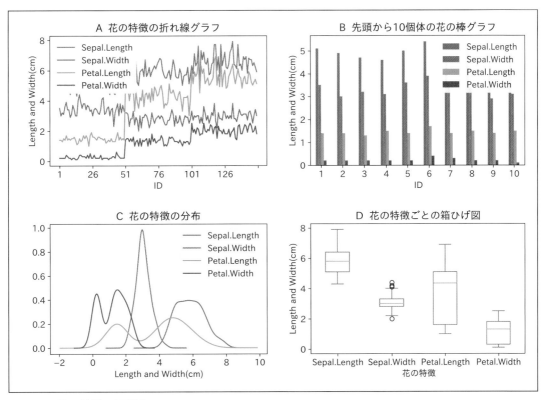

図 20.3　花の特徴の可視化

四つの花の特徴を指定した箱ひげ図です。

発展課題 20.6

　発展課題 20.4 で用いたアヤメの花のデータ iris.csv を利用するプログラム 20.28 を完成させなさい。プログラム 20.28 では、iris のカラム名を利用して 12 枚の散布図と 4 枚の密度プロットを一度に描画します。

List **20.xxiii**

プログラム 20.28：iris の散布図と密度プロット

```
1  import pandas as pd
2  import seaborn as sns
3  df = pd.read_csv('data//iris.csv', index_col = 'ID')
4  sns.pairplot(df, hue = 'Species')
```

実行結果

21 付録

21.1 付録 A：パソコンが動かない場合の強制終了の方法

　プログラミングの途中でパソコンが動かなくなることがあります。特に、これまでに本書に記載した方法でも回復しない場合は、強制的に Python に関連のある Anaconda Navigatorや Jupyter Notebook、コマンドプロンプトを終了させなくてはなりません。ただし、以下の方法は未保存のデータを失う可能性があるので、読者自身の責任のもとで注意しながら実施してください。

　Windows の場合は、次のように作業します。

手順1： コントロール（Ctrl）キーとシフト（Shift）キーを押しながらエスケープ（Esc）キーを押して、タスクマネージャーを起動させます。

手順2： タスクマネージャーの中から、 プロセスにある Python に関係のあるソフトウェアを選択して、タスク終了を押しましょう。

　Python に関連のあるソフトウェア名は、Anaconda Navigator と、Jupyter Notebook、コマンドプロンプト（Mac の場合はターミナル）です。また、プログラムを実行中の場合にはPython と表示があるので、それもタスク終了を押して停止させましょう。

　Mac の場合は、次のように作業します。

手順1：「Apple マーク」、「強制終了」をクリックして、アプリケーションの強制終了のウィンドウを表示します。

手順2： その中から、Python に関係のあるソフトウェアを選択して、強制終了を押してみましょう。

21.2 付録 B：Anaconda Navigator でライブラリの追加

　付録 B では読者の環境にライブラリを追加する方法を紹介します。Anaconda Navigatorに移動して、次の手順のとおりにライブラリをインストールしましょう。次の手順は、第 12章の xlrd ライブラリを例にしています。他のライブラリの場合は、xlrd をそのライブラリ名に置き換えましょう。

手順1： Anaconda Navigator の「Environment」をクリックします。

手順2： installed の \/ 記号をクリックして「All」をクリックします。

手順3： Search Packages の欄に「xlrd」を入力して、エンターキーを押します。

手順4： パッケージの一覧から xlrd の□をクリックし、□が下矢印記号になることを確認します。

手順5：「Apply」ボタンを押し、新しく現れる Install Packages ウィンドウの右下の Apply ボタンを押します。

　以上の操作で、パッケージのインストールは完了です。

補足 21.1　Python のプログラミングの経験： Git などのソースコード管理や、チーム開発など Python を利用した開発に関する情報は文献［9, 62, 63］などを参考にしましょう。

21.3　付録 C：pip によるライブラリの追加

付録 C では読者の環境にライブラリを **pip**（ピップ、またはピーアイピーと読みます）により追加する方法を紹介します。Anaconda Navigator に移動して、次の手順のとおりにライブラリをインストールしましょう。

pip は Python のライブラリを管理するためのツールの一つです。ライブラリを読者のパソコンにインストールする際には、多くの場合、付録 B の方法で解決できます。しかし、日々、多くのライブラリが更新されているため、付録 B のような Anaconda Navigator だけでは管理が追いつきません。そこで、新しいライブラリを導入する際には、pip を利用します。

21.3.1　import と install の際に名前が同じ場合

次の手順は NumPy ライブラリのインストールの例です。Anaconda Navigator をインストールした時点で、すでに NumPy はインストールされていますが、稀に、インストール済みでないことがあるため、そのような読者は以下のように NumPy をインストールしましょう。

手順 1：Anaconda Navigator の「Environment」をクリックします。
手順 2：コマンドプロンプト（右三角形をクリックして Open terminal）を開きます。
手順 3：大文字・小文字を正確に区別し、「pip install numpy」と入力してエンターキーを押します。

他のライブラリの場合は、numpy をそのライブラリ名に置き換えましょう。pip によるインストールは「**pip install ライブラリ名**」として実行します。例えば、pandas の場合は、次の手順のとおりにインストールを行います。

手順 1：Anaconda Navigator の「Environment」をクリックします。
手順 2：コマンドプロンプト（右三角形をクリックして Open terminal）を開きます。
手順 3：「pip install pandas」と入力してエンターキーを押します。

以上の操作でライブラリのインストールは完了です。ただし、バージョンを指定してインストールをする場合は、第 21.3.3 項を参考にしましょう。

21.3.2　import と install の際に名前が異なる場合

次の手順は、第 20 章の japanize_matplotlib ライブラリのインストールの例です。この japanize_matplotlib は「pip install japanize-matplotlib」として変更しながら、次のように実行します。

手順 1： Anaconda Navigator の「Environment」をクリックします。
手順 2： コマンドプロンプト（右三角形をクリックして Open terminal）を開きます。
手順 3：「pip install japanize–matplotlib」と入力してエンターキーを押します。

japanize_matplotlib をインストールする際は「pip install japanize–matplotlib」と利用しますが、ソースコードとして記述する際は「import japanize_matplotlib」と利用します。ハイフン「–」とアンダースコア「_」の違いに注意しましょう。

その他の例であれば、scikit-learn ライブラリはインストールの際に「pip install scikit-learn」を使いますが、ソースコード上では「import sklearn」を利用するため、注意が必要です。

21.3.3　バージョンを指定するインストール方法

ここでは NumPy ライブラリと pandas ライブラリのバージョンを指定したインストール方法を紹介します。Python のライブラリは日々更新されているため、ライブラリの一部のバージョンでは、動作が安定しない場合があります。このため、ソースコードの記述が正しくても、エラーが発生することがあります。この不具合を解消するために、動作が安定しているバージョンを「pip install ライブラリ名==バージョンの指定」でインストールします。

手順 1： Anaconda Navigator の「Environment」をクリックします。
手順 2： コマンドプロンプト（右三角形をクリックして Open terminal）を開きます。
手順 3：「pip install numpy==1.20.1」と入力してエンターキーを押します。
手順 4：「pip install pandas==1.3.4」と入力してエンターキーを押します。
手順 5： インストールが完了したら、Anaconda Navigator を再起動させましょう。

この方法は、執筆時の方法ですので、今後対応できなくなる可能性もあります。その際は、エラーなどを手がかりにインターネットで検索しながら、適切なバージョンを選択しましょう。また、ライブラリのバージョン名は、「pip show ライブラリ名」で確認できます。適切なバージョンは、インターネットで調べながら適切に選んでください。

21.4　付録 D：Terminator エラーと対処方法

インタープリタの性質上、**ソースコードを正しく記述しても Terminator エラーが起こることがあります**。そのときは、次のように作業しましょう。
次の手順 2 から手順 4 はプログラミング中に問題が起きた際の共通の対処法です。特にもし、done() の記述を忘れて実行した場合は、手順 3 から行います。

手順 1： *List* 3.i の実行結果の turtle グラフィックスのウィンドウがディスプレイ上にないことを確認します。もしあれば、そのウィンドウを閉じます。
手順 2： 作業しているセルの In[ ] がプログラム実行中を表す In[*] の場合は停止ボタンを押します。In[ ] の角括弧内が数字の場合は手順 4 に進みます。
手順 3： それでも In[*] のままの場合は Jupyter Notebook の編集画面の「Kernel」から「Restart & Clear Output」を押せば、これまでに実行した内容をクリアします。
手順 4： プログラム 3.1 のソースコードが記載されているセルを選択してから、再度実行します。

21.5　付録 E：リスト内包表記

21.5.1　リスト内の条件分岐と繰り返し文の簡易的表現

本付録では可変長なデータの集まりであるリストを利用して、Python 独特の**リスト内包^{ないほう}表記**を紹介します。本付録は本書を全て読み終えた後の読者を想定しています。

リスト内包表記は for 文や if 文の記述を省略しながら、かつ、高速にリストを作成できる便利な記述方法です。**リスト**はシーケンス型のため、要素の代入や出力などの操作を 1 次元配列と同様に行えます。

リスト内包表記のプログラムの作成前に、リストが可変長であることがわかる操作例のプログラム 21.1 を作成して実行しましょう。このプログラムではリストの末尾に要素 10 を追加し、その要素を削除しています。

List **21.i**

プログラム 21.1：リストの追加と削除

```
1  l = [1, 2, 3] # リストを作成
2  print('中身:', l) # 中身を全て出力
3  print('要素番号0の中身:', l[0])
4  l.append(10) # 要素 10を末尾に追加
5  print('追加後:', l)
6  l.remove(10) # 要素 10を削除
7  print('削除後:', l)
```

出力結果

```
中身: [1, 2, 3]
要素番号 0 の中身: 1
追加後: [1, 2, 3, 10]
削除後: [1, 2, 3]
```

角括弧内のカンマ区切りの数値の列がリストです。配列同様に、l[0] のように要素番号を利用すれば、リストの 0 番目の中身 1 を利用できます。ただし、append() や remove() の丸括弧内には要素番号ではなく、要素そのものを記述します。

21.5.2　リスト内包表記の書き方

リスト内包表記の単純な構文は「処理 1 for ループ変数 in シーケンス」です。この構文を使い、リストを作成するプログラム 21.2 と for 文だけを使い、リストを作成するプログラム 21.3 を作成して実行しましょう。

List **21.ii**

プログラム 21.2：リスト内包表記によるリストの作成

```
1  print('リスト内包表記',[i for i in range(10)])
```

出力結果

```
リスト内包表記 [0, 1, 2, 3, 4, 5, 6, 7, 8, 9]
```

プログラム 21.3：リスト内包表記を利用しないリストの作成

```
1  tmp = [] # 空のリストを用意
2  for i in range(10):
3      tmp.append(i) # 空のリストに、ループ変数 i の値を、逐次追加する
4  print('リスト作成', tmp)
```

出力結果

リスト作成 [0, 1, 2, 3, 4, 5, 6, 7, 8, 9]

これらのプログラムはループ変数の値を使いながら空のリスト [ ] に対して、[ ].append(0)、[1].append(0), ..., [0 1 2 3 4 5 6 7 8].append(9) と処理を行います。

リスト内包表記を深く理解するために、内包の対義語である外延の表記法との違いを考えてみましょう。リスト外延表記の記述例は、プログラム 21.1 の 1 行目です。このようにリスト外延表記では、具体的な数値を列挙して記述します。それに対して、リスト内包表記はプログラム 21.2 のように、具体的な数値を列挙するのではなく、作成したい数値のルールを与えます。以上のようなリスト内包表記に慣れたプログラマーは、命令の記述量を減らした、よりコンパクトなプログラムを作成できます。

21.5.3 リスト内包表記の for 文と if 文

リスト内包表記は、for 文と if 文を省略しながら、「処理 1 for ループ変数 in シーケンス 条件 1」という構文を利用できます。偶数の数列を作成するプログラム 21.4 とプログラム 21.5 を作成して実行しましょう。

◀ *List* **21.iii** ▶

プログラム 21.4：リスト内包表記を用いた for と if の省略形

```
1  print('ifとforの省略', [i for i in range(10) if i % 2 == 0])
```

出力結果

if と for の省略 [0, 2, 4, 6, 8]

プログラム 21.5：for と if を省略しない書き方

```
1  tmp = []
2  for i in range(10):
3      if i % 2 == 0:
4          tmp.append(i)
5  print('非省略形', tmp)
```

出力結果

非省略形 [0, 2, 4, 6, 8]

これらのプログラムは条件 1（i % 2 == 0）、すなわち偶数のときのみ処理 1（i の中身）をリストに追加することで、偶数の数列のリストを作成します。

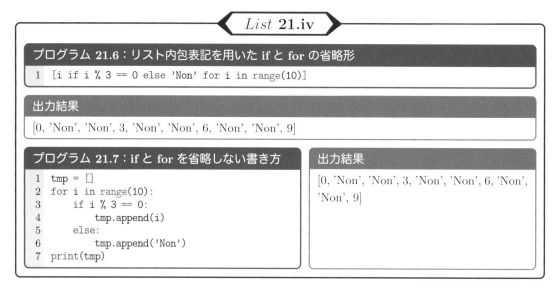

21.5.4 リスト内包表記の if 文と for 文

リスト内包表記は「処理 1 if 条件 1 else 処理 2 for ループ変数 in シーケンス」という構文を利用できます。3 で割り切れる要素番号にはループ変数の値、それ以外には'Non' を代入するプログラム 21.6 とプログラム 21.7 を作成して実行しましょう。

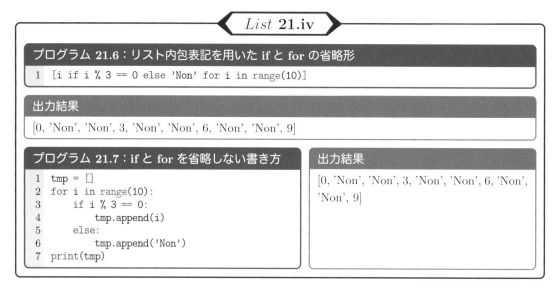

これらのプログラムは条件 1（i % 3 == 0）、すなわち 3 で割り切れる数の場合、処理 1（ループ変数の値）をリストに追加し、それ以外の場合、処理 2（'Non'）をリストに追加します。

21.5.5 リスト内包表記と 1 次元配列

リストは 1 次元配列と関連があります。偶数の数列のリストを配列に変換するプログラム 21.8 を作成して実行しましょう。

List 21.v

プログラム 21.8：for 文と if 文の省略形

```
1  import numpy as np
2  print('配列に変換:', np.array([i for i in range(10) if i % 2 == 0]))
3  print('numpyの利用:', np.arange(0, 10, 2))
```

出力結果

```
配列に変換: [0 2 4 6 8]
numpy の利用: [0 2 4 6 8]
```

第 6.1.3 項の np.arange を利用すれば、プログラム 21.8 の 3 行目のように、2 行目と同じ内

容の命令を記述できます。ただし、2行目よりも3行目の処理速度の方が高速です。リスト
と配列は角括弧内で数値や文字列が記述されます。配列の出力場合は、角括弧内に数値や文
字列を区切る際にカンマ区切りではなく、空白により区切ります。

21.5.6　リスト内包表記を用いた九九の表の作成

リスト内包表記を利用すれば、一つのリストという形式で九九の計算結果や、文字列とし
て九九の情報を保持できます。例えば、九九の五の段を計算するプログラム 21.9 は、次のよ
うなリスト内包表記を利用して記述できます。

List 21.vi

プログラム 21.9：リスト内包表記による五の段の計算

```
1  [5 * i for i in range(1,10)] # 処理1の部分は5 * i
```

出力結果

```
[5, 10, 15, 20, 25, 30, 35, 40, 45]
```

プログラム 21.9 では、五の段の計算結果を数値として一つのリストにまとめました。演算
子 + を利用すればプログラム 21.10 のように、計算の処理部分を文字列として一つのリスト
にまとめることができます。str() は数値を文字列に変換する命令です。演算子 + は文字列
同士を結合します。

List 21.vii

プログラム 21.10：リスト内包表記による五の段の計算（文字列）

```
1  tmp = ['五の段の5×' + str(i) + '=' + str(5*i) + 'です。' for i in np.arange(1, 10)]
2  print(tmp)
```

出力結果（一部省略）

```
['五の段の 5× 1=5です。', ..., '五の段の 5× 9=45です。']
```

リスト内包表記は「[処理 1 for ループ変数 1 in シーケンス 1 for ループ変数 2 in シーケン
ス 2]」のように 2 重繰り返し文も扱えます。これを利用して、九九の全ての段の計算はプロ
グラム 21.11 のように記述できます。

List 21.viii

プログラム 21.11：リスト内包表記による九九の計算

```
1  tmp = [dan * kazu for dan in np.arange(1,10) for kazu in np.arange(1, 10)]
2  print(tmp)
```

出力結果

```
[1, 2, 3, 4, 5, 6, 7, 8, 9, 2, 4, 6, 8, 10, 12, 14, 16, 18, 3, 6, 9, 12, 15, 18,
 21, 24, 27, 4, 8, 12, 16, 20, 24, 28, 32, 36, 5, 10, 15, 20, 25, 30, 35, 40, 45,
 6, 12, 18, 24, 30, 36, 42, 48, 54, 7, 14, 21, 28, 35, 42, 49, 56, 63, 8, 16, 24,
 32, 40, 48, 56, 64, 72, 9, 18, 27, 36, 45, 54, 63, 72, 81]
```

文字列として一つのリストにまとめる場合は、プログラム 21.12 のように記述します。

List 21.ix

プログラム 21.12：リスト内包表記による九九の計算（文字列）

```
1  kanzi_dan = ['零', '一', '二', '三', '四', '五', '六', '七', '八', '九']
2  tmp = [kanzi_dan[dan] + 'の段の' + str(dan) + '×' + str(kazu) + '=' + str(dan * kazu)
3      + 'です。' for dan in np.arange(1, 10) for kazu in np.arange(1, 10)]
4  print(tmp)
```

出力結果（81 回出力されるため一部省略）

```
['一の段の 1× 1=1です。', '一の段の 1× 2=2です。', ..., '九の段の 9× 9=81です。']
```

21.6 付録 F：動作環境

本書のサンプルプログラムは表 21.1 の環境で動作することを確認しています。

表 21.1 本書の動作環境

PC 環境	バージョン		
Microsoft Windows (Windows と省略)	Windows 10 Home		
Macintosh (Mac と省略)	macOS Monterey 12.1		
開発環境	バージョン		
Anaconda Navigator	2.1.1		
Jupyter Notebook	6.4.5		
Python	3.9.7		
ライブラリ	バージョン	ライブラリ	バージョン
numpy	1.20.1	xlrd	2.0.1
matplotlib	3.4.3	openpyxl	3.0.9
pandas	1.3.4	scipy	1.7.1
seaborn	0.11.2	japanize-matplotlib	1.1.3

参考文献

[1] 大村平，数理パズルのはなし：知的に遊ぼう，日科技連出版社，1998.

[2] Anaconda Inc., "Anaconda," https://www.anaconda.com （2019 年 8 月 14 日閲覧）.

[3] 中久喜健司，科学技術計算のための Python 入門：開発基礎、必須ライブラリ、高速化，技術評論社，2016.

[4] 柴田望洋，新・明解 Python 入門，SB クリエイティブ，2019.

[5] "Pep 8 style guide for python code," https://pep8-ja.readthedocs.io/ja/latest/#import （2020 年 03 月 1 日閲覧）.

[6] "Python documentation turtle タートルグラフィックス," https://docs.python.org/ja/3/library/turtle.html#turtle.shape （2019 年 8 月 14 日閲覧）.

[7] AC ワークス株式会社 (yoshikun, くろみつ)，"illustAC," https://www.ac-illust.com/ （2020 年 03 月 1 日閲覧）.

[8] "Python documentation python 標準ライブラリ (組み込み型)," https://docs.python.org/ja/3.6/library/stdtypes.html （2019 年 8 月 14 日閲覧）.

[9] J. Michal, Z. Tarek (著)，稲田直哉，芝田将，渋川よしき，清水川貴之，森本哲也 (翻訳)，エキスパート Python プログラミング 改訂 2 版，株式会社 KADOKAWA，2018.

[10] J. Weizenbaum, "Eliza—a computer program for the study of natural language communication between man and machine," Communications of the ACM, vol.9, no.1, pp.36–45, 1966.

[11] 谷口忠大，イラストで学ぶ人工知能概論，講談社，2014.

[12] S. J. Russell and P. Norvig, エージェントアプローチ人工知能，共立出版，2008.

[13] 西澤弘毅，森田光，Python で体験してわかるアルゴリズムとデータ構造，近代科学社，2018.

[14] 石田保輝，宮崎修一，アルゴリズム図鑑 絵で見てわかる 26 のアルゴリズム，翔泳社，2017.

[15] 増井敏克，Python ではじめるアルゴリズム入門：伝統的なアルゴリズムで学ぶ定石と計算量，翔泳社，2020.

[16] 柴田望洋，新・明解 Python で学ぶアルゴリズムとデータ構造，SB クリエイティブ，2020.

[17] 辻真吾，下平英寿，Python で学ぶアルゴリズムとデータ構造，講談社，2019.

[18] J. V. Guttag (著)，久保幹雄，麻生敏正，木村泰紀，小林和博，斉藤佳鶴子，関口良行，鄭金花，並木誠，兵藤哲朗，藤原洋志 (翻訳)，世界標準 MIT 教科書 Python 言語によるプログラミングイントロダクション 第 2 版：データサイエンスとアプリケーション，近代科学社，2017.

[19] W. McKinney (著)，小林儀匡，鈴木宏尚，瀬戸山雅人，滝口開資，野上大介 (翻訳)，Python によるデータ分析入門 NumPy、pandas を使ったデータ処理，オライリー・ジャパン，2013.

[20] 松田康晴，長井隆，大川洋平，数値シミュレーション入門者のための NumPy & SciPy 数値計算実装ハンドブック：Python ライブラリ定番セレクション，秀和システム，2019.

[21] Daniel Y. Chen (著)，吉川邦夫 (翻訳)，福島真太朗 (監修)，Python データ分析／機械学習のための基本コーディング！ pandas ライブラリ活用入門，インプレス，2019.

[22] 毛利拓也，北川廣野，澤田千代子，谷一徳，実データに合わせて最適な予測モデルを作る scikit-learn データ分析実装ハンドブック：Python ライブラリ定番セレクション，秀和システム，2019.

[23] 柴田淳，みんなの Python 第 4 版，SB クリエイティブ，2017.

[24] NumPy, "The N-dimensional array (ndarray) Internal memory layout of an ndarray," https://

numpy.org/doc/stable/reference/arrays.ndarray.html#constructing-arrays （2022 年 2 月 15 日閲覧）.

[25] NumPy, "Indexing on ndarrays," https://numpy.org/doc/stable/user/basics.indexing.html （2022 年 2 月 15 日閲覧）.

[26] 吉田拓真, 尾原颯, 現場で使える！ NumPy データ処理入門機械学習・データサイエンスで役立つ高速処理手法, 翔泳社, 2018.

[27] W. McKinney and the pandas Development Team, "pandas: powerful python data analysis toolkit releas 1.2.1," https://pandas.pydata.org/pandas-docs/stable/pandas.pdf, （2021 年 1 月 25 日閲覧）.

[28] T. Petrou (著), 黒川利明 (訳), pandas クックブック：Python によるデータ処理のレシピ, 朝倉書店, 2019.

[29] 日本郵便株式会社, " 郵便番号データダウンロード読み仮名データの促音・拗音を小書きで表記しないもの (zip 形式)," https://www.post.japanpost.jp/zipcode/download.html （2019 年 8 月 14 日閲覧）.

[30] pandas, "Dataframe," https://pandas.pydata.org/docs/reference/frame.html （2021 年 1 月 24 日閲覧）.

[31] "Python documentation python 標準ライブラリ (効率的なループ実行のためのイテレータ生成関数)," https://docs.python.org/ja/3/library/itertools.html#itertools.product （2021 年 1 月 24 日閲覧）.

[32] 山田宏尚, 図解でわかるはじめてのデジタル画像処理：画像処理技術を基礎から体系的に学べる, 技術評論社, 2018.

[33] D. G. Grandi and A. Camaldulensi, "Florum Geometricorum Manipulus Regiae Societati Exhibitus à D. Guidone Grandi Abbate Camaldulensi, Pisani Lycaei Mathematico, R. S. S.," Philosophical Transactions (1683-1775), vol.32, pp.355–371, 1722.

[34] E. W. Weisstein, "Rose Curve, " http://mathworld.wolfram.com/RoseCurve.html （2019 年 8 月 14 日閲覧）.

[35] J. E. Sevransky, N. S. Ward, and R. P. Dellinger, "A rose is a rose is a rose?," Critical care medicine, vol.40(6), pp.1998–9, 2012.

[36] 伊藤俊秀, 草薙信照, コンピュータシミュレーション（改訂 2 版）, オーム社, 2019.

[37] 岡瑞起, 池上高志, ドミニク・チェン, 青木竜太, 丸山典宏, 作って動かす ALife：実装を通した人工生命モデル理論入門, オライリー・ジャパン, 2018.

[38] 巴山竜来, 数学から創るジェネラティブアート：Processing で学ぶかたちのデザイン, 技術評論社, 2019.

[39] 井庭崇, 福原義久, 複雑系入門：知のフロンティアへの冒険, NTT 出版, 1998.

[40] "LifeWiki," https://conwaylife.com/wiki/Main_Page （2022 年 3 月 31 日閲覧）.

[41] Benoit B. Mandelbrot (著), 広中平祐 (訳), フラクタル幾何学, 日経サイエンス, 1984.

[42] H. O. Peitgen, and P. H. Richter, The Beauty of Fractals: Images of Complex Dynamical Systems, Springer Berlin Heidelberg, 2013.

[43] H. O. Peitgen, Y. Fisher, D. Saupe, M. McGuire, R. F. Voss, M. F. Barnsley, R. L. Devaney, and B. B. Mandelbrot, The Science of Fractal Images, Springer New York, 2012.

[44] 石村園子, すぐわかる確率・統計, 東京図書, 2001.

[45] 石村貞夫, 石村友二郎, すぐわかる統計解析, 東京図書, 2019.

[46] 松坂和夫，数学読本：第 1 巻から第 6 巻，岩波書店，2019.

[47] pandas, "pandas.dataframe.quantile," https://pandas.pydata.org/pandas-docs/stable/reference/api/pandas.DataFrame.quantile.html （2019 年 11 月 10 日閲覧）.

[48] S. Al (著)，相川愛三 (翻訳)，退屈なことは Python にやらせよう: ノンプログラマーにもできる自動化処理プログラミング，オライリー・ジャパン，2017.

[49] matplotlib, "Examples," https://matplotlib.org/stable/gallery/index.html （2022 年 3 月 31 日閲覧）.

[50] matplotlib, "Pyplot function overview," https://matplotlib.org/stable/api/pyplot_summary.html （2022 年 3 月 31 日閲覧）.

[51] matplotlib, "How-to," https://matplotlib.org/stable/users/faq/howto_faq.html （2022 年 3 月 31 日閲覧）.

[52] "Built-in magic commands," https://ipython.readthedocs.io/en/stable/interactive/magics.html （2021 年 1 月 26 日閲覧）.

[53] matplotlib, "matplotlib.markers," https://matplotlib.org/stable/api/markers_api.html （2022 年 3 月 31 日閲覧）.

[54] matplotlib, "List of named colors," https://matplotlib.org/stable/gallery/color/named_colors.html （2022 年 3 月 29 日閲覧）.

[55] matplotlib, "Configuring the font family," https://matplotlib.org/stable/gallery/text_labels_and_annotations/font_family_rc_sgskip.html （2022 年 3 月 14 日閲覧）.

[56] matplotlib, "matplotlib.linestyle," https://matplotlib.org/stable/api/lines_api.html （2019 年 8 月 14 日閲覧）.

[57] J. Durbin and S. J. Koopman, Time Series Analysis by State Space Methods, Oxford University Press, 2001.

[58] S. Brugman, "pandas-profiling," https://pypi.org/project/pandas-profiling/ （2020 年 7 月 15 日閲覧）.

[59] N. Kruchten, "pivottablejs," https://pypi.org/project/pivottablejs/ （2020 年 7 月 15 日閲覧）.

[60] "nteract," https://github.com/nteract/nteract （2020 年 7 月 15 日閲覧）.

[61] J. Garrett, "Science plots," https://pypi.org/project/SciencePlots/ （2020 年 11 月 16 日閲覧）.

[62] 株式会社ビープラウド，Python プロフェッショナルプログラミング 第 3 版, 秀和システム，2018.

[63] C. Althoff (著)，清水川貴之，新木雅也 (訳)，独学プログラマー Python 言語の基本から仕事のやり方まで，日経 BP，2018.

[64] 石川宏，C によるシミュレーション・プログラミング，ソフトバンク出版事業部，1994.

MEMO

索引

謝辞

　本書の出版の機会を与えてくださった関西学院大学の総合政策学部研究会の教職員の皆さまに感謝いたします。また、本書の実現にあたって、関西学院大学出版会の皆さまには原稿の度重なる修正にお付き合いただいたことに感謝いたします。

　本書は版下を全て LaTeX で作りました。特に関西学院大学出版会の戸坂美果様は、編集者として丁寧に、フォントや書式、図版のサイズに至るまで、全くの素人の著者らに一から忍耐強く教えてくださいました。お礼申し上げます。

　本書の執筆にあたり、関西学院大学総合政策学部のたいへん多くの学生からのコメントが、執筆のヒントになりました。本書の原稿を読みながら、内容のチェックをしていただいた東京電機大学の皆さまに感謝いたします。

　最後に、本書の編集デザインのサポートやカエルなどのイラストを提供してくれた、大用庫智の妻である奈緒美にも感謝いたします。

　　2022 年 2 月

　　　　　　　　　　　　　　　　　　　　　　　　　　大用　庫智　　山田　孝子

執筆者略歴

大用庫智（おおよう くらとも）

1987 年東京生まれ。2015 年東京電機大学先端科学技術研究科修了。関西学院大学総合政策学部メディア情報学科専任講師。機械学習を含む人工知能、推論や認知モデルに関する認知科学の分野で研究に従事。人工知能学会、認知科学会、日本オペレーションズ・リサーチ学会会員。

山田孝子（やまだ たかこ）

1960 年大阪生まれ。東京工業大学大学院理工学研究科博士後期課程 情報科学専攻修了。関西学院大学総合政策学部メディア情報学科教授。主に情報通信ネットワークの信頼性、歩行者の市街地歩行や情報の受発信行動を対象にデータ分析や確率モデルにもとづくシミュレーションを研究中。日本オペレーションズ・リサーチ学会、電子通信情報学会会員。

作りながら丁寧に学ぶ Python プログラミング入門

2022 年 5 月 15 日初版第一刷発行

著　者　大用庫智・山田孝子

発行者　田村和彦
発行所　関西学院大学出版会
所在地　〒 662-0891
　　　　兵庫県西宮市上ケ原一番町 1-155
電　話　0798-53-7002

印　刷　大和出版印刷株式会社

たいへん
よくでき
ました